本书编写人员

主　编

姚卫蓉（江南大学）

参　编（按所编项目排序）

童　斌（江苏农林职业技术学院）

张　伟（江苏农牧科技职业学院）

王宏海（江苏经贸职业技术学院）

欧杨虹（南通农业职业技术学院）

吴存兵（江苏财经职业技术学院）

管　骁（上海理工大学）

袁秋梅（南通农业职业技术学院）

郑小双（扬州市职业大学）

吴君艳（江苏食品药品职业技术学院）

阙小峰（苏州农业职业技术学院）

袁少锋（江南大学）

第三版前言 PREFACE

《食品安全与质量控制》（第三版）修订前，主编再次召集了各用书院校现阶段讲授本课的教师，基于历年教学经验和学生实际需求，以及历年专升本考试的合格率情况等，群策群力优化了教材。

本次修订主要体现在与时俱进方面，更新了相关法律法规及食品安全限量标准的内容，将原有项目七的内容精简后合并到项目一之中；其他各项目的内容也做了不同幅度的精简，使之更切合职业院校专业课教学及专升本教学、考试的要求。此外，本次修订还对配套的在线教学资源进行了优化，读者可扫描书中二维码观看视频进行线上知识巩固与拓展学习，或者登录“轻工教学服务网”（http：//edu. chlip. com. cn/blog）搜索本书以获取更多学习资源。

本次修订在上述内容优化过程中还充分挖掘了蕴含在食品质量控制与管理过程中的思政元素，用案例将社会正能量引入各项目，把培育筑梦新时代、民族复兴的精神融入课程，增强学生法治意识，提升学生社会责任感。

《食品安全与质量控制》（第三版）由江南大学姚卫蓉任主编并负责统稿。具体编写分工：项目一由姚卫蓉、江苏农林职业技术学院童斌、江苏农牧科技职业学院张伟编写；项目二由江苏经贸职业技术学院王宏海、南通农业职业技术学院欧杨虹编写；项目三由江苏财经职业技术学院吴存兵、上海理工大学管骁编写；项目四由姚卫蓉、南通农业职业技术学院袁秋梅编写；项目五由姚卫蓉、扬州市职业大学郑小双、江苏食品药品职业技术学院吴君艳编写；项目六由苏州农业职业技术学院阙小峰、江南大学袁少锋编写。

鉴于第三版教材仍有大量内容依赖于第一版、第二版教材中的知识体系，我们对之前两版教材编者所付出的辛苦工作致以诚挚的谢意！

由于编者水平有限，书中难免有疏漏和不妥之处，恳请各位读者批评指正。

编者

2024 年 5 月于无锡

第二版前言 PREFACE

《食品安全与质量控制》第一版自 2015 年出版以来，一直作为食品质量与安全专业的专接本考试教材。基于食品安全与质量控制领域的知识更新需要，以及积极落实关于“办好人民满意的教育”的决策部署，按照“统筹职业教育、高等教育、继续教育协同创新，推进职普融通、产教融合、科教融汇，优化职业教育类型定位”的要求，我们对本职业教材做出了修订。第二版教材在第一版教材的基础上，召集了江苏省各用书学校时任教师，基于历年教学经验和学生学习、考试实际需求，以及历年的考试合格率情况等，群策群力对本教材进行了修订。本次修订主要增加了线上的教学视频和项目思考题等，读者可扫描二维码获取相应学习资源；此外，教材更新了法律法规及限量标准的内容，完善了很多知识性的细节问题，丰富了项目思考题的类型，确保了本书更容易理解，并且更符合专接本学生的知识水平，更好地服务于专接本考试。

扫描二维码，
获取在线教学资源

本教材主要以食品安全科学理论、管理法规和控制措施为指导思想，在食品安全风险分析基础上，围绕食品供应过程，详细阐述了食品安全与质量控制有关的基本概念、各类食品质量安全因素的来源及控制措施，强调了食品加工过程的卫生设计、卫生管理和卫生控制等过程控制对食品安全的重要性。

第二版教材由江南大学姚卫蓉、江苏财经职业技术学院吴存兵担任主编并统稿。具体修订分工和主要内容：项目一由江苏农林职业技术学院童斌修订，主要阐述了食品质量、食品安全与食品卫生的定义与内涵；项目二由江苏经贸职业技术学院王宏海和南通农业职业技术学院欧杨虹修订，罗列了食品加工不安全因素及其来源；项目三由江苏财经职业技术学院吴存兵修订，描述了各类食品生产中常见的质量安全问题；项目四由南通科技职业学院袁秋梅修订，阐述了食品生产卫生控制及管理的方法和要点；项目五由扬州市职业大学郑小双修订，罗列了食品安全性评价的主要内容；项目六由苏州农业职业技术学院阙小峰修订，介绍了食品生产过程的质量安全控制；项目七由江苏农牧科技职业学院张伟修订，梳理了食品质量安全监管与法律法规。

本教材除用于食品质量与安全专业的专接本考试和高等职业院校食品质量与安全专业教材，还可作为食品企业相关人员内部培训教程。

由于编者水平有限，书中疏漏和不妥之处在所难免，恳请读者批评指正。

姚卫蓉

2021 年 6 月于无锡

第一版前言 PREFACE

“民以食为天，食以安为先”。食品生产工业化和食品消费社会化使得食品安全事件的影响范围急剧扩大。食品质量安全状况已成为一个国家或地区经济发展水平和人民生活质量的重要标志。随着经济的全球化，世界各国之间食品贸易日益增加，食品安全也就成为影响国家农业和食品工业竞争力的关键因素之一。

本教材针对食品质量与安全专业的学生开设的专业基础课程，主要以食品安全科学理论、管理法规和控制措施为指导思想，在食品安全风险分析的基础上，围绕食品供应过程，详细阐述了食品安全与质量控制有关的基本概念、各类食品质量安全因素的来源及控制措施，强调食品加工过程的卫生设计、卫生管理和卫生控制等过程控制对食品安全的重要性。

本教材编写起因于“食品质量与安全”专业专接本的升学要求，在“食品安全与质量控制”课程前两轮的教学和出题过程中一直苦于没有一本内容和深度较适合的教材。因此，江南大学作为出题单位，特组织了多所院校从事此课程教学的主干教师，共同参与了此教材的编写。

本教材由姚卫蓉、童斌任主编，由张伟、欧杨虹、阚小峰、吴存兵、王宏海任副主编，全书在上述各位老师轮流审稿的基础上，由姚卫蓉统稿。具体编写分工如下：项目一由江苏农林职业技术学院童斌编写，项目二由江苏经贸职业技术学院王宏海和南通农业职业技术学院欧杨虹共同编写，项目三由江苏财经职业技术学院吴存兵编写，项目四、项目五由江南大学姚卫蓉编写，项目六由苏州农业职业技术学院阚小峰编写，项目七由江苏农牧科技职业学院张伟编写。

在本教材的编写出版过程中，得到了编者所在院校和中国轻工业出版社的指导、帮助和支持，在此深表谢意！由于编者水平有限，时间仓促，加之食品安全与质量控制方面的内容仍在不断发展变化之中，书中疏漏和不妥之处在所难免，恳请各位读者批评指正。

姚卫蓉

2014 年 7 月于无锡

目 录 CONTENTS

途进行制作和/或进行食用时不会使消费者健康受到损害的一种担保”。《中华人民共和国食品安全法》规定，食品安全指食品无毒、无害，符合应当有的营养要求，对人体健康不造成任何急性、亚急性或者慢性危害。

食品安全要求食品对人体健康造成急性或慢性损害的所有危险都不存在，起初是一个较为绝对的概念。后来人们逐渐认识到，绝对安全是很难做到的，食品安全更应该是一个相对的、广义的概念。一方面，任何一种食品，即使其成分对人体是有益的，或者其毒性极微，如果食用数量过多或食用条件不合适，仍然可能对身体健康引起毒害或损害，如食盐过量会中毒、饮酒过度会伤身。另一方面，一些食品的安全性又是因人而异的。如鱼、虾、蟹类水产品对多数人是安全的，但确实有人吃了这些水产品就会过敏，会损害身体健康。因此，评价一种食品或者其成分是否安全，不能单纯地看它内在固有的“有毒、有害物质含量”，更重要的是看它是否造成实际危害。从目前的研究情况来看，在食品安全概念的理解上，国际社会已经基本达成共识，即食品的种植、养殖、加工、包装、贮藏、运输、销售、消费等活动符合国家强制标准和要求，不存在可能损害或威胁人体健康的有毒、有害物质致消费者病亡或者危及消费者及其后代健康的隐患。

（三）食品卫生的定义及内涵

世界卫生组织对食品卫生的定义：在食品的培育、生产、制造直至被人摄食为止的各个阶段中，为保证其安全性、有益性和完好性而采取的全部措施。对食品而言，食品卫生旨在创造一个清洁生产并且有利于健康的环境，是食品在生产和消费过程中进行有效的卫生操作，确保整个食品链的安全卫生（食品链是指初级生产直至消费的各个环节和操作的顺序，涉及食品及其辅料的生产、加工、分销和处理）。

（四）食品质量、安全与卫生的关系

提到食品安全、质量与卫生，无可避免地要提出关于食品安全、食品卫生和食品质量的概念以及三者之间的关系。

对此，有关国际组织在不同文献中有不同的表述，国内专家学者对此也有不同的认识。1996 年世界卫生组织将食品安全界定为“对食品按其原定用途进行制作、食用时不会使消费者健康受到损害的一种担保”，将食品卫生界定为“为确保食品安全性和适用性在食物链的所有阶段必须采取的一切条件和措施”。食品质量则是食品满足消费者明确的或者隐含的需要的特性。

不同国家以及不同时期，食品安全所面临的突出问题和治理要求有所不同。在发达国家，食品安全所关注的主要是因科学技术发展所引发的问题，如转基因食品对人类健康的影响；而在发展中国家，食品安全所侧重的则是市场经济发育不成熟所引发的问题，如假冒伪劣、有毒有害食品及非法生产经营。我国的食品

安全问题则包括上述全部内容。

因此，原国家质量监督检验检疫总局发布实施的 SN/T 1443. 1—2004《食品安全管理体系要求》标准从技术管理角度提出了“在特定产品的食品链中系统地预防、控制和防范所有涉及食品安全的特定危害”，通过“食品链”确立了“食品安全”的综合概念，明确食品安全包括食品（食物）的初级生产、加工、包装、贮藏、运输、销售或制售直到最终消费的所有环节，包括食品卫生、食品质量、食品营养等相关方面的内容。该食品安全概念统一了各环节、各部门的准入条件、相关法规标准内容等，避免了同一企业在同一环节的卫生、质量等多要素的重复管理。

需要说明的是，食品安全、食品卫生和食品质量的关系，三者之间绝不是相互平行，也绝不是相互交叉。食品安全包括食品卫生与食品质量，而食品卫生与食品质量之间存在着一定的交叉关系。食品安全涵盖食品卫生、食品质量，以更加系统化的视角看待食品卫生和食品质量的控制与管理，但并不是否定或取消食品卫生、食品质量的概念。

二、食品质量安全的影响因素

（一）食源性疾病不断增加的原因

由于食品的质量安全问题会造成人体的危害，导致食源性疾病的产生。食源性疾病是指通过摄食而进入人体的有毒有害物质（包括生物性病原体）等致病因子所造成的疾病。《中华人民共和国食品安全法》规定，食源性疾病指食品中致病因素进入人体引起的感染性、中毒性等疾病，包括食物中毒。一般可分为感染性和中毒性，包括常见的食物中毒、肠道传染病、人畜共患传染病、寄生虫病以及化学性有毒有害物质所引起的疾病。食源性疾患的发病率居各类疾病总发病率的前列，是当前世界上最突出的卫生问题。

1. 人口膨胀

人口膨胀是指某个国家或地区的人口在短时间之内迅速增长而生产总值没有提高或提高很少。人口膨胀会给社会经济带来负面影响。大约在 100 万年前，人类的祖先诞生。数千年前，出现了古埃及、古巴比伦、古印度和古中国等文明古国。380 年前，西班牙、荷兰、英国等向世界各地发展自己的殖民地。大约 200 年前，产业革命爆发，人类发明了各种机器，诞生了工业。正是由这一时期开始，人口数量剧增。距今 400 多年前世界人口大约为 4 亿，而 2022 年年底已超过 80 亿。尤其是亚洲、非洲、南美洲的发展中国家，人口急剧增多。此外，美国、欧洲、日本等发达地区人口增长缓慢，但工业的发展使资源、能源、食品等的消费量不断增加。

据国外媒体报道，瑞典科学家表示，由于人口膨胀与食物短缺的影响，在2050年之前，全球人类或将被迫吃素来维持那时90亿人的生存，否则无法渡过粮食危机。2012年，世界水资源会议在瑞典举行，斯德哥尔摩国际水研究所的研究人员在会中指出，如果按照目前西方的饮食趋势，到了2050年我们将没有足够的水资源用以灌溉农田并生产粮食，难以满足那时90亿人口的需求。据了解，人们从动物身上获取约20%的蛋白质，而到2050年，随着人口的增加，这一数据将下降至5%。专家指出，食用动物蛋白的人消耗的水是素食者的5~10倍。

2. 城市化问题

城市化，也有的学者称之为城镇化、都市化，是由农业为主的传统乡村社会向以工业和服务业为主的现代城市社会逐渐转变的历史过程，具体包括人口职业的转变、产业结构的转变、土地及地域空间的变化。2011年12月，中国社会蓝皮书发布，我国城镇人口占总人口的比率将首次超过50%，标志着我国城市化率首次突破50%。伴随着城市化进程，消费者对食品的需求也发生了改变，从追求数量为主转变为以追求新类型、多口味和高品质为主的食品。短时间内较快增长的这种需求对食品行业提出了更高要求。如图1-1所示，由于城市化的不断扩大，食品原料生产到消费的食品供应环节变得越来越复杂，而每增加一个环节就会增加一道风险。

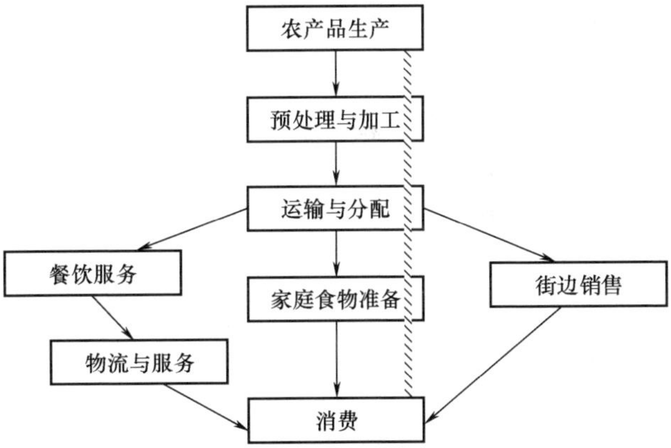

图1-1　食品原料生产至消费各环节示意图

另外，随着生活节奏的加快，人们的饮食结构发生新的变化。外出就餐的机会增多，生冷食物、动物性食物、煎炸烧烤食物增多，由于技术滞后，产生了许多新的潜在的不安全因素。

3. 食品供应链延长

ISO22000:2018《食品安全管理体系标准》规定，食品链是指涉及食品及其辅料的生产、加工、分销、储存和处理的有序环节和其产品原料，初级生产到消费。

在世界范围内，尤其是在以我国为代表的发展中国家和地区，城市化的发展对基础设施建设、管理水平等方面都提出了更高的要求。城市化在一定程度上延长了食品供应链，增加了食品供应环节，加大了食品安全风险的概率。

城市化导致农业生产过程缺乏控制，化肥、农药和兽药使用量过大，既造成环境污染，也导致食品的有害物质残留。中国虽然也有很多大型现代化食品企业，但目前大部分食品加工企业都还是小规模食品厂或手工作坊，很多企业缺乏必要的安全加工设施和环境。大部分企业虽然有食品卫生标准和制度，但是加工过程缺乏对食品质量和食品卫生进行严格控制的意识。企业经营中普遍存在着机会主义行为，产品安全标志与实际状况不相符。更为严重的是，一些食品竟是在缺乏生产许可的情况下非法加工出来的，这给市场秩序和人的生命安全造成严重威胁。目前我国食品零售渠道主要有超市、农贸市场、副食品商店等。农贸市场虽然制定有食品安全监管制度，但缺少足够的食品安全检测手段和检测设备以及检测人员。超市虽然是食品安全信誉较高的地方，但食品安全隐患依然存在，如鲜活产品的有毒有害物质残留超标、随意更改产品保质期、新鲜产品与过期产品混杂问题等。此外，大量的城市地摊以及农村的集市仍处于安全监管范围之外，一些非法加工的劣质食品逃避监管直接进入市场。食品物流环节包括运输和储存，我国目前 80%的食品通过公路运输，而公路运输中专用运输工具又极为缺乏；此外，食品仓储容量不足、库点分布不合理、规模普遍偏小。由于物流体系不健全，食品在流通环节损耗率高，受到二次污染的可能性大。

在欧洲，当今人们更倾向于短的食品供应链，即从农场直接配送到家庭，以确保食品的安全和新鲜，避免不确定性和信息不对称。

由于交通基础设施建设长期欠账，积重难返，目前我国布局合理、功能完善、方便快捷的道路交通运输网络尚未形成，专门用于食品运输的公路、铁路、航空及水上常年性运输通道更是无从谈起。尤其是内地的一些地区交通运输基础设施陈旧落后，建设规划不到位；还有不少地方的交通运输布局长期不合理，建设速度远远跟不上发展的需要，致使食品供应链物流阻塞时有发生，甚至使食品供应链频繁出现断链现象。

由于我国目前的港口冷藏设备和冷藏仓储基础设施严重不足且发展滞后，无法形成真正意义上的冷冻冷藏食品供应链。现实中所谓的食品供应链，充其量不过是一般商品供应链的简单延伸而已，根本无法适应食品安全呼声日高及食品贸易国际化的要求。

从目前我国易腐保鲜食品的装卸搬运上看，无论是装船卸船，还是装车卸车，大多是在露天作业，而不是按照 ISO9001:2008 质量标准或安全食品供应链标准 ISO22000:2005 等国际食品质量安全标准的要求，在冷库和保温场所操作，也无法达到危害分析与关键控制点（HACCP）的食品安全危害控制要求。此外，在我国现有的公路食品运输总量中，易腐保鲜食品的冷藏运输率只有 20%左右，其余80%左右的果蔬、禽蛋、肉食、水产品大多是用普通厢式货车运输，甚至直接用普通卡车运输。由于我国食品运输采用公路冷藏运输的比例较低，因此食品损耗高、效率低的问题一直没得到很好的解决，整个物流费用占食品零售价格的70%以上，远远高于“食品物流成本最高不能超过食品总成本的50%”的国际标准，极大地削弱了我国食品在国际市场上的竞争力。

尽管我国食品行业近年来在制造过程机械化、仓储管理自动化以及产品品牌推广、物流配送和食品安全控制等方面已取得了不俗的成绩，但时至今日，现代物流信息技术和设施在食品供应链物流中的应用仍很不充分，信息化水平较低，尤其是能反映物流现代化水平的物流信息技术和装备设施，以及农产品食品保鲜技术、低温制冷技术、冷链设计技术、智能化仓储和配送技术与装备等在食品物流供应链中的应用普及程度比较低，从而严重影响了我国食品供应链的总体运作水平和运作效率，延缓了我国食品供应链与国际接轨的进程。由于食品供应链的信息化水平低，致使食品供应链上的信息阻塞，不够透明和畅通，供应链各环节时常脱钩，从而造成食品在运输途中发生无谓耽搁，大大增加了食品的安全风险。国外的实践业已证明，食品供应链的高效运作离不开供应链上各成员单位的精诚合作，因此食品流通领域的核心竞争早已从产品、资金、网点布局、品牌宣传的竞争，发展到自动化技术、科学物流配送、人性化服务的供应链竞争，即以现代化、信息化为手段的提高周转率、加快市场响应速度、降低安全风险和严格成本控制的信息化大战。但遗憾的是，目前国内食品流通行业还存在诸多问题。我国的食品供应链先天不足，长期以来一直存在着不少问题。如忽视市场预测或预测不准、计划调整和生产要么过剩要么不足、食品批号老化、对客户要求反应迟钝、渠道渗透及产品铺货率低、产品推广不理想、安全责任难以划分、横向协调较难、配送作业主动性差等，这些都属于供应链运作的问题或与供应链密切相关。从供应链集成整合的角度看，这些问题不是孤立的点，而是相互联系的链，是供应链策略及流程运作系统的问题。如物流成本高和物流服务水平低等问题久拖不决，原因就在于食品供应网络布局、需求预测、库存控制和分销政策等方面存在问题。因此，尚无法为决策者监控食品供应链的安全危害、关键控制点和及时解决供应链运作过程中的具体问题提供强有力的信息保障。

4. 高风险人群增加

高风险人群、高危人群，往往指的是社会上的一些具有某种危险性高的特征（多数情况下指疾病）的人群组合。

高风险人群主要涉及老年人、婴幼儿、孕妇和免疫机能低下者等群体。随着社会经济的不断发展，现代社会生活工作节奏也日益加快，改变了人们原有的生活习惯、膳食结构，导致身体机能下降，亚健康状况增多，促使高风险人群数量增长很快。

5. 工业化、集约化的食品生产和加工

农业生产和工业生产内在的本质不同，决定了两种生产方式之间的差异。建立在分工化、专业化、标准化、市场化基础上的工业化生产方式，之所以能成为引发工业革命、导致生产率持续增长的生产方式，就是因为这种生产方式最大限度地发挥了工具创新与科学技术的进步。然而，同样的生产方式在农业生产领域不仅在提高生产率上的作用是有限的，还会留下众多“后遗症”。

因为农作物生产的过程是一个依靠天时地利的过程，这就决定了农业生产不可能像工业生产那样，可以仅仅通过工具创新就能不断实现生产率倍增。在人类没有能力改变天时地利的前提下，无论工具如何创新，其对农业生产率的提高都是有限的。也正是由于这个原因，中国古代传统农业的发展方向，并没有把过多的精力放在农业工具的创新上，而是放在了如何更好地认识天时地利的运行规律之上，如何顺应天时与巧借地利上。

工业化的生产方式不仅导致了土壤、水与环境的污染，也使食品的品质与安全性下降。生物成长的过程虽然包含物理与化学的过程，但并不等同于这个过程，而是一个基于细胞组织的演化过程。非生物只有解构到原子层，才能激活其所携带的能量与信息。而生物恰恰相反，生物大分子只有合成到细胞的层次，才能形成生命演化。导入农业的高度专业化、标准化、市场化的生产方式，恰恰是让生命沿着从多样化向单一化的方向发展；从应天时、借地利的天人统一的生物生存方式，向把生物纳入工厂化、标准化的生产方式转变，这并非是一种现代化的农业生产方式，而是一个违背生命成长规律、扼杀生命、解构生命的方式。

随着食品工业的迅速发展，大量食品新资源、食品添加剂新品种、新型包装材料、新加工技术以及现代生物技术、基因工程技术（基因微生物、基因农产品、基因动物）、酶制剂等新技术不断出现，这些技术一方面能提高食品生产，有利于食品安全；另一方面也可能产生潜在的危害，在应用前必须进行严格的安全性评价。

转基因技术的应用给食品行业的发展带来前所未有的机遇，但转基因食品的安全性不确定。要判断转基因食品是否安全，必须以风险性评估分析为基础。由于受到商业、社会、政治、学术等多种因素的限制，科学与统计的数据很难获得，对转基因食品进行风险性分析非常困难。

6. 国际旅游快速发展

国际旅游业的发展速度较快，根据世界旅游组织官网的数据显示，2000 年国际旅游人数仅为 6.73 亿，2019 年则上升到 14.66 亿，年平均增长率为 4.23%。日益增加的国际旅游人数，一方面使食源性疾病风险不断上升，另一方面对旅游所在地食品安全监控体系提出了更高的要求。来自不同民族、地区或国家的游人会聚一处，其饮食文化、宗教传承和教育背景均不相同，对食品的口味、风味、营养成分和安全性也有不尽相同的需求，更增加了食品安全的复杂性和不稳定性。

7. 国际贸易日益频繁

食品安全与国际贸易有着千丝万缕的联系，虽然食品安全不是因国际贸易而产生的，但由于进口国对进口食品安全的要求，客观上也促进了食品出口国对食品安全的认识和对食品安全标准及要求的更新，提高出口国的食品安全水平。同时进口国为了推行贸易保护主义，对出口国家的食品设置了诸多技术性贸易壁垒，对食品的安全标准和要求几乎达到了苛刻的程度。

另外，食品的安全问题不仅事关消费者的生命健康，也维系着经济的发展，尤其对于发展中国家的农业及经济具有更为重大的影响，其带来的挑战以及所赋予的使命比以往任何时候更加严峻和重大。曾经发生的苏丹红、孔雀石绿、劣质乳粉、肉类中检出氯霉素、瘦肉精等食品安全问题，给我国食品出口企业带来了负面影响。当然，外贸问题从来就不是单纯的经济问题，以商品质量为由行贸易壁垒之实，在国际间也时有发生。我国食品行业品牌缺失的不良影响日益凸显，一些国家因我国个别地区的个别食品出了问题就全面封杀我国所有的同类产品，给整个行业的发展蒙上了阴影，美欧等国家出台的花样翻新的技术贸易壁垒成了我国食品出口必须面对的挑战。

8. 食品预处理的不卫生操作

食品在不同环境下进行预处理的方式是否恰当，也会在很大程度上影响食品的安全性（表1-1、表1-2）。

表1-1 美国食品服务业中食品加工的不当之处及其引发的食源性疾病所占比例

食品加工不当之处	引发食源性疾病比例/%	食品加工不当之处	引发食源性疾病比例/%
冷却不足	64	热储不足	21
前期加工过多	39	清洗不足	10
被感染的人员	34	交叉污染	10
再加热不足	24		

表1-2 各环节食源性疾病的暴发率

疾病发生环节	美国/%	加拿大/%	疾病发生环节	美国/%	加拿大/%
餐饮	34.0	32.6	种植	—	0.2
家中	14.7	14.6	其他	—	1.2
食品加工	2.8	5.5	不明来源	48.5	41.8
零售食品	—	4.1			

世界卫生组织对食品安全食用提出十大建议，告诫消费者进行自我保护。十大建议如下：

（1）应选择已加工处理过的食品，如已加工消毒过的牛乳而不是生牛乳；

（2）食物须彻底煮熟食用，特别是家禽、肉类和牛乳；

(3) 食物一旦煮好就应立即吃掉，食用煮后在常温下已存放 4~5h 的食物最危险；

(4) 食物煮好后难以一次全部吃完，如存放 4~5h，应在高温（60℃左右）或低温（10℃以下）条件下保存；

(5) 存放过的熟食须重新加热（70℃以上）才能食用；

(6) 生熟食品避免接触；

(7) 处理食品前先洗手；

(8) 厨房须清洁，一块抹布一次使用不超过 1d，下次使用前应在沸水中煮一下，刀叉具等应用干净布抹干；

(9) 不让虫、鼠等动物接触食品，杜绝微生物污染；

(10) 饮用水和准备食品时所需水应纯洁干净。

9. 农用化学品使用不当

农用化学品是指农业生产中投入的如化肥、农药、兽药和生长调节剂，它们的使用可促进食用农产品的生产，在农业持续高速发展中起着重要作用。但在实际生产中，存在大量的不当使用现象，主要表现在以下几方面。

(1) 农药　一是超标或使用不当而污染生态环境；二是水体富营养化（如太湖蓝藻）；三是重金属超标。

(2) 激素　促使加速生长而诱发性早熟或生殖系统疾病。

(3) 抗生素　为降低患病率大量使用抗生素从而导致超级耐药细菌产生。

(二) 影响食品质量安全的因素

食品的不安全因素贯穿于食物供应的全过程。食品安全性问题发展到今天，已经远远超出传统的食品卫生和食品污染的范围，它涉及从种植、养殖阶段的食品源头到食品销售和消费的整个食品链的所有相关环节，面临众多的影响食品安全的因素。

1. 生物性危害

生物性危害包括有害的细菌、病毒、寄生虫。食品中的生物危害既有可能来自原料，也有可能来自食品的加工过程。

微生物种类繁多分布广泛，被划分成各种类型。食品中重要的微生物种类包括酵母、霉菌、细菌、病毒和原生动物。一般而言，酵母、霉菌不引起食品中的生物危害（虽然某些霉菌产生有害的毒素——化学危害），只有细菌、病毒和原生动物能引起食品的生物性危害，致使食品不安全。

(1) 细菌危害　是指某些有害细菌在食品中存活时，可以通过活菌的摄入引起人体（通常是肠道）感染或预先在食品中产生的细菌毒素导致人体中毒。前者称为食品感染，后者称为食品中毒。由于细菌是活的生命体，需要营养、水、温度以及空气条件（需氧、厌氧或兼性），因此通过控制这些因素，就能有效地抑制、杀灭致病菌，从而把细菌危害预防、消除或减少到可接受水平（符合规定的卫生标准）。例如，控制温度和时间是常用且可行的预防措施（低温可抑制微生物生长）；加热可以杀灭微生物。

根据细菌有无芽孢分类，可分成芽孢菌和非芽孢菌。芽孢是细菌在生命周期中处于休眠阶段的生命体，相对于其生长状态下营养细胞或其他非芽孢菌而言，芽孢菌对化学杀菌剂、热力或其他加工处理具有极强的抵抗能力。处于休眠状态下的芽孢是没有危害的，但一旦食品中残留的致病性芽孢菌的芽孢在食品中萌芽、生长，即会造成危害，使食品不安全。因此，对此类食品的微生物控制必须以杀灭芽孢为目标，显然用于控制芽孢菌的加工步骤要比控制非芽孢菌需要的条件要严格得多。

（2）病毒危害　病毒到处存在，呈非生命体形式的致病因子；自身不能再增殖；个体小，用光学显微镜看不见。病毒的外膜为蛋白质膜，内部为核酸核。病毒通常被称为“细胞内的寄生体”。

当病毒附着在细胞上时，向细胞注射其病毒核酸并夺取寄主细胞成分，产生上百万个新病毒，同时破坏细胞。病毒只对特定动物的特定细胞产生感染作用。因此，食品安全只需考虑对人类有致病作用的病毒。很少量的病毒就可致人患病。病毒在食品中不生长、不繁殖，不会对食品产生腐败作用。病毒能在人体肠道内、被污染的水中和冷冻食品中存活达数个月以上。

食品受病毒污染有如下四个途径。

①环境污染致使产品受病毒污染：牡蛎、蛤和贻贝等滤食性贝类能从水中摄取病毒，积聚在黏膜内并转移到消化道中。当人们食用整只生贝时，也就同时摄食了病毒。此外，熟制产品受生产品的交叉污染或员工的污染，也可能使食品携带病毒。

②灌溉用水受污染会使蔬菜、水果的表面沉积病毒：一般而言，生食的果蔬都有类似问题。

③使用污染的饮用水清洗或用来制作食品，食品会受病毒污染。

④受病毒感染的食品加工人员、卫生不良、使用厕所后未洗手消毒而使病毒进入食品内：与食品相关的病毒主要为肝炎 A 型病毒和诺沃克病毒。

（3）寄生虫和原生动物危害　寄生虫是需要有寄主才能存活的生物，生活在寄主体表或其体内。世界上存在几千种寄生虫。只有约 20%的寄生虫能在食物或水中生存，所知的通过食品感染人类的不到 100 种。通过食物或水感染人类的寄生虫有线虫、绦虫、吸虫和原生动物。这些虫大小不同，从几乎用肉眼看不见到几英尺长（1ft=0.3048m）。原生动物是单细胞动物，若不借助显微镜大多数是看不见的。

对大多数食品寄生虫而言，食品是它们自然生命循环的一个环节（如鱼和肉中的线虫），当人们连同食品一起吃掉它们时，它们就有了感染人的机会。寄生虫存活的最重要两个因素是合适的寄主（即不是所有的生物都能被寄生虫感染）和合适的环境（即温度、水、盐度等）。

寄生虫可以通过寄主排泄的粪便所污染的水或食品传播。防止通过被粪便污染的食品传播寄生虫的方法包括：食品加工人员具有良好的个人卫生习惯；人类粪便的合适处理；严禁用未处理过的污水为作物施肥；合适的污水处理。

消费者是否会受到寄生虫的危害，取决于食品的选择、饮食习惯和食品制作方法。大多数寄生虫对人类无害，但是可能让人感到不舒服。寄生虫感染通常与生的或未煮熟的食品有关，因为彻底加热食品可以杀死所有的寄生虫。在特定情况下，冷冻可以被用来杀死食品中的寄生虫，但消费者生吃含有感染性寄生虫的食品会造成危害。

食品中寄生的原生动物有痢疾阿米巴、肠伯鞭毛虫，都能对人体造成危害。

2. 化学性危害

化学污染可以发生在食品生产和加工的任何阶段。农药、兽药和食品添加剂等适当地、有控制地使用是没有危害的，然而一旦使用不当或过量就会对消费者造成危害。化学性危害可分为天然存在化学物质、有意加入的化学物质和无意或偶尔进入食品的化学物质造成的危害。主要类别如下。

（1）天然存在的化学物质　霉菌毒素（如黄曲霉毒素）、鲭鱼毒素（组胺）、鱼肉毒素、蘑菇毒素、贝类毒素（麻痹性贝类毒素、腹泻性贝类毒素、神经性贝类毒素、遗忘性贝类毒素）和生物碱等。

（2）有意加入的化学物质　食品添加剂（防腐剂、营养强化剂、色素等）。

（3）无意或偶尔进入食品的化学物质　农用化学物质（如杀虫剂、杀真菌剂、除草剂、肥料、抗生素和生长激素）、食品法规禁用化学品、有毒元素和化合物（如铅、锌、砷、汞和氰化物）、多氯联苯（PCBs）、工业化学用品（如润滑油、清洁剂、消毒剂和油漆）。

3. 物理性危害

物理性危害包括任何在食品中发现的不正常的有潜在危害的外来物。当消费者误食了外来的材料或物体，可能引起窒息、伤害或产生其他有害健康的问题。物理危害是最常见的消费者投诉的问题。因为伤害立即发生或食用后不久发生，并且伤害的来源是容易确认的。在食品中能引起物理危害的材料及来源见表 1-3。

表 1-3　食品中能引起物理危害的材料及来源

材料	来　源
玻璃	瓶子、罐、灯罩、温度计、仪表表盘
金属	机器、农田、大号铅弹、鸟枪子弹、电线、订书钉、建筑物、雇员携带

食品与金属的接触，特别是机器的切割和搅拌操作及使用中部件可能破裂或脱落的零部件，如金属网等，都可使金属碎片进入产品。此类碎片对消费者直接构成危害。物理危害可通过对产品采用金属探测装置或经常检查可能损坏的设备零部件来予以控制。

4. 新产品、新技术及新的销售方式所带来的危害

随着食品工业的迅速发展，大量食品新资源、食品添加剂新品种、新型包装材料、新加工技术，以及现代生物技术、基因工程技术（基因微生物、基因农产品、基因动物）、酶制剂等新技术不断出现，这些技术一方面能提高食品生产率，有利于食品安全；另一方面也可能产生潜在的危害，在应用前必须进行严格的安全性评价。

近年来，我国新的食品种类如方便食品和保健食品大量增加。方便食品中，食品添加剂、包装材料与防霉保鲜剂等化学品的使用是较多的；保健食品的不少原料成分作为药物可以应用，但不少传统药用成分并未经过毒理学评价，作为保健品长期和广泛食用，其安全性值得关注。此外，由于动物防疫、检疫体系不健全引起的人畜共患病、假冒伪劣食品、过量饮酒、不良饮食习惯等给人们的健康带来的危害也应高度重视。

三、中国食品质量安全法律法规和标准

（一）中国食品质量安全法律法规体系

食品法律、法规体系是以法律或政令形式颁布的，是对全社会有约束力的权威性规定，既包括法律规范，也包含以技术规范为基础所形成的各种食品法规。为规范食品生产行为，我国出台了一系列食品生产安全监督管理的法律、部门规章、规范性文件等。其中与食品安全相关的法律主要有《中华人民共和国食品安全法》《中华人民共和国农产品质量安全法》《中华人民共和国产品质量法》。

1. 中华人民共和国食品安全法

《中华人民共和国食品安全法》（以下简称《食品安全法》）已由中华人民共和国第十一届全国人民代表大会常务委员会第七次会议于 2009 年 2 月 28 通过，自 2009 年 6 月 1 日起施行。由中华人民共和国第十二届全国人民代表大会常务委员会第十四次会议于 2015 年 4 月 24 日修订通过，修订后的《食品安全法》自 2015 年 10 月 1 日起施行。2018 年 12 月 29 日第十三届全国人民代表大会常务委员会第七次会议、2021 年 4 月 29 日第十三届全国人民代表大会常务委员会第二十八次会议分别进行了修正。

《食品安全法》共 10 章 154 条。内容体系：第一章，总则；第二章，食品安全风险监测和评估；第三章，食品安全标准；第四章，食品生产经营；第五章，

食品检验；第六章，食品进出口；第七章，食品安全事故处置；第八章，监督管理；第九章，法律责任；第十章，附则。

《食品安全法》的施行，对规范食品生产经营活动，增强食品安全监管工作的规范性、科学性和有效性，全方位构筑食品安全法律屏障，提高我国食品安全整体水平，切实保证食品安全，保障公众身体健康和生命安全，具有重要意义。

案例

某公司生产经营添加药品的食品案

湖南某生物科技公司生产的某固体饮料产品标签上标注的配料为铁皮石斛、雪莲培养物、人参、白茶、木瓜、葛根、燕窝、红牛杆菌等。市场监管部门认为，国家卫生健康委员会发布的最新药食同源名单不包含铁皮石斛；国家卫生健康委员会、国家市场监督管理总局于2019年联合发布的《关于对党参等9种物质开展按照传统既是食品又是中药材的物质管理试点工作的通知》（国卫食品函〔2019〕311号）以及湖南省卫生健康委员会、湖南省市场监督管理局联合发布的《关于做好党参等9种物质开展按照传统既是食品又是中药材管理试点申报工作的通知》（湘卫函〔2020〕251号），其中包含铁皮石斛。湖南某生物科技公司生产的某固体饮料使用了皮石斛作为配料，但未进行申报核定，违反了我国《食品安全法》第38条的规定，系生产经营添加药品的食品之违法行为。市场监管部门遂依据《食品安全法》第123条第1款第6项的规定，没收了该公司的违法所得及相应产品并处以相应罚款。

2. 中华人民共和国农产品质量安全法

《中华人民共和国农产品质量安全法》（以下简称《农产品质量安全法》）于2006年4月29日由第十届全国人民代表大会常务委员会第二十一次会议通过。2018年10月26日第十三届全国人民代表大会常务委员会第六次会议进行了修正，2022年9月2日第十三届全国人民代表大会常务委员会第三十六次会议进行了修订。

《农产品质量安全法》共8章节81条，内容体系：第一章，总则；第二章，农产品质量安全风险管理和标准制定；第三章，农产品产地；第四章，农产品生产；第五章，农产品销售；第六章，监督管理；第七章，法律责任；第八章，附则。

《农产品质量安全法》调整的范围包括三个方面：①调整的产品范围，本法所指的农产品是指来源于农业的初级产品，即在农业活动中获得的植物、动物、微生物及其产品；②调整的行为主体，既包括农产品的生产者、销售者，也包括农产品质量安全管理者和相应的检测技术机构和人员等；③调整的管理环节，既包括产地环境、农业投入品的科学合理使用、农产品生产和产后处理的标准化管理，也包括农产品的包装、标识、标志和市场准入管理。

《农产品质量安全法》对于加强农产品质量安全管理，推动农业生产方式转变，发展现代农业，实现农业可持续发展，促进社会主义新农村建设，具有重要意义。

案例

未经精加工的红茶是初级农产品

浙江省泰顺县市场监管局认定，某茶叶公司生产的红茶未标生产日期（该公司具有茶叶生产许可证），违反了《食品安全法》的规定，决定依据《食品安全法》处以罚款。该茶叶公司不服，向温州市市场监管局申请复议。行政复议期间，温州市市场监管局委托国家茶叶质量检验检测中心出具《检验报告》，结论显示涉案红茶“该样外形条索尚紧细，尚匀整，色泽乌尚润，稍有金毫，有少量花托、朴片，据此判断该样品未经精加工”。温州市市场监管局据此判定，涉案红茶属于食用农产品。《农产品包装和标识管理办法》第10条规定，包装销售的农产品，应当在包装物上标注或者附加标识标明品名、产地、生产者或者销售者名称、生产日期。茶叶并非强制必须包装的农产品，出厂时符合规定包装的农产品拆包后直接向消费者销售的，可以不再另行包装。但如果包装销售的，应当标明生产日期等。从涉案红茶实物来看，其由浙江某茶叶公司提供了铁罐、礼盒、礼袋等包装物，并标注了品名、产地、生产者名称、标准代号、许可证编号等事项，包装精良，与超市销售散装食品提供的塑料袋不属同一概念，应认定为散装销售后的再包装行为，其包装标识仍应当按照相关法律的要求标明有关事项。涉案红茶的包装物上未标注生产日期，违反了《农产品质量安全法》的规定，可转致适用《食品安全法》进行处罚，温州市市场监管局遂维持了泰顺县市场监管局的行政处罚决定。

该茶叶公司不服该复议决定，向温州市鹿城区人民法院提起行政诉讼，认为不应转致适用《食品安全法》。法院肯定了温州市市场监管局对涉案红茶的定性，认为涉案红茶虽是经过一定加工的植物产品，但判断其属于食品还是食用农产品的关键在于是否通过加工改变了其基本自然性状和化学性质。该茶叶公司曾委托温州市特产站进行鉴定，鉴定意见为不符合精致红茶特征，为毛红茶，属于初级农产品范畴。温州市市场监管局在行政复议中又委托国家茶叶质量检验检测中心进行鉴定，该中心出具的《检验报告》也确认涉案红茶未经精加工，所以涉案红茶属于食用农产品。《农产品质量安全法》对销售的农产品未按照规定进行包装、标识的情形已明确规定了如何处理，故不能转致适用《食品安全法》，泰顺县市场监管局和温州市市场监管局适用法律错误。法院最终撤销了行政处罚决定和行政复议决定。

餐桌”）食品链全过程影响食品安全和质量的各种要素以及各关键环节进行控制和管理，经协商一致制定并由公认机构批准，共同使用的和重复使用的一种规范性文件。食品质量安全标准的根本目的是实现全民的健康保护，是食品法律法规体系的重要组成部分，是进行法制化监管的依据。我国食品质量安全标准体系可分为食品基础标准、食品产品标准、食品添加剂（营养强化剂）使用标准、食品包装标准、食品安全控制与管理标准和食品检验方法类标准等。

1. 食品基础标准

食品基础标准是指在一定范围内作为其他标准的基础普遍使用，并具有广泛指导意义的标准。它规定了各种标准中最基本的共同要求。食品基础标准主要包括食品中有毒有害物质限量标准、食品标签标准等。

（1）食品中有毒有害物质限量标准　食品中有毒有害物质限量标准是指食品原料中常常含有一些有毒有害物质，食品加工过程中也会给最终产品带入一些有毒有害的物质，这些有毒有害物质的存在对人体的健康构成了极大的危害，所以要对这些物质的存在量制定一些标准，以保证食用这些食品后不会对人体造成伤害。

食品中有毒有害物质限量标准包括 GB 2761—2017《食品安全国家标准　食品中真菌毒素限量》、GB 2762—2022《食品安全国家标准　食品中污染物限量》、GB 2763—2021《食品安全国家标准　食品中农药最大残留限量》、GB 31650—2019《食品安全国家标准　食品中兽药最大残留限量》、GB 31650. 1—2022《食品安全国家标准　食品中 41 种兽药最大残留限量》、GB 29921—2021《食品安全国家标准　预包装食品中致病菌限量》、GB 31607—2021《食品安全国家标准　散装即食食品中致病菌限量》等。

（2）食品标签标准　食品标签是指预包装食品容器上的文字、图形、符号，以及一切说明物。它们提供着食品的内在质量信息、营养信息、时效信息和食用指导信息，是进行食品贸易及消费者选择食品的重要依据，可以起到维护消费者知情权，保护消费者健康和利益的作用，同时也是保证公平贸易的一种手段。通过实施食品标签标准，保护消费者利益和健康，维护消费者知情权；有利于市场正当竞争；促进企业自律；防止利用标签进行欺诈。

我国目前实施的食品标签标准主要包括 GB 7718—2011《食品安全国家标准　预包装食品标签通则》、GB 28050—2011《食品安全国家标准　预包装食品营养标签通则》、GB 13432—2013《食品安全国家标准　预包装特殊膳食用食品标签》等。

2. 食品产品标准

食品产品标准是为了保证食品的食用价值，对食品必须达到的某些或全部要求所做的规定，是判断食品合格与否的主要依据之一。

食品产品标准的组成要素通常包括封面、目录、前言、名称、范围、规范性引用文件、术语和定义、符号和缩略语、要求、试验方法、试验规则、标志和标签、包装、运输和贮藏等。其中要求部分是产品的核心内容之一，主要对食品的外观、感官性状、营养成分、安全要求以及消费者的食用需求等进行了量化。有的食品产品标准还在量化指标后面规定了相应的检测方法。

食品产品标准的制定和实施，有效地保障了食品的安全质量，降低了食源性疾病的发生。在日益增加的食品国际贸易中，食品产品标准对有效阻止国外低劣食品进入中国市场，防止我国消费者遭受健康和经济权益损害，维护国家的主权与利益，起到了重要的技术保障作用。同时，它为提高国内出口食品的质量，增强国内食品的国际市场竞争力，起到了重要的技术支持作用。

3. 食品添加剂（营养强化剂）使用标准

食品添加剂指为改善食品品质和色、香、味以及为防腐、保鲜和加工工艺的需要而加入食品中的人工合成或者天然物质。食品添加剂标准是食品添加剂规范生产、正确使用的依据。

食品添加剂使用标准主要规范的是食品添加剂的使用原则和允许使用的品种、范围和用量，食品添加剂使用标准是整个食品添加剂标准体系的核心。目前，我国现行的食品添加剂使用标准主要是 GB 2760—2024《食品安全国家标准　食品添加剂使用标准》和 GB 14880—2012《食品安全国家标准　食品营养强化剂使用标准》。

4. 食品包装标准

食品包装在原材料、辅料、工艺方面的安全性将直接影响食品质量，继而对人体健康产生影响。用于食品包装的材料和容器主要有植物纤维类、金属类、陶瓷类、搪瓷类、玻璃类、塑料和橡胶类等。

我国食品包装标准众多，主要有 GB 4806.1～GB 4806.11 食品接触及包装材料系列标准、GB/T 30768—2014《食品包装用纸与塑料复合膜、袋》等标准。这些标准规定了食品用包装材料的卫生安全要求，可作为食品包装材料生产选购的依据。

5. 食品安全控制与管理标准

食品安全控制与管理标准主要是在“农场到餐桌”的全过程建立从源头治理到最终消费的监控体系。在种植产品生产中应用良好农业规范（GAP），养殖产品生产中应用良好兽医规范（GVP），食品加工生产中应用良好操作规范（GMP）、良好卫生规范（GHP）、食品安全管理体系（ISO22000）、食品质量管理体系（ISO9000）、危害分析及关键控制（HACCP），食品流通领域应用良好流通规范（GDP）等先进的食品安全控制与管理技术，对提高食品企业素质和产品安全质量十分有效。

目前，我国已初步构建和形成了较为完善的食品安全控制与管理标准体系。其中一些重要的标准包括 GB 14881—2013《食品安全国家标准　食品生产通用卫生规范》、GB/T 19538—2004《危害分析与关键控制点（HACCP）体系及其应用指南》、GB/T 27341—2009《危害分析与关键控制点体系食品生产企业通用要求》等。这些标准为完善我国的食品安全控制与管理提供了有力的技术支撑。

6. 食品安全检测方法标准

食品安全检测方法标准是对食品的质量要素进行测定、试验、计量所作的统一规定，包括感官检验、理化检验和微生物检验等。食品安全检测方法标准通常与食品产品标准中的技术指标、食品安全限量标准中的各项指标一一对应，是食品产品标准和食品安全限量标准的支撑。食品安全检测方法标准通常也是食品检验工作的依据之一，食品检测报告中通常要写明该结果所运用的检测方法标准。

食品安全检测方法标准通常包括食品理化检测标准、食品微生物检验方法标准、食品感官检验方法标准等。

（1）食品理化检测标准　食品理化检测标准主要是利用物理、化学以及仪器等分析方法对食品中的各种营养成分、食品添加剂、矿物元素、重金属元素、环境污染物、农药残留、兽药残留的检测标准，也包括各类食品卫生分析方法，食品包装容器、材料卫生标准分析方法的标准。

食品理化检验国家标准目前主要采用的是 GB 5009 系列标准，除此之外，还有 GB/T 18932. 1～GB/T 18932. 28 系列的蜂蜜中掺伪物质及化学品残留量的测定方法标准等。

（2）食品微生物检验方法标准　食品微生物检验是为了正确而客观地揭示食品的卫生情况，加强食品卫生的管理，保障人们的健康，并对防止某些食物中毒事件的发生提供科学依据。我国食品产品中常需要检测的微生物指标主要有菌落总数、大肠菌群、酵母菌计数、致病菌等。

目前，我国已颁布的食品微生物检验方法标准是 GB 4789 系列，共 44 个。主要包括：菌落总数、霉菌和酵母菌计数等测定方法标准；食品中大肠菌群、沙门菌等微生物的检验方法标准；常见产毒霉菌的鉴定标准；肉、蛋、乳及其制品检验标准；水产品、冷冻食品和冷食菜等食品的检验标准；糖果、糕点、蜜饯、酒类和罐头食品检验标准；鲜乳中抗生素残留量检验标准；粮谷、果蔬类食品检验标准；双歧杆菌检验标准；染色法、培养基和试剂标准。

（3）食品感官检验方法标准　食品感官检验是建立在人的感官感觉基础上的统计分析方法。目前，我国食品感官检验方法按其检验目的、要求及统计方法的不同分为三类——差别检验，标度和类别检验，分析或描述性检验。如 GB/T 12310—2012《感官分析方法成对比较检验》、GB/T 12312—2012《感官分析味觉敏感度的测定方法》、GB/T 12315—2008《感官分析方法排序法》等。

四、国外食品质量安全法律法规和标准

（一）发达国家和地区食品质量安全法律法规体系

目前世界各发达国家和地区，如美国、欧盟、日本等均已建立了较为完善的食品质量安全法律法规体系。

1. 美国食品质量安全法律法规体系

美国关于食品的法律法规包括两个方面的内容：一是议会通过的法案，称为法令（ACT），如《美国法典》USC 第 21 部中有关食品和药品的法律；二是由权力机构根据议会的授权制定的具有法律效力的规则和命令，包括《联邦食品、药物和化妆品法》（FFDCA）、《联邦肉类检验法》（FMIA）、《禽类产品检验法》（PPLA）、《蛋产品检验法》（EPIA）、《食品质量保护法》（FQPA）、《公共卫生服务法》（PHSA）以及《公共卫生安全与生物恐怖防范应对法》（PHSBPRA）等。

2. 欧盟食品质量安全法律法规体系

欧盟食品质量安全法律法规体系涵盖了“从农田到餐桌”的整个食物链。目前欧盟食品质量安全法律体系，形成了以《欧盟食品安全白皮书》为核心的各种法律、法令、指令等并存的食品安全法律体系新框架。

《欧盟食品安全白皮书》包括执行摘要和 9 章内容，用 116 项条款对食品安全问题进行了详细阐述，制定了一套连贯和透明的法规，提高了欧盟食品安全科学咨询体系的能力。白皮书提出了一项根本改革，就是食品法以控制“从农田到餐桌”全过程为基础，包括普通动物饲养、动物健康与保健、污染物和农药残留、新型食品、添加剂、香精、包装、辐射、饲料生产、农场主和食品生产者的责任，以及各种农田控制措施等。

欧盟的食品安全监管实行欧盟和各成员国的两级监控制度。欧盟的执行机构是食品和兽医办公室，负责监督各成员国执行欧盟立法的情况和第三国进口到欧盟的食品安全情况。

3. 日本食品质量安全法律法规体系

日本的食品安全法律体系主要有《食品卫生法》和《食品安全基本法》。根据相关法律规定，分别由厚生劳动省与农林水产省承担食品卫生、安全方面的行政管理职能。其中，厚生劳动省负责稳定的食品供应和食品安全，农林水产省负责食品生产和质量保证。

日本的《食品卫生法》对所有食品都有详细的规定，如所有食品和添加剂，必须在洁净卫生状态下进行采集、生产、加工、使用、烹调、储藏、搬运和陈列。

《食品安全基本法》为日本的食品安全行政制度提供了基本的原则和要素。要点如下：一是确保食品安全；二是地方政府和消费者共同参与；三是协调政策原

则；四是建立食品安全委员会，负责进行风险评估，并向风险管理部门（即厚生劳动省和农林水产省）提供科学建议。

（二）发达国家和地区及国际食品质量安全标准体系

国际标准在协调国际贸易、消除贸易技术壁垒中发挥重要作用。协调一致的国际标准可以降低或消除卫生和其他技术性标准成为贸易壁垒的风险。国际标准是国际技术法规、标准和合格评定以及人类、动植物健康和安全保护措施的协调基础，是解决国际贸易争端的参考依据。国际标准主要有 FAO/WHO 食品法典委员会（CAC）、国际标准化组织（ISO）系列标准等。发达国家和地区的标准主要有美国标准、欧盟标准和日本标准等。

1. CAC 标准体系

目前公认的国际食品标准是 FAO/WHO 食品法典委员会的标准。随着全球经济一体化发展以及食品安全问题日益受到重视，全世界食品生产者、监管部门和消费者越来越认识到建立全球统一的食品标准是国际及国内食品贸易公平性的体现，也是各国制定和执行有关法规的基础，同时有利于维护和增加消费者对食品的信任。在此背景下，1962 年，联合国粮食组织（FAO）和世界卫生组织（WHO）共同创建了 FAO/WHO 食品法典委员会，并使其成为一个促进消费者健康和维护消费者经济利益，以及鼓励公平国际食品贸易的国际性组织。该组织的宗旨是通过建立国际标准、方法、措施，指导日趋发展的世界食品工业，消除贸易壁垒，减少食源性疾病，保护公众健康，促进公平的国际食品贸易发展，协调各国的食品标准立法并指导其建立食品安全体系。该组织覆盖全球 99%的人口。

CAC 制定了食品法典和法典程序。食品法典包括标准和残留限量、法典和指南两部分，包含了食品标准、卫生和技术规范，农药、兽药、食品添加剂评估及其残留限量制定和污染物指南在内的广泛内容。法典程序确保了食品法典的制定是建立在科学基础之上，并保证考虑了各成员和有关方面的意见。

2. ISO 标准体系

国际标准化组织（ISO），是一个全球性的非政府组织，也是世界上最大的国际标准化机构。国际标准化组织成立于 1947 年，总部位于瑞士日内瓦。国际标准化组织的宗旨是“在世界上促进标准化及其相关活动的发展，以便于国际物资交流和相互服务，并扩大知识、科学、技术和经济领域中的合作”，国际标准化组织现有成员包括各会员的官方标准机构和主要工业和服务业企业。中国国家标准化管理委员会于 1978 年加入国际标准化组织，在 2008 年 10 月的第 31 届国际化标准组织大会上，中国正式成为国际标准化组织的常任理事国。

在食品及食品相关产品的标准化方面，国际标准化组织主要有 4 个技术委员会，分别是 ISO/TC 34（食品技术标准化技术委员会）、ISO/TC 93（淀粉和衍生物及其副产品标准工作技术委员会）、ISO/TC 166（食品接触瓷器、玻璃制品技术委员会）和ISO/TC 176（质量管理和质量保证技术委员会），其中ISO/TC 34制定了绝大多数食品类的标准。ISO/TC 34在食品标准化领域的活动主要包括制定术语、分析方法和取样方法、感官产品质量和分级、操作、运输和存贮要求等。

随着全球食品安全的形势日益严峻以及经济全球化的发展，考虑到食品安全管理体系的重要性，国际标准化组织加强了食品综合性、管理性标准的制定。特别是近年来，加快了食品安全管理控制技术标准的研究制定步伐。国际标准化组织致力于制定全球统一的，既适用于食品链中的各类组织开展食品安全管理活动，又可用于审核与认证的食品综合性国际标准，如ISO22000：2018《食品安全管理体系　食品链中各类组织的要求》。

3. 美国食品质量安全标准体系

美国食品标准可分为国家标准、行业标准和企业操作规范三级：①国家标准是指由农业部食品安全检验局、农业市场局、粮食检验包装储存管理局，卫生部食品与药品管理局、环境保护局，以及联邦政府授权的其他机构制定的标准；②行业标准是由民间团体制定的，具有很高的权威性，是美国食品质量标准的主体，行业协会主要有美国官方分析化学师协会（AOAC）、美国谷物化学师协会（AACCH）、美国饲料官方管理协会（AAFCO）、美国乳制品学会（ADPI）、美国饲料工业协会（AFIA）、美国油料化学师协会（AOCS）、美国公共卫生协会（APHA）等；③企业操作规范是由农场主或公司制定的，相当于我国的企业标准。

美国食品标准在很大程度上采用了国际食品法典委员会的标准。可分为特性标准、质量标准和装量标准三类：①特性标准主要规定食品的定义、主要的食物成分和其他可作为食物成分的原料及用量。特性标准的主要意义在于防止掺假。美国食品与药物管理局（FDA）已制定了400多种食品的特性标准，包括乳制品、谷类制品、海产品、巧克力以及水果蔬菜等；②质量标准主要规定食品的安全、营养要求。在美国有两种食品安全要求：第一种是以食品卫生管理的形式规定安全要求，即Action levels，如动物饲料中黄曲霉毒素B，超过200mg/kg就要采取措施进行控制；另一种是对各种食品的安全与营养指标规定要求。每种食品都有安全指标；③装量标准主要针对包装食品，规定装量规格，保护消费者的经济权益。

4. 欧盟食品质量安全标准体系

欧盟标准是欧盟各成员国统一使用的区域性标准。欧盟食品标准的制定由欧洲标准化委员会（CEN）负责。在欧盟各成员国的国家标准中，欧盟标准所占的比例高达80%以上。

欧盟的标准有三个类型：一是欧盟标准，按照标准制定程序制定，经正式投票表决通过的标准；二是协调文件，在制定欧盟标准遇到成员国难以避免的偏差时，就要采用协调文件的形式；三是暂行标准，是在技术发展快或急需标准的领域临时应用的预期标准。

欧洲标准化委员会发布了260多项欧盟食品标准，主要用于取样和分析方法，这些标准分别由7个技术委员会制定：TC174水果和蔬菜汁——分析方法；TC194与食品接触的器具；TC275食品分析——协调方法；TC302牛乳和乳制品——取样和分析方法；TC307含油种子、蔬菜及动物脂肪和油及其副产品的取样和分析方法；TC327动物饲料——取样和分析方法；TC338谷物和谷类产品。

5. 日本食品质量安全标准体系

日本的食品标准涉及食品的生产、加工、销售、包装、运输、储存、标签、品质等级、食品添加剂和污染物、最大农兽药残留允许含量要求，还包括食品进出口检验和认证制度、食品取样和分析方法等方面。

日本食品标准体系分为国家标准、行业标准和企业标准三类：国家标准即日本农业标准（JAS），以农产品、林产品、畜产品、水产品及其加工制品和油脂为主要对象；行业标准多由行业团体、专业协会和社团组织制定，主要是作为国家标准的补充或技术储备；企业标准是各企业制定的操作规程或技术标准。

日本食品安全的有关标准包括日本农业标准、农药残留最高限量标准、肯定列表制度三大类。“肯定列表制度”对我国农产品出口日本带来了较大的影响。日本肯定列表制度涉及的农用化学品残留限量包括以下四个类型：

（1）“暂定标准”共涉及农药、兽药和饲料添加剂734种，农产品食品264种（类），暂定限量标准51392条；

（2）“沿用原日本限量标准而未重新制定暂定限量标准”共涉及农用化学品63种，农产品食品175种，残留限量标准2470条；

（3）“统一标准”是对未涵盖在上述标准中的所有其他农用化学品或其他农产品制定的一个统一限量标准或一律标准，即0.01mg/kg；

（4）“豁免物质”共9类68种，其中杀虫剂和兽药13种、食品添加剂50种、其他物质5种。

此外，还有15种农业化学品不得在任何食品中检出，有8种农业化学品在部分食品中不得检出，涉及84种食品和166个限量标准。

项目小结

本项目主要介绍了食品质量、食品安全和食品卫生的定义及其内涵，影响食品质量安全的因素，国内外食品质量安全法律法规和标准。

项目思考

1. 简述食品质量、食品安全与食品卫生的关系。
2. 目前影响食品质量安全的主要因素有哪些？

3. 简述国内外食品质量安全法律法规和标准。

知识巩固与拓展学习（视频）

1.1. 食品安全与质量

1.2. 国内外食品安全现状与食品质量管理

1.3. 食品安全概念与法律法规解读

1.4. 食品安全法

1.5. 产品质量法

1.6. 中国食品质量安全标准

项目二

食品加工不安全因素的来源及危害

知识目标

1. 了解各种不安全因素污染食品对人体健康造成的影响和危害。
2. 掌握各种不安全因素污染食品的途径及预防措施。

必备知识

一、生物性不安全因素的来源及危害

（一）生物污染概况

生物污染是指有害细菌、真菌、病毒等微生物及寄生虫、昆虫等生物对食品造成的污染，是食品加工过程中最主要的安全性威胁。在食品原料来源、加工、运输、销售的整个过程中，随时随处都可引起生物污染。生物污染是构成食源性疾病的主要根源。食源性疾病是指通过摄食进入人体内的各种致病因子引起的、通常具有感染性质或中毒性质的一类疾病。

食源性疾病是需要人类共同面对的一个巨大的公共卫生问题，是构建人类卫生健康共同体的重要内容之一。全球食源性疾病不断增长的原因，一方面是通过自然选择造成微生物的变异，产生了新的病原体，如在人和动物的治疗中使用抗生素药物以后，选择性存活的病原菌株产生了耐药性，对人类造成新的威胁；另一方面是由于新的知识和分析鉴定技术的建立，对已广泛分布多年的疾病及其病原获得了新的认识。由于社会经济与技术的发展，新的生产系统或环境变化使得食物链变得更长、更复杂，增加了污染的机会，如饮食的社会化消费，个体或群体饮食习惯的改变，预包装方便食品、街头食品和食品餐饮连锁服务的增加等。

1. 构成食品安全危害的生物种类

对食品卫生安全构成威胁的生物污染，主要来自有害的病毒、细菌、真菌、寄生虫和害虫等对食品的污染。污染食品的微生物可分为三类：①能在食品上繁殖并以分解食品的有机物作为营养物质来源的腐生性微生物；②能在人体内或作为食品原料的动植物体内寄生、以活体内的有机物作为营养物质来源的寄生性微生物；③既能在食品上腐生，也能在人体内寄生的微生物，这是微生物在长期进化过程中经过选择和适应的结果。食源性寄生虫主要有囊虫、姜片吸虫、旋毛虫等。害虫主要包括苍蝇、蟑螂等。

2. 生物污染途径

食品生物污染源是含有微生物的土壤、水体、飘浮在空中的尘埃、人和动物的胃肠道、鼻咽和皮肤的排泄物，它们或直接污染食品，或经由人、鼠、昆虫、加工设备、用具、容器、运输工具等间接污染食品。如果动植物感染患病，则以这种动植物为原料加工制成的食品，也会含有大量微生物，这称为原始性污染。当然，原始性污染也是从动植物最初受到微生物的直接或间接污染而来的。微生物污染食品的方式，取决于它们的生物学性质和在环境中的生存能力。腐生或兼有腐生和寄生特性的微生物，在环境中的生存能力强，能直接或间接污染食品；寄生性微生物在环境中的生存能力弱，只能直接污染食品或以原始污染的方式存留于食品中。

3. 生物污染的危害与防治

生物污染对食品安全的危害主要包括：①使食品腐败、变质、霉烂，破坏其食用价值；②有害微生物在食品中繁殖时产生毒性代谢物，如细菌外毒素和真菌毒素，人摄入后可引起各种急性和慢性中毒；③细菌随食物进入人体，在肠道内分解释放出内毒素，使人中毒；④致病菌、寄生虫及虫卵等随食物进入人体侵入组织，使人感染致病。

防止食品生物污染，首先应注意食品原料生产区域的环境卫生，避免人畜粪便、污水和有机废物污染环境，防止和控制作为食品原料的动植物病虫害，在收获、加工、运输、储存、销售等各个环节防止食品污染。其次是在食品可能受到微生物污染的情况下，采取清除、杀灭微生物或抑制其生长繁殖的措施，如各种高低温和化学消毒、冷藏和冷冻、化学防腐、干燥、脱水、盐腌、糖渍、罐藏、密封包装、辐射处理等。把这些方法结合起来运用，更能起到消除或控制生物污染、保证食品质量的效果。

（二）腐败菌对食品的污染及危害

腐败菌不仅种类多，而且生理特性也多种多样，无论环境中有氧或无氧、高温或低温、酸性或碱性，都有适合该类环境的细菌存在。污染的细菌不仅能在食品中生长繁殖，有的还可产生毒素。当它们以食品为培养基进行生长繁殖时，可使食品的色、香、味、形发生改变，甚至导致食品腐败变质。

食品的腐败变质是指在以微生物为主的各种因素作用下所发生的食品成分与感官性状的一切变化。这些变化往往是食品成分的降解，伴随着产生不愉快的色、香、味、形等感官性状的变化，从而使食品降低或丧失营养价值与食用价值，是食品生产经营和消费过程中最常见的卫生问题。

细菌对食品的污染通过以下几种途径：①对食品原料的污染，食品原料品种多、来源广，细菌污染的程度因不同的品种和来源而异；②食品加工过程中的污染；③储存、运输、销售过程中对食品造成的污染；④食品消费过程中的污染。

当食品中的污染细菌生长繁殖，并蓄积大量毒素时，不仅影响食品质量，引起食品的腐败变质，对人体健康也会造成严重危害。一方面污染菌在适宜的温度、水分、pH 和营养条件下大量繁殖，使食品含有大量致病菌，当人体摄入一定数量的活菌后引起消化道传染病；另一方面，有些污染菌在食品中繁殖并产生毒素，引起食物中毒。细菌性食物中毒在各类食物中毒中所占比例最大。

食品的细菌污染指标主要有菌落总数、大肠菌群、致病菌等。食品中较常见的污染细菌分类方法如下。

1. 按照细菌种类分类

食品中较常见的污染细菌按照细菌种类分为以下 7 类。

（1）假单胞菌属　为革兰氏阴性芽孢杆菌，需氧，嗜冷，可在 pH 5. 0~5. 2 的条件下生长，能使 pH 上升。它是引起食品腐败变质的主要菌属，能分解食品中的各种成分，并产生各种色素。

（2）微球菌属和葡萄球菌属　均为革兰氏阳性菌，微球菌属需氧、葡萄球菌属厌氧，嗜中温，对营养要求较低。食品中极为常见，主要分解食品中的糖类，并能产生色素，是低温条件下的主要腐败菌。

（3）芽孢杆菌属与梭状芽孢杆菌属　芽孢菌属需氧或兼性厌氧、梭状芽孢杆菌属厌氧，嗜中温，对营养要求较低。分布广，食品中常见，是肉类、鱼类主要的腐败菌。

（4）肠杆菌科各属　多为革兰氏阴性杆菌，嗜中温。除志贺菌属与沙门菌属外，均为常见食品腐败菌，多造成水产品和肉、蛋的腐败。

（5）弧菌属与黄杆菌属　均为革兰氏阴性菌，黄杆菌能产生色素。兼性厌氧，低温或 5%食盐水中可生长。主要来自海水和淡水，在鱼类食品中常见。

（6）嗜盐杆菌属与嗜盐球菌属　均为革兰氏阴性菌，需氧，可在 28%~32%的食盐水中生长。多见于腌制肉品和咸鱼中，可产生橙红色素。

（7）乳杆球菌和丙酸杆菌属　为革兰氏阳性杆菌和球菌，有的成链状，厌氧或兼性厌氧。主要存在于乳品中，产酸使其变质。

2. 按照腐败菌的作用分类

食品中较常见的污染细菌按照腐败菌的作用可分为分解蛋白质类、分解碳水化合物类、分解脂肪类腐败菌三类。

（1）分解蛋白质类食品的腐败菌　腐败菌多数是通过分泌胞外蛋白酶来完成蛋白质的分解。其中芽孢杆菌属、梭状芽孢杆菌属、假单胞菌属、变形杆菌属、链球菌属等分解蛋白质能力较强，微球菌属、葡萄球菌属、黄杆菌属、产碱杆菌属、埃希杆菌属等分解蛋白质能力较弱，肉毒梭状芽孢杆菌分解蛋白质能力很弱。

部分霉菌和酵母菌可以通过分泌胞外蛋白酶来分解蛋白质，如青霉属、毛霉属、曲霉属、啤酒酵母属等。

（2）分解碳水化合物类食品的腐败菌　腐败菌中能高效分解碳水化合物的菌种不多。芽孢杆菌属和梭状芽孢杆菌属的某些种如蜡样芽孢杆菌、枯草杆菌、巨大芽孢杆菌、淀粉梭状芽孢杆菌等分解淀粉能力较强。绝大多数细菌具有分解某些糖（特别是单糖）的能力。

大多数霉菌具有分解简单碳水化合物的能力，如绿色木霉、里氏木霉、康氏木霉等分解纤维素的能力较强。

（3）分解脂肪类食品的腐败菌　分解脂肪的腐败菌能生成脂肪酶使脂肪水解为甘油和脂肪酸。细菌中的假单胞菌属、无色杆菌属、黄色杆菌属、产碱杆菌属和芽孢杆菌属中的许多种，都具有分解脂肪的特性。

部分霉菌也可以分解脂肪，如曲霉属、白地霉、娄地青霉、代氏根霉等。

（三）致病菌对食品的污染及危害

食品中污染的致病菌能造成人类食物中毒、发生肠道传染病以及畜禽传染病的流行。

1. 致泻性大肠埃希菌

（1）病原体　我国食源性疾病监测结果显示，近几年细菌性食源性疾病暴发事件中，致泻性大肠埃希菌引起的事件数已经上升到第五位。致泻性大肠埃希菌是引起人体以腹泻症状为主的全球性疾病的常见病原菌，致泻性大肠埃希菌分为产肠毒素性大肠埃希菌 ETEC、肠道侵袭性大肠埃希菌 EIEC、肠道致病性大肠埃希菌 EPEC、肠集聚性黏附性大肠埃希菌 EAEC、产志贺毒素大肠埃希菌 STEC（包括肠出血性大肠埃希菌 EHEC）。

（2）临床症状　不同的致泻性大肠埃希菌引起的中毒症状各不相同。

①产肠毒素性大肠埃希菌 ETEC 引起的中毒主要症状是水样腹泻、腹痛、恶心、低热。每天腹泻可达 8~12 次。

②肠道侵袭性大肠埃希菌 EIEC 的中毒症状与志贺菌引起的痢疾相似，发热、剧烈腹痛、水样腹泻、粪便中有少量黏液和血。

③肠道致病性大肠埃希菌 EPEC 引起的中毒主要症状是发热、不适、呕吐、腹

泻、粪便中有大量黏液但无血，有约20%的患者有呼吸道症状，感染的症状通常比较严重。

④肠集聚性黏附性大肠埃希菌EAEC引起的中毒症状是成年人表现为中度腹泻，病程1~2d，婴幼儿多表现为2周以上的持续性腹泻。

⑤产志贺毒素大肠埃希菌STEC-肠出血性大肠埃希菌EHEC引起的中毒，一般3~10d发病，常有突发性的腹部痉挛，有时产生类似阑尾炎的疼痛感。有的病人只有轻度腹泻；有些病人由水样便转为血性腹泻，腹泻次数有时可达10多次，低热或不发热；许多病人同时有呼吸道症状。可发展为溶血性尿毒综合征和血栓性血小板减少性紫癜等多器官损害。老人和儿童患者死亡率很高。致泻性大肠埃希菌的肠出血性大肠埃希菌O157：H7是导致1996年日本食物中毒暴发的罪魁祸首，它是出血性大肠埃希菌中的致病性血清型，主要侵犯小肠远端和结肠。

（3）污染途径　致病性大肠埃希菌存在人和动物的肠道中，随粪便排出而污染水源、土壤，其传染源主要为病人及带菌者，有婴儿带菌者，也有成人带菌者。传染性强，以直接接触传播为主，通过污染的手、食品或用具而传播，成人之间常通过污染的食品及饮水传播，也可能由呼吸道吸入污染的尘埃进入肠道而发病。受污染的土壤、水、带菌者的手均可污染食品，或被污染的器具再污染食品。传播途径主要通过污染食物，经口传染。高危食品主要为肉制品、蔬菜、水果等。常见中毒食品为各类熟肉制品、冷荤、牛肉、生牛乳，其次为蛋及蛋制品、乳酪及蔬菜、水果、饮料等食品。中毒原因主要是受污染的食品食用前未经彻底加热。中毒多发生在3月和9月。

（4）预防措施　最重要的预防措施是保持健康的生活方式，包括不喝、不吃生的或加热不彻底的牛乳、肉等动物性食品，不吃不干净的水果、蔬菜；剩余的饭菜食用前要彻底加热；防止食品生熟交叉污染；养成良好的个人卫生习惯，饭前、便后用肥皂洗手，所有可能接触腹泻排泄物污染的人都要仔细洗手。

2. 沙门菌

（1）病原体　沙门菌属肠杆菌科，革兰氏阴性肠道杆菌。已发现近1000种(或菌株)。按其抗原成分，可分为甲、乙、丙、丁、戊等基本菌组。其中与人体疾病有关的主要有甲组的副伤寒甲杆菌，乙组的副伤寒乙杆菌和鼠伤寒杆菌，丙组的副伤寒丙杆菌和猪霍乱杆菌，丁组的伤寒杆菌和肠炎杆菌等。除伤寒杆菌、副伤寒甲杆菌和副伤寒乙杆菌引起人类的疾病外，大多数能引起家畜、鼠类和禽类等动物的疾病，但有时也可污染人类的食物而引起食物中毒。

沙门菌在水中不易繁殖，但可生存2~3周，冰箱中可生存3~4个月，在自然环境的粪便中可存活1~2个月。沙门菌最适繁殖温度为37℃，在20℃以上即能大量繁殖，因此，低温储存食品是一项重要预防措施。

沙门菌抵抗力不强，60℃经30min、100℃经1min立即死亡，5%苯酚溶液、消毒饮水含氯0.2~0.4mg/L及70%乙醇经5min均可将其杀死。对氯霉素、氨苄西林和磺胺甲基异噁唑敏感。

（2）临床症状　人类沙门菌感染的临床类型主要有以下三类。

①胃肠炎型：最常见的是沙门菌食物中毒和感染性腹泻，是由于沙门菌在食品中大量繁殖，侵入肠道后继续繁殖并释放出大量肠毒素，引起剧烈的胃肠炎。潜伏期数小时至3d，患者体温一般为38~39℃，有的可达40℃以上，食欲缺乏，伴有恶心、呕吐、腹痛、腹泻，稀水样便，少数有黏液脓血样便，病程一般为2~4d，偶有长达1~2周。病后很少有慢性带菌者。

②伤寒型：多由伤寒和副伤寒沙门菌所引起。潜伏期平均3~10d，临床症状表现为高热、皮疹、相对脉缓、肝脾肿大、神经系统中毒症状。一般排菌3周至3个月，有的可达1年。

③败血型：常见的致病菌为猪霍乱、肠炎、鼠伤寒沙门菌。多见于婴幼儿、儿童及兼有慢性疾病的成人。患者潜伏期1~2周，一般发病急，畏寒，发热，为不规则热型或间歇热，持续1~3周。一般胃肠炎症状不显著。

（3）污染途径　沙门菌属广泛分布于自然界。可在人和许多动物的肠道中繁殖，带菌宿主的粪便为该菌传染源之一。引起沙门菌食物中毒的食品主要为鱼、肉、禽、蛋和乳等食品，其中尤以肉类占多数。豆制品和糕点等有时也会引起沙门菌食物中毒。沙门菌污染食品的机会很多，各类食品被污染的原因如下。

①肉类食品沙门菌污染包括生前感染和宰后污染：生前感染又包括原发性沙门菌病和继发性沙门菌病。生前感染是肉类食品污染沙门菌的主要原因。宰后污染系指家畜、家禽在宰杀后被带有沙门菌的粪便、污水、土壤、容器、炊具、鼠、蝇等所污染，可发生在从屠宰到烹调的各个环节中。特别在熟肉制品的加工销售过程中，由于刀具、砧板、炊具、容器等生熟交叉污染或食品从业人员及带菌者污染，导致熟肉制品再次受沙门菌的污染。

②家禽蛋类及其制品被沙门菌污染比较常见，尤其是鸭、鹅等水禽蛋类：由于家禽产卵和粪便排泄通过同一泄殖腔，加上蛋壳上又有气孔，所以当家禽产蛋时，泄殖腔内的沙门菌可污染蛋壳并通过气孔而侵入蛋中。

③鲜乳及其制品被沙门菌污染：其原因为沙门菌病乳牛导致牛乳带菌或健康乳牛在挤乳过程中牛乳被沙门菌污染，如果巴氏消毒不彻底，食后可引起沙门菌属食物中毒。

④淡水鱼虾蟹等水产品被沙门菌污染：主要原因是水源被沙门菌污染。

上述这些被沙门菌污染的食品，在适合该菌大量繁殖的条件下，放置较久，食前未再充分加热，因而极易引起食物中毒。

由于沙门菌不分解蛋白质，因此被沙门菌污染的食品，通常没有感官性状的变化，难以用感官鉴定方法鉴别，故尤应引起注意，以免造成食物中毒。

（4）预防措施

①注意饮食卫生：不吃病、死畜禽的肉类及内脏，不喝生水。动物性食物如

肉类及其制品均应煮熟煮透方可食用。

②加强食品卫生管理：应加强对屠宰场、肉类运输、食品厂等部门的卫生检疫及饮水消毒管理；消灭苍蝇、蟑螂和老鼠；做好日常卫生，健全和执行饮食卫生管理制度。

③发现患者及时隔离治疗：恢复期带菌者或慢性带菌者不应从事食品行业的工作。

④防止医源性感染：医院特别是产房、儿科病房和传染病病房要防止在病房内流行。一旦发现，要彻底消毒。

⑤禁止将与人有关的抗生素用于畜牧场动物而增加耐药机会。

3. 副溶血性弧菌

（1）病原体　副溶血性弧菌是一种嗜盐菌，在无盐的培养基中生长很差，甚至不能生长。在含食盐3%~3.5%，温度30~37℃时生长最好。该菌不耐热，80℃经1min即被杀死；对酸敏感，在稀释1倍的食醋中经1min即可死亡，但在实际调制食品时，可能需10min才能杀死。带有少量副溶血性弧菌的食品，在适宜温度（30~37℃）条件下经过3~4h，病菌可急剧增加，并可引起食物中毒。

（2）临床症状　中毒症状潜伏期短，一般为10~18h，最短3~5h，长时达24~48h。主要症状为上腹部阵发性绞痛、呕吐、腹泻、发热（37.5~39.5℃），腹泻有时为黏液便、黏血便，大多数经2~4d后恢复，少数出现虚脱状态，如不及时抢救会导致死亡。

（3）污染途径　副溶血性弧菌广泛生存于近岸海水、海鱼和贝类中，夏秋季的海产品带菌率高达90%以上。故海产品以及与其接触过的炊具、容器、操作台、菜刀和抹布等是该菌传染的主要来源。

引起副溶血性弧菌食物中毒的食品主要是海产品，如海鱼、海虾、海蟹和海蜇等。其他各种食品如熟肉类、腊制品、蔬菜沙拉等，也常被交叉污染而引起食物中毒。

（4）预防措施

①海产品带菌率很高，是副溶血性弧菌的主要污染源。因此，在加工、运输、销售等各个环节中严禁生熟混杂，防止海产品污染其他食品。

②食物在吃前彻底加热，杀灭细菌。

③副溶血性弧菌在食醋中0.5h即可死亡，生吃食品（凉拌菜、咸菜、酱菜、海蜇）均可用食醋处理后再吃。

④控制细菌生长繁殖，做到鱼虾冷藏；鱼、虾和肉一定要烧熟煮透，防止里生外熟。蒸煮虾蟹时，一般在100℃经30min；低温保存的熟食吃前要再回锅加热。

4. 葡萄球菌

（1）病原体　葡萄球菌是毒素型食物中毒菌。产生肠毒素的葡萄球菌可分为金黄色葡萄球菌和表皮葡萄球菌。实验证明，摄入葡萄球菌而无毒素并不引起中毒，但如果摄入葡萄球菌产生的肠毒素，就能引起食物中毒。金黄色葡萄球菌在20～37℃环境中极易繁殖并能产生较多的肠毒素，如果培养基中含有可分解的糖类，则有利于毒素形成。

葡萄球菌的肠毒素耐热性很强，100℃经2h方能被破坏。用油加热到218～248℃经30min勉强失去活性，故在一般烹调中不能完全被破坏。

（2）临床症状　中毒症状潜伏期短，在1～6h内即发急病。首先唾液分泌增加，出现恶心、呕吐、腹痛、水样性腹泻、吐比泻重，不发热或仅微热，有时呕吐物中含有胆汁、血液和黏液。病程较短，1～2d即可恢复，预后良好。

（3）污染途径　葡萄球菌肠毒素引起中毒的食品主要是剩饭、凉糕、奶油糕点、牛乳及其制品、熟肉类和米酒等。

葡萄球菌的传染源主要是人和动物。如化脓性皮肤病和疖肿或急性呼吸道感染以及口腔、鼻咽炎等患者，患有乳房炎奶牛的乳及其制品，正常人也常为这类菌的带菌者。此外，葡萄球菌广泛分布在自然界，食品受污染的机会很多。被污染的食品若处于31～37℃则适合该菌繁殖，几小时后即可产生足以引起中毒的肠毒素。

（4）预防措施

①防止污染：对饮食加工、制作、销售的人员要定期进行健康检查，发现化脓者或有化脓性病灶者，以及上呼吸道感染和牙龈炎症者，应暂时调换工作，及早治疗；加强对奶牛、奶羊的健康检查，牛、羊在患乳房炎未愈前，所产乳不得食用。

②低温保藏食品：缩短存放时间，控制细菌繁殖和肠毒素的形成。

③剩饭剩菜除低温保存外，以不过夜最好。放置时间在5～6h，则食前要彻底加热。

一般加热100℃经2.5h才能有效。严重污染有不良气味者不能食用，以防中毒。

5. 单核细胞增生李斯特菌

（1）病原体　单核细胞增生李斯特菌（简称李斯特菌）在环境中的生存能力强，兼性厌氧，营养要求不高。0～50℃均能生长，30～37℃最适宜，-20℃能存活1年，在冷冻食品中可长期生存，是为数不多的低温生长致病菌之一。此菌不耐热，58～59℃经10min可死亡，在中性或弱碱性条件下生长最好，对氯化钠抵抗力强，20%氯化钠溶液中4℃可存活8周，普通腌制食品不影响其生存；能抵抗反复冷冻、紫外线照射。

（2）临床症状　李斯特菌病是由单核细胞增生李斯特菌引起的疾病，通常会在健康成人中引起流感样症状，有恶心、呕吐、头痛、发热、寒战和背痛等。李斯特菌病的并发症对孕妇或小孩、老人等高危人群以及那些有免疫系统缺陷者有致命威胁（败血症、脑脊髓膜炎、脑炎、先天缺陷）。该病的潜伏期为1～21d，症状持续时间与开始采取治疗措施的时间有关。

此外，本菌尚可引起肝炎、肝脓肿、胆囊炎、脾脓肿、关节炎、骨髓炎、脊髓炎、脑脓肿、眼内炎等。

（3）污染途径　李斯特菌食物中毒全年可发生，夏、秋呈季节性增长。主要通过进食感染人体，可引起人的脑脊髓膜炎、败血症或无败血症性单核细胞增多症。已报道造成李斯特菌食物中毒的食品有消毒乳、乳制品、猪肉、羊肉、牛肉、家禽肉、河虾、蔬菜等。

李斯特菌食物中毒的原因多为污染该菌的食品未经充分加热后食用，如喝未彻底杀死该菌的消毒乳，冰箱内冷藏的熟食品取出后直接食用等。

（4）预防措施

①采取有效措施保护易感人群：李斯特菌广泛存在于环境和食品中，大多数健康人摄入而没有致病是由于有抵抗力；另一原因是动物食品虽然带菌率较高，但菌量少，只有少数免疫力低下的人发病，因此预防的重点是放在保护高危人群。

②切断污染源：李斯特菌具有嗜冷特性，冰箱保存食品时间不宜过长，食用前要彻底加热消毒。

6. 阪崎肠杆菌

（1）病原体　阪崎肠杆菌，属于克罗诺杆菌属克罗诺杆菌，存在于人和动物肠道内，为兼性厌氧革兰氏阴性杆菌，隶属于肠杆菌科。具有耐热，耐干燥，对渗透压的忍耐力较强等特点，可长时间生存在干燥的环境中。该致病菌致病剂量较低。

（2）临床症状　婴幼儿是克罗诺杆菌感染的高危人群。阪崎肠杆菌最容易袭击 1 岁以下，特别是早产、低出生体重、免疫力低下的婴幼儿。多数患儿临床症状轻微且不典型，易被忽略。

（3）污染途径　如果乳粉在冲调存放时操作不当，就可能被环境中的阪崎肠杆菌污染而导致发病。克罗诺杆菌在婴幼儿乳粉、肉类、水、蔬菜等多种食品中被检测到，其中乳粉是该菌的主要感染渠道。

（4）预防措施　提倡母乳喂养，如果食用婴儿配方乳应使用超过 70℃ 的热水冲调乳粉，并在冲调后 2h 内尽快喂哺；预先冲调的乳粉要放在 5℃ 的冰箱内保存；对于早产儿、低体重或免疫力低的婴儿应使用商业无菌的液态婴儿配方乳。

7. 蜡样芽孢杆菌

（1）病原菌　蜡样芽孢杆菌是条件致病菌，兼性好氧。生长温度范围在 20~45℃，10℃ 以下生长缓慢或不生长。主要通过产生腹泻毒素和呕吐毒素导致人类中毒，其致病性取决于该菌是否携带可表达的毒力基因以及被污染的食品中蜡样芽孢杆菌的量。大多数菌株在 50℃ 时不生长，在 100℃ 加热 20min 可被破坏。蜡样芽孢杆菌导致的食源性疾病具有明显的季节性，以夏秋季最高。

（2）临床症状　中毒食品检出大量的蜡样芽孢杆菌（>10 万 CFU/g）作为食

物中毒的判断依据。临床表现有两种类型：呕吐型和腹泻型。腹泻型食物中毒较少见，潜伏期较长，一般在进食后6~15h发生，临床表现主要是水样腹泻和腹痛，很少伴有呕吐症状。大多数在腹泻数次后症状逐渐减轻，1d左右好转。严重者可引起电解质紊乱、出血性腹泻。

（3）污染途径　蜡样芽孢杆菌存在于土壤、水、空气以及动物肠道等处。吃了冷藏不当而变质的剩饭是造成呕吐病症的最主要原因。引起呕吐型食物中毒的主要食品是米饭及其制品（80%以上），如米饭、炒饭、稀饭、米糕、米粉皮、米线等，凉面、豆腐也可以引发；引起腹泻型食物中毒的食品较复杂，粮食、肉类、乳类食品均可引发，其中盒饭类混合食品较多见，可能是在分装的过程中被污染所致。

（四）病毒对食品的污染及危害

病毒具有很大的危害性，能以食物为传播载体和经“粪—口”途径传播。

1. 口蹄疫病毒

（1）病原体　口蹄疫俗称为口疮或蹄癀，是由口蹄疫病毒感染引起的急性、热性、接触性传染病，主要侵害偶蹄类动物，如牛、猪、骆驼、羊等。也侵害人，但较少见。

口蹄疫病毒对外界的抵抗力很强，在含病毒的组织和污染的饲料、皮毛及土壤中可保持传染性达数周至数月，在腌肉中可存活3个月，其骨髓中的病毒可生存半年以上。但对高温、酸和碱都比较敏感，阳光直射60min、煮沸3min即可杀死。70℃经10min，80℃经1min或1% NaOH经1min即被灭活，在pH3.0环境中也失去感染性。

（2）临床症状　牛、羊、猪、骆驼等患病偶蹄动物是主要的传染源。患病初期排毒量大，毒力强，最具有传染性。经唾液、粪便、乳、尿、精液和呼出的气体以及破溃的水疱向外界排出病毒。这种病的潜伏期一般为2~5d，最初症状表现为体温升高，食欲减退，无精打采，接着在鼻镜、口腔、舌面、蹄部和乳房等部位出现大小不一的水泡，水泡破烂后形成烂斑，严重者蹄壳脱落流血、跛行或卧地不起而瘦弱死亡。幼畜常发生无水泡型口蹄疫，引起胃肠炎，出现腹泻，有时引起急性心肌炎而突然死亡。恶性口蹄疫，病死率高达50%以上。

处于潜伏期和治愈后的病畜也可携带病毒并向外排毒，也是重要的传染源之一。

人通过接触或饮食而发生感染，潜伏期为2~18d，一般为3~8d。常突然起病，出现发热、头痛、呕吐。2~3d后口腔内有干燥和烧灼感，唇、舌、齿龈及咽部发生水泡。皮肤上的水泡多见于手指、足趾、鼻翼和面部。水泡破裂后形成薄痂，逐渐愈合，有的形成溃疡，一般愈合快，不留瘢痕。有的患者有咽喉痛、吞咽困难、低血压、缓脉等症状。重者可并发胃肠炎、神经炎、心肌炎以及皮肤、肺部的继发感染，因心肌炎而死亡的较多。

（3）预防措施　口蹄疫病毒对热、酸和碱敏感。最常用的消毒方法是对可疑受到污染的车、船等运输工具、场地、圈舍、饲槽、生产车间和设备，工作人员的衣帽、靴子等用1%烧碱水或沸水进行消毒。保持圈舍清洁卫生，每半个月用石灰水消毒一次。应加强对动物的检验和检疫，疑似患病动物加工的食品应及时销毁，以防止食品中有病毒的污染，也要防止食品加工过程中造成的交叉污染。加强对动物饲养管理，注射有效疫苗，发现疫情后及时报告当地有关部门，并采取捕杀、消毒、封锁隔离等防疫措施。

2. 疯牛病朊病毒

（1）病原体　疯牛病的病原体是一类蛋白质侵染颗粒，即朊病毒（Prion），具有传染性。疯牛病朊病毒是一类非正常的病毒，它不含有通常病毒所含有的核酸，而是一种不含核酸仅有蛋白质的蛋白感染因子，其主要成分是一种蛋白酶抗性蛋白，对蛋白酶具有抗性。

朊病毒对紫外线、辐射、超声波、蛋白酶等能使普通病毒灭活的一些理化因素有较强的抵抗力，高温（134~138℃经30min）不能完全使其灭活、核酸酶、羟胺、亚硝酸之类的核酸变性剂都不能破坏其感染性；病牛脑组织用常规福尔马林处理，不能使其完全灭活；能耐受的酸碱范围为pH 2.7~10.5。其传染性强、危害性大，极不利于人类和动物的健康。

（2）临床症状　疯牛病多发生于4岁左右的成年牛，大多表现为烦躁不安，行为反常，对声音和触摸极度敏感，常由于恐惧、狂躁而表现出攻击性。少数病牛出现头部和肩部肌肉震颤和抽搐。

被感染的人会出现睡眠紊乱、个性改变、共济失调、失语症、视觉丧失、肌肉萎缩、肌痉挛、进行性痴呆等症状，并且会在发病的一年内死亡。此病临床表现为脑组织的海绵体化、空泡化、星形胶质细胞和微小胶质细胞的形成以及致病型蛋白积累，无免疫反应。病原体通过血液进入大脑，将脑组织变成海绵状，完全失去功能。

（3）传染途径　疯牛病可以通过受孕母牛经胎盘传染给犊牛，也可经患病动物的骨肉粉加工的饲料传播到其他的牛。

传染给人的途径：①食用感染了疯牛病的牛肉及其制品会导致感染；②某些化妆品除了使用植物原料之外，也有使用动物原料的成分，所以化妆品也有可能含有疯牛病病毒（化妆品所使用的牛羊器官或组织成分有脑、脾脏、胎盘、羊水、胸腺、胶原蛋白等）；③通过医药生物制品公司的医药产品造成医源性感染。

（4）预防措施　为了防止疯牛病的发生传播，对于动物饲料加工厂的建立和运作，必须加以规范化，包括严格禁止使用有可疑病的动物作为原料，使用严格的加工处理方法，包括蒸汽高温、高压消毒。严格禁止流通和食用有疯牛病的牛羊以及与牛羊有关的加工制品，包括牛血清、血清蛋白、动物饲料、内脏、脂肪、骨及激素类等。

3. 甲型肝炎病毒

（1）病原体　甲型肝炎病毒属于微小 RNA 病毒科嗜肝病毒属，球形颗粒，直径一般为 27～32nm，无囊膜，为单股 RNA。

甲型肝炎病毒抵抗力较强，对乙醚、60℃经 1h 及 pH3.0 条件下均有相对的抵抗力（在 4℃可存活数月），低温可长期存活。85℃经 5min、98℃经 1min 可完全灭活。紫外线照射 1～5min，用甲醛溶液和氯处理，均可使之灭活。非离子型去垢剂不能破坏病毒的传染性。

（2）传染源及传染途径

①传染源：传染源主要是急性期感染者和亚临床感染者。后者无症状，不易发现，是重要的传染源。

②甲型肝炎病毒通常随患者粪便排出体外，通过污染水源、食物、蔬菜、食具、手等经口的传播可造成散发性流行或大流行。甲型肝炎流行以秋冬为主，也有春季流行的。

③甲型肝炎病毒多侵犯儿童及青年，发病率随年龄增长而递减。

（3）发病体征　潜伏期为 15～45d（平均 30d），急性黄疸型患者常有发热、畏寒、食欲减退、厌油、恶心或呕吐、腹泻或便秘，进而患者的皮肤、角膜发黄，肝大、肝区疼痛、尿黄等，患者肝功能异常。无黄疸型患者仅有疲乏、恶心、肝区痛、消化不良，体重减轻等。经彻底治疗后，预后良好。

（4）预防措施

①加强传染源的管理：对餐饮从业人员、食品生产、加工人员要定期进行健康体检；对患者的排泄物、血液、食具、床单、衣物、用具等要进行严格消毒。

②切断传播途径：防止食物和饮用水被粪便污染，加强对饮用水的消毒管理。餐饮企业要严格遵守卫生规范，个人要养成良好的卫生习惯。

③接种甲肝疫苗。

4. 诺如病毒

诺如病毒又称诺瓦克病毒。分布很广泛，是引起非细菌性肠道疾病的主要原因。它可导致成人和儿童的急性腹泻，是除轮状病毒外引起腹泻的最主要的病毒，与食物、水源等的污染造成的急性胃肠炎暴发密切相关。

（1）病原体　诺如病毒属于杯状病毒科诺如病毒属，为单股正链 RNA 病毒，表面无包膜。诺如病毒具有多个基因型，目前还不能体外培养，无法进行血清型分型鉴定。根据基因特征，诺如病毒被分为 6 个基因群（Genogroup，GⅠ-GⅥ），GⅠ和 GⅡ是引起人类急性胃肠炎的两个主要基因群，GⅣ也可感染人，但很少被检出。GⅢ、GⅤ和 GⅥ分别感染牛、鼠和狗。

60℃以上的高温对于诺如病毒具有灭活作用，但是想要将诺如病毒杀死，温度越高越好，时间也不宜过短。诺如病毒在 0～60℃的温度范围内能够存活，使用高浓度（10mg/L）的氯离子才可以灭活诺如病毒，酒精以及免洗洗手液等对诺如病毒均无灭活效果。通常是使用含氯消毒剂对诺如病毒污染的环境或者是物品表面进行消毒。一旦发现诺如病毒感染的患者，一定要及时隔离，彻底消毒。

（2）临床症状　诺如病毒感染的潜伏期通常为24~48h，最短12h，最长72h。诺如病毒分布很广泛，是引起非细菌性肠道疾病的主要原因。

诺如病毒胃肠炎一般以轻症为主，最常见症状是呕吐和腹泻，其次为恶心、腹痛、头痛、发热、畏寒和肌肉酸痛等。成人和儿童诺如病毒急性胃肠炎症状有所区别，儿童以呕吐为主，成人则腹泻居多。诺如病毒胃肠炎一般为急性病，属于自限性疾病，多数患者发病后2~3d即可康复。但对于婴幼儿、老人，特别是伴有基础性疾病的老人，诺如病毒胃肠炎可导致脱水等较严重的症状。

（3）流行病学　该病全年流行，但冬季较多见，常出现爆发流行，没有明显的地域性区别。该病毒人群普遍易感，但主要侵袭成人、学龄前儿童、少年及家庭密切接触者。

食用被病毒污染的食物，如牡蛎、冰、鸡蛋、色拉及水等，最常引起暴发性胃肠炎流行。生吃贝类食物是导致诺如病毒胃肠炎爆发流行的最常见原因。

诺如病毒的主要传播途径为“粪—口”传播，此外，“人—人”接触传播、空气传播也是诺如病毒传播的途径，后者可由患者周围的人吸入含病毒的微粒（患者排出的呕吐物在空气中蒸发）而传播。

（4）预防措施　目前还没有有效的预防诺如病毒感染的特异方法，但只要采取有效的预防措施，病毒传染就能够得到迅速控制：正确处理及烹饪食品，将食品充分加热并防止加热后交叉污染；如果家人感染诺如病毒，患病者应尽量不要和家庭其他健康成员近距离接触，尤其不要去做饭和照顾老人及婴幼儿；使用卫生无污染的水源；避免食用生的海产品；养成良好的个人卫生习惯能起到一定的预防作用。

（五）寄生虫对食品的污染及危害

寄生虫是指不能或不能完全独立生存，需寄生于其他生物体内的虫类。寄生虫所寄生的生物体称为寄生虫的宿主，其中成虫和有性繁殖阶段寄生的宿主称为终宿主；幼虫和无性繁殖阶段寄生的宿主称为中间宿主。寄生虫在其寄生宿主内生存，通过争夺营养、机械损伤、栓塞脉管及分泌毒素给宿主造成伤害。寄生虫及其虫卵直接污染食品或通过患者、病畜的粪便污染水体或土壤后，再污染食品，人经口摄入而发生食物源性寄生虫病。食物源性寄生虫病在我国分布广、危害严重。

1. 囊尾蚴

囊尾蚴是绦虫的幼虫，寄生在宿主的横纹肌及结缔组织中，呈包囊状，故俗称囊虫。家畜体内寄生的囊尾蚴有多种，其中最常见的通过肉食就能直接对人体产生危害的是猪囊尾蚴，含有囊尾蚴的猪肉俗称“米猪肉”或“豆猪肉”。

人会感染猪囊尾蚴是因为食用未经煮熟的含有囊虫的猪肉，或者猪囊尾蚴通过粪便污染食品后食用此食品而使人感染。感染囊尾蚴后往往会有贫血、消瘦、腹痛、消化不良、腹泻等症状。如果囊尾蚴寄生在人体肌肉中，则感到酸痛、僵硬；寄生于脑内会由于脑组织受到压迫而出现神经症状，抽搐、癫痫、瘫痪甚至死亡；如侵犯眼部则可影响视力甚至导致失明。目前尚无治疗囊尾蚴病的特效药物。

预防囊尾蚴病的措施：平时应加强猪场管理，做到猪有圈，不放养，人有厕所；人粪便不新鲜施用，须经过堆肥发酵处理，尤其是疫源区要杜绝猪吃人粪的现象发生。同时应做好猪肉、食品卫生检验工作，发现有囊虫寄生的猪肉应严格按食品卫生检验的有关规定作高温、冷冻和盐腌等无害化处理。

2. 姜片吸虫

姜片吸虫是一种肠道寄生虫，主要寄生于人和猪的小肠。对5岁以上的儿童及青少年危害较大。一般通过水生植物感染。当人感染了姜片吸虫后。会出现消瘦、贫血、嗜伊红白细胞增多、嗜中性粒细胞减少、水肿、腹水，出现腹痛等症状。如果虫体寄生过多，往往还会引起肠道的损害以及机械性堵塞。本病主要发布于温带和亚热带的一些亚洲国家，如日本、朝鲜、菲律宾及东南亚诸国。在中国多见于东南沿海地区和长江流域各省水源丰富，及盛产菱、藕等水生植物的地方。

为防止姜片吸虫感染，提倡不吃生的水生植物，如生茭白、生菱角、生荸荠等。

3. 旋毛虫

旋毛虫是一种很细小的线虫，一般肉眼不易看出。当人食用尚未杀死旋毛虫幼虫的肉品后，幼虫将由囊内溢出进入十二指肠及空肠，迅速生长发育成为成虫，并在此交配繁殖。旋毛虫的每条雌虫可产1500条以上幼虫。这些幼虫穿过肠壁，随血液循环被带到宿主全身各部横纹肌内，并在生长发育到一定阶段时卷曲成螺旋形，逐渐形成包囊。当人或动物吃了含有这种旋毛虫幼虫包囊的肉品后，幼虫将在体内发育成为成虫，使人或动物感染旋毛虫病。人和几乎所有的哺乳动物(如猪、犬、猫、鼠、野猪等）均能感染。由其引起的旋毛虫病是一种重要的人兽共患寄生虫病 ，危害很大。

人感染了旋毛虫病后，会出现头晕、头痛、腹痛、腹泻、发烧等症状，重的还会出现呼吸、咀嚼及语言障碍。轻者会出现肌肉酸痛、眼睑水肿，且即眼睑和下肢浮肿短时期内不会消失。目前对此病尚无特效药物，一般用支持和对症疗法。

猪肉是携带旋毛虫的最常见食品，其预防措施是加强对易感动物肉品的旋毛虫检验，食用肉品时一定要烧透煮熟。

4. 蛔虫

蛔虫是一种大型线虫，寄生于人体小肠内，也可寄生于猪、犬、猫等动物体内。对儿童生长发育有极大危害，对成人也有一定的影响，一般通过蔬菜瓜果感染。当幼虫移行经肺部时，可出现阵发性咳嗽、气喘，偶尔也能引起肺炎。成虫在肠道里会引起腹痛、恶心、呕吐。当大量虫体寄生在肠管里时，相互扭结成一团，造成肠梗阻，当肠内对蛔虫生活产生不良改变时，蛔虫窜入总输胆管而使胆道阻塞，由此而引起黄疸，该虫还可窜入肝脏，引起肝脏疡，使患者出现上腹部剧烈疼痛。

预防蛔虫感染，首先是要养成良好的个人卫生习惯，饭前便后必须洗手，不食生菜或不洁的瓜果。

案例

美国沙门菌事件

案例描述：有14个人在食用了受严重污染的馅饼之后感染肠炎沙门菌而得病，一些患者住院治疗，其中一位40多岁、平素身体健壮的男子因该病死亡。在此次事件中，奶油馅饼、奶油蛋糕、派和蛋白甜饼都含有鸡蛋原料，工人们将带壳鸡蛋打碎，将蛋黄和蛋清加入这些食品中，然后在餐馆的面包房烤制，烤好后在步入式冷藏库中存放了约2.5h，随后被放入小汽车的后备箱中运送到外面一家私人公司，一部分食品在3~6h被食用。剩下的食品在当天晚些时候和次日被食用，这时的食品已经在非冷藏条件下放置了21h。

案例分析：肠炎沙门菌是食源性疾病的常见原因。该案例中，整个过程为该菌提供了一个能使它们生长的环境。首先，这些馅饼在焙烤后仅冷却了2.5h，它内部的温度还没有达到可以接受的冷藏温度4℃或更低温度。除此之外，在运输期间以及其他在外期间，这些馅饼处于不当温度（没有冷藏）中。这为肠炎沙门菌提供了最佳的温度和时间条件，使它在这个条件下迅速生长，从而导致高度污染。

金黄色葡萄球菌毒素中毒

案例描述：布鲁斯是一家餐馆的早点厨师，他的工作是制作用在比萨饼上的碎奶酪，制作程序包括将奶酪切成小块儿，然后用手撕碎。他将制好的奶酪放在几个15L的容器中，然后将这些容器放在室温（21℃）下，直到使用。某日，4个容器中的奶酪，有3个在当天晚上晚些时候用在了比萨饼上。次日，第4个容器中的奶酪也被用掉了。这两天中，比萨饼都在260℃进行了焙烤。4d后，几个吃过此比萨饼的顾客到饭馆投诉，说他们在这里食用比萨饼后数小时就病倒了。调查发现，只有那些使用了第2天制作的比萨饼的人才患病。

案例分析：与该病有关的食源性危害可能是由金黄色葡萄球菌产生的外毒素，该菌可能来自食品从业人员，然后通过交叉污染传播至奶酪。由于奶酪被放置在室温下，因此金黄色葡萄球菌有机会在奶酪中生长，并产生一种热稳定毒素，这种毒素甚至经260℃的烤炉烹调后仍不能被破坏。投诉的患病者可能是由金黄色葡萄球菌毒素导致的中毒，而且更干燥和咸一些的切碎奶酪能抑制与葡萄球菌竞争的其他微生物，从而为金黄色葡萄球菌提供了一种理想的生长条件。金黄色葡萄球菌毒素中毒预防措施：第一步是要保证个人卫生，尤其是在加工食物前正确洗手和刷洗指甲内侧，避免通过品尝、谈话或者嚼口香糖将口水传播给食物，不要触摸头发、皮肤或鼻子，以免污染双手；第二步是确保设备使用前的清洁和卫生；第三步是最重要的一步，保证切碎奶酪保存在5℃以下的冰箱中，而不是在室温下。将奶酪保存在危险温度范围之外，金黄色葡萄球菌就不会生长和产生热稳定性毒素，常规的烹调不能作为金黄色葡萄球菌毒素中毒的预防措施。

二、化学性不安全因素的来源及危害

(一) 环境污染导致的化学性污染

1. 有毒元素(微量金属)的污染

有毒元素是对生物（人体）有毒性而无生物功能的元素，如铅、锑、镉、汞、铝、砷等。有毒元素会随着年龄的增长而在人体内累积，而人体却不易去除。

食品中有毒金属元素主要来自三方面：一是来自自然环境，某些地区因地理条件特殊，土壤、水或者空气中某种或某些金属元素的本底值相对高于或明显高于其他地区，在这种环境里生存的动、植物体内以及加工的食品中，往往某些金属元素的含量也有所增高；二是在食品加工、贮存、运输和销售过程中使用或接触的机械、管道、容器以及添加剂中，存在有毒金属元素及其盐类，在一定条件下可污染食品；三是来自农用化学物质及工业“三废”的污染。

食品中有毒金属污染后具有共同的毒性作用特点，首先是强蓄积性，大多数有害金属生物半衰期较长，进入人体后排出缓慢。其次是生物富集作用，通过食物链的生物富集作用，在生物体及人体内达到很高的浓度，如鱼、虾等水产品中汞和镉等金属毒物的含量，可能高于其生存环境浓度的数百甚至数千倍。最后有毒元素对人体造成的危害多以慢性中毒和远期效应为主，食品中有毒金属的污染量通常较少，但由于经常食用，常导致慢性中毒，包括致癌、致畸和致突变作用以及对健康的潜在危害。当出现意外事故污染或故意投毒，也可引起急性中毒。

（1）镉（Cd） 镉不是人体的必需元素。人体内的镉是出生后从外界环境中吸取的，主要通过食物、水和空气而进入体内并蓄积下来。肝脏和肾脏是体内贮存镉的两大器官，两者所含的镉约占体内镉总量的60%。进入体内的镉主要通过肾脏经尿排出，但也有相当数量由肝脏经胆汁随粪便排出。镉的排出速度很慢，人肾皮质镉的生物学半衰期是10~30年。

植物性食品中镉主要来源于冶金、冶炼、陶瓷、电镀工业及化学工业等排出的“三废”，在较严重的污染源地区，其下风口种植的蔬菜中镉的含量可达0.5~32mg/kg。锌铅矿附近250m范围的水稻含镉量可达1mg/kg。含镉煤、燃料油和废弃物的燃烧，可使空气遭到镉的污染。含镉废渣、污泥或含镉肥料的使用和含镉污水的灌溉，会使土壤中镉的含量增加，农作物吸收土壤中的镉后，可造成农作物污染。不同作物对土壤中镉的吸收能力是不同的，一般蔬菜含镉量比谷类作物的籽粒高，蔬菜中的叶菜、根菜类高于瓜果类。

动物性食品中的镉也主要来源于环境，在污染环境中，镉在动物体内有明显的生物蓄积倾向。由于污染的水体具有较大的迁移性，河流湖泊的底泥长期接纳污水而富含镉，使水体中浮游植物含有较高水平的镉，会造成以浮游植物为食的水生动物体内蓄积大量的镉。据报道，新西兰所产的牡蛎中镉含量高达8mg/kg（湿重）。

据研究，人在通常情况下，饮食中的镉水平并未引起人的健康损害。处于镉严重污染区的居民而言，食物中镉的日摄入量可能明显超过人体可耐受摄入量，通过摄入镉污染的食品和水，可导致镉的摄入量由非污染区的10~40μg/d增加到污染区的150~200μg/d。摄入镉污染的食品和水，可导致人发生镉中毒。

镉为有毒金属，其化合物毒性更大，自然界中，镉的化合物具有不同的毒性。硫化镉的毒性较低，小鼠的经口LD_{50}为1160mg/kg体重，氧化镉、氯化镉、硫酸镉的毒性较大，小鼠的经口LD_{50}分别为72mg/kg体重、93.7mg/kg体重和88mg/kg体重。镉引起人中毒的剂量平均为100mg，急性中毒症大多表现为呕吐、流涎、呕吐、腹痛、腹泻，继而引发中枢神经中毒，严重者可因虚脱而死亡。

镉的慢性毒性主要表现在使肾中毒和骨骼中毒方面，并对生殖系统造成损害。针对骨骼的慢性病，俗称“疼痛病”。肾脏是对镉最敏感的器官，剂量为0.25mg/kg体重时就可引起肾脏中毒症状的发生，包括尿中蛋白质的排出增加和肾小管功能障碍。高剂量（2mg/kg体重）时可引起人前列腺萎缩、肾上腺增生，伴随肾上腺素和去甲肾上腺素的水平升高，并引起高血糖。对日本镉中毒患者的研究发现，镉能引起肾损害和骨骼损伤，可导致严重的骨萎缩和骨质疏松。

镉被国际癌症研究机构（IARC）列为Ⅰ类人类致癌物。GB 2762—2022《食品安全国家标准　食品中污染物限量》中规定食品中镉的限量（以Cd计）为，蛋及蛋制品0.05mg/kg，肉及肉制品（畜禽内脏及其制品除外）0.1mg/kg，大米、豆类及其制品、叶菜蔬菜、鱼类罐头均0.2mg/kg，花生0.5mg/kg。

（2）铅（Pb）　铅是一种灰色重金属，铅的化合物在水中的溶解性不同，醋酸铅、砷酸铅、硝酸铅可溶于水；硫酸铅、铬酸铅、硫化铅不溶于水，但部分可溶于酸性胃液中，所以口服有毒性；四乙基铅为无色油状略有水果香的液体，易挥发且易溶于有机溶剂和脂肪类物质，可经呼吸道、消化道和皮肤吸收进入体内。由于铅和铅的化合物广泛分布于自然界，所以人体摄入铅的途径很多，但对于非职业性接触的人所摄入的铅主要来自食品，包括动植物原料、食品添加剂、接触食品的管道、容器、包装材料、涂料等，均会使铅转入到食品中。全世界每年铅消耗量约为 400 万 t，其中约有 40%用于制造蓄电池，约 25%以烷基铅的形式加入汽油中作为防爆剂，其他主要用于建筑材料、电缆外套、制造弹药方面。这些铅的 1/4 被重新回收利用，其余部分以各种形式排放到环境中造成污染，也引起食品的铅污染。

地表水和地下水中的铅质量浓度分别为 0.5μg/L 和 1～60μg/L。在石灰岩地区，天然水中铅含量可高达 400～800μg/L。世界卫生组织建议饮用水中的最大允许限量为 10μg/L。饮用水中铅来源于河流、岩石、土壤和大气沉降；含铅的工业废水、废渣的排放以及含铅农药的使用，也能严重污染局部地面水或地下水。由于“酸雨”的影响，城市或工业区的饮用水的 pH 较低，酸性水是铅的溶剂，它能缓慢溶解出含铅金属水管中的铅，进而污染水源。

由于铅的广泛分布和利用，以及铅的半衰期较长（4 年），在食物链中可产生生物富集作用，对食品造成严重的污染。分析显示海洋鱼类中铅的自然含量为 0.3μg/kg，这些鱼类没有受到地区性局部污染，可以作为铅对全球环境污染的平均指标。铅可以在日常食用的食物中检测到，生长在城市郊区、交通干线、大型工业区和矿山附近的农作物往往有较高的含铅量。例如，生长在高速公路附近的豆荚和稻谷含铅量为 0.4～2.6mg/kg，是种植在乡村区域的同种植物的 10 倍。一些海洋鱼类含铅量也较高，可达 0.2～25mg/kg。

铅的毒性主要是由于其在人体的长期蓄积所造成的神经性和血液性中毒。慢性铅中毒的第一阶段通常无相关的行为异常或组织功能障碍，其特征在于血液中的含量变化。在相对较轻的铅中毒中，低血色素贫血是易出现的早期症状。铅降低了红细胞的寿命并抑制了血红素的合成。作为特异性结合二硫键的重金属元素，铅主要抑制血红素合成的关键酶氨基酮戊二酸（ALA）合成酶和氨基酮戊二酸脱氢酶等巯基酶的活力，从而提高了血中尿卟啉原Ⅲ的累积。铅也降低了由铁螯合酶介导的铁嵌入尿卟啉原Ⅲ中的反应。此外，铅也使红细胞膜的脆性增加，导致溶血和红细胞寿命缩短，使血细胞体积及血红蛋白价值降低。在慢性铅中毒的第二阶段，贫血现象非常常见，出现中枢神经系统失调，并诱发多发性神经炎。患者的症状包括功能亢进、冲动行为、知觉紊乱和学习能力下降。在许多严重病例中，症状包括坐立不安、易怒、头痛、肌肉震颤、运动失调和记忆丧失。如果继续摄入大量的铅，患者将进入第三阶段，症状为肾衰竭、痉挛、昏迷以致死亡。

儿童对铅特别敏感，儿童对食品中铅的主要形式——无机铅的吸收率要比成人高很多，可达到 40%～50%（成人仅为 5%～10%）。当饮用水中的铅含量达 0.1mg/L 时，儿童的血铅含量可超过 300μg/L。儿童连续摄入低水平铅可诱发各种神经性症状。一项研究证明了这个问题的严重程度：根据儿童脱落的牙齿中的铅水平，一组学校儿童被分为高铅摄入组和低铅摄入组。虽然在这项研究中没有一个儿童出现铅中毒的临床症状，但高铅组儿童表现出明显的注意力分散、方向不明和冲动增加症状，他们在标准智力试验和语言试验中的得分也较低。

铅对实验动物有致癌、致畸和致突变作用。在大鼠的饲料和饮用水中加入剂量为1000mg/kg的乙酸铅，可诱发良性和恶性肿瘤。这个剂量相当于人吸收的剂量达到550mg/d。但还没有证据显示铅可使人致癌。

GB 2762—2022《食品安全国家标准　食品中污染物限量》规定，新鲜蔬菜（芸薹类蔬菜、叶菜蔬菜、豆类蔬菜、生姜、薯类除外）中铅的最大限量值为0.1mg/kg，芸薹类蔬菜、豆类蔬菜、生姜、薯类中铅的最大限量值为0.2mg/kg。

案例

2024年4月19日，福建省市场监督管理局发布2024年第12期食品安全监督抽检信息通告，检出20批次不合格食品，其中4批次食品检出重金属污染问题，分别为莆田市某公司延寿店销售的青椒（订单日期为2023年11月24日），铅（以Pb计）0.207mg/kg，不符合食品安全国家标准规定限量0.1mg/kg；石狮市某蔬菜摊销售的老姜（订单日期为2023年11月26日），铅（以Pb计）1.22mg/kg，不符合食品安全国家标准规定限量0.2mg/kg；石狮市某蔬菜店销售的香辣青线椒（订单日期为2023年11月26日），铅（以Pb计）0.183mg/kg，不符合食品安全国家标准规定限量0.1mg/kg,；福州某便利店销售的（新鲜）老姜（订单日期为2023年11月27日），铅（以Pb计）1.06mg/kg，不符合食品安全国家标准规定限量0.2mg/kg。

（3）汞　汞呈银白色，是室温下唯一的液体金属，俗称水银。汞在室温下有挥发性，汞蒸气被人体吸入后会引起中毒，空气中汞蒸气的最大允许浓度为0.1mg/m^3。汞的化学性质比较稳定，不易与氧作用，但易与硫作用生成硫化汞，与氯作用生成氯化汞及氯化亚汞，与烷基化合物可以形成甲基汞、乙基汞、丙基汞等，这些化合物具有很大毒性，有机汞的毒性比无机汞大。

除职业接触外，进入人体的汞主要来源于受污染的食物，一般情况下，食品中的汞含量通常很少，但随着环境污染的加重，食品中汞的污染也越来越严重，其中又以鱼贝类食品的甲基汞污染对人体危害最大。受污染的江河湖海中的无机汞，尤其是底层污泥通过某些微生物作用可转化为毒性大的有机汞（主要是甲基汞），通过生物富集而在鱼体内达到很高的浓度，引起日本水俣病的鱼贝中含汞量为20~40mg/kg，为其生活水域汞浓度的数万倍。

有机汞在消化道吸收率很高，甲基汞90%以上可被吸收。而且其与脂肪和与巯基的亲和力很强，可通过血–脑脊液屏障、胎盘屏障和血睾屏障。汞还是强蓄积性毒物，甲基汞中毒主要表现为神经系统损害。

对于大多数人类来说，因为食物而引起汞中毒的危险是非常小的。人类通过食品摄入的汞主要来自鱼类食品，且所吸收的大部分汞属于毒性较大的甲基汞。

有机汞化合物的毒性比无机汞化合物大。由汞引起的急性中毒，小鼠经口的 LD_{50} 氯化汞 10～60mg/kg 体重，氯化甲基汞为 38mg/kg 体重，氯化乙基汞为 59mg/kg 体重。由无机汞引起的急性中毒早期主要表现为胃肠不适、腹痛、恶心、呕吐和血性腹泻，主要蓄积肾脏，造成尿毒症，严重时可引起死亡。急性甲基汞中毒早期主要表现为胃肠系统损伤，引起肠道黏膜发炎，剧烈腹痛、呕吐和腹泻，甚至导致虚脱死亡。

长期摄入被汞污染的食品，可引起慢性汞中毒。汞能在肾脏、肝脏中产生蓄积，并透过血-脑脊液屏障在脑组织中产生蓄积。中毒后可使大脑皮质神经细胞出现不同程度的变形坏死，表现为细胞核固缩和溶解消失。由于局部汞的高浓度积累，造成器官营养障碍，蛋白质合成下降，导致功能衰竭。

甲基汞对生物体还具有致畸性和生物毒性。怀孕的妇女暴露于甲基汞可引起出生婴儿的智力迟钝和脑瘫。水俣病结束后 4 年间，日本水俣湾出生的胎儿先天性痴呆和畸形的发生率大大增加。另外无机汞可能还是精子的诱变剂，可导致畸形精子的比例增高，影响男性的性功能和生育力。

GB 2762—2022《食品安全国家标准　食品中污染物限量》规定食品中汞的限量（以 Hg 计）为，谷物及其制品总汞限量 0.02mg/kg，蔬菜及制品、乳及乳制品总汞限量 0.01mg/kg，肉及肉制品、蛋及蛋制品总汞限量 0.05mg/kg，水产动物及其制品（肉食性鱼类及其制品除外）甲基汞限量 0.5mg/kg。

（4）砷（As）　砷是一种非金属元素，但其许多理化性质类似金属，故将其归类为“类金属”。含砷化合物有广泛的应用，在自然界中砷主要以硫化物矿存在，如雄黄、雌黄、砷硫铁矿等。砷的化合物主要有无机砷和有机砷化合物。常见的无机砷化合物有硫化砷、砷化氢、三氧化二砷等，常见的有机砷化合物有甲胂酸、对氨基苯胂酸等。

单质砷无毒性，砷化合物均有毒性。三价砷比五价砷毒性大，约为 60 倍；按化合物性质分为无机砷和有机砷，无机砷毒性强于有机砷。人口服三氧化二砷中毒剂量为 5～50mg、致死量为 70～180mg。人吸入三氧化二砷致死浓度为 0.16mg/m^3（吸入 4h），长期少量吸入或口服可产生慢性中毒。在含砷化氢为 1mg/L 的空气中，呼吸 5～10min，可发生致命性中毒。

砷的急性中毒通常由于误食而引起。三氧化二砷口服中毒后，主要表现为急性胃肠炎，恶心、呕吐、腹痛、腹泻、脱水、休克、中毒性心肌炎、肝病等。严重者可出现神经症状，表现为兴奋、烦躁、昏迷，甚至呼吸麻痹而死亡。

砷慢性中毒是由于长期少量进口摄入受污染的食品而引起的，主要表现为食欲下降、体重下降、胃肠障碍、末梢神经炎、结膜炎、角膜硬化和皮肤变黑。长期受砷的毒害，皮肤的色素会发生沉积，如皮肤的黑变病就是砷的毒害作用的结果，俗称“黑脚病”。

世界卫生组织于 1982 年研究确认，无机砷为致癌物。曾对从事含砷农药生产的工人和含砷金属的冶炼工人进行的调查发现，肺癌高发与砷的接触明显相关，而且有正的量-效关系。以不同方式接触不同形式的砷，还可诱发多种肿瘤。

据报道，砷还是生殖毒物之一，而且生殖和发育毒性很强。在研究亚砷酸钠的毒性时发现其可以诱发基因突变，突变率随砷的浓度的增加而升高。

GB 2762—2022《食品安全国家标准　食品中污染物限量》中规定食品中砷的限量（以As计）为，谷物（稻谷除外）、谷物碾磨加工品［糙米、大米（粉）除外］、蔬菜及制品、肉及肉制品、乳粉和调制乳粉总砷限量0.5mg/kg，稻谷、糙米无机砷限量0.35mg/kg，大米（粉）无机砷限量0.2mg/kg，水产动物及其制品（鱼类及其制品除外）无机砷限量0.5mg/kg，鱼类及其制品无机砷限量0.1mg/kg。

2. 有机物污染

这里有机污染物包括多氯联苯（PCBs）、3，4-苯并[a]芘和二噁英对食品的污染。

（1）多氯联苯　多氯联苯极难溶于水而易溶于脂肪和有机溶剂，并且极难分解，因而能够在生物体脂肪中大量富集。1968年日本曾发生因多氯联苯污染米糠油而造成的有名的公害病：油症。1973年以后各国陆续开始减少或停止生产。多氯联苯的基本结构：联苯苯环上有10个氢原子，按氢原子被氯原子取代的数目不同，形成一氯化物、二氯化物……十氯化物，它们各有若干个异构体。理论上一氯化物有3个异构物、二氯化物有12个、三氯化物有21个。多氯联苯的全部异构物总共有210种，已确定结构的有102种。多氯联苯广泛用作电容器、变压器的绝缘油，食用精油工厂的导热体，液压油、传热油、润滑油、印刷油等的添加剂，还应用于油漆、涂料、油墨、无碳复印纸、可塑剂、合成树脂、合成橡胶等中的难燃剂和杀虫剂等。多氯联苯的污染也日趋严重，污染面也在延伸，据估计，多氯联苯在世界范围内，大气、水体和土壤中总残留量可达25万~30万t，通过食物链的生物富集作用污染水生生物，因而这类物质最容易富集在海洋鱼类和贝类食品中。

多氯联苯对皮肤、牙齿、神经行为、免疫功能、肝脏有影响，且具有生殖毒性和致畸性、致癌性。2017年，世界卫生组织国际癌症研究机构公布的致癌物清单初步整理参考，多氯联苯在Ⅰ类致癌物清单中。

GB 2762—2022《食品安全国家标准　食品中污染物限量》中规定食品中多氯联苯的限量为，水产动物及其制品20μg/kg、油脂及其制品——水产动物油脂200μg/kg。

（2）苯并[a]芘　苯并[a]芘又称3，4-苯并[a]芘｛B［a］P｝，是一种由5个苯环组成多环芳烃。苯并[a]芘是已发现的200多种多环芳烃中最主要的环境和食品污染物。它是含碳燃料及有机热解的产物，煤、石油、天然气、木材等不完全燃烧都会产生。而这些物质在工农业生产、交通运输和人们生活等方面大量应用，导致苯并[a]芘的广泛污染。

大多数加工食品中的苯并[a]芘主要来源于食品加工过程，主要发生在烟熏和烘烤食品中，如熏鱼片、熏红肠、熏鸡及火腿等动物性食品中和月饼、面包、糕点、烤肉、烤鸭、烤羊肉串等烘烤制品中。在食品加工设备管道和包装材料中也含有苯并[a]芘，如在采用橡胶管道输送原料或产品时，橡胶的填充料炭黑和加工橡胶时用的重油中均含有苯并[a]芘，当液体食品酱油、醋、酒等经过这些管道输送时会受到苯并[a]芘污染，包装糖果、冰棒等要用的蜡纸苯并[a]芘含量也较高。此外粮食、菜籽在柏油公路上晾晒，温度高时熔化的柏油可附着在粮食上，导致苯并[a]芘含量显著增高。

熏制过程产生的烟是烃类的主要来源，当碳氢化合物在800~1000℃，且供氧不足燃烧时，能生成苯并[a]芘。在这种情况下，烘烤温度高，食品中的脂类、胆固醇、蛋白质以及碳水化合物发生热解，经环化和聚合就形成了大量的多环芳烃，其中以苯并[a]芘居多。在烤制羊肉串时，所滴下的油滴苯并[a]芘含量要高出动物食品本身含量的10~70倍。当食品的烟熏温度在400~1000℃时，苯并[a]芘的生成量随加热温度的上升而增加。苯并[a]芘在食品中的含量顺序：烧烤油>熏红肠>叉烧>烧鸡>烤肉>腊肠。烟熏时产生的苯并[a]芘主要是直接附着在食品表面，随贮藏时间的延长，苯并[a]芘逐渐深入到食品内部。所以加工过程应避免烟熏加高温处理或高温烘烤。烘烤方法不同，与苯并[a]芘含量也有关，通常是煤炭>柴>山草>电炉>红外线。

环境也可造成苯并[a]芘污染，如果食品包装物含苯并[a]芘，会污染食品，如用含苯并[a]芘的液体石蜡涂渍的包装纸、机械运输使用的润滑油含苯并[a]芘，它的滴漏将严重污染食品。柏油路上晒粮食，是粮食污染苯并[a]芘的途径，煤炭、原油、汽油等燃烧，都能排放苯并[a]芘，不过产生的量不同，汽油相对少一些。

苯并[a]芘具有强致癌性，最初发现时致皮肤癌，后经深入研究，由于侵入途径和作用部位不同，对机体各脏器，如肺、肝、食管、胃肠等均可致癌。苯并[a]芘的危害还可能通过胎盘传给胎儿，影响下一代，所以必须减少其在食品中的含量，以保健康。

GB 2762—2022《食品安全国家标准　食品中污染物限量》中规定食品中苯并[a]芘的限量为，谷物及制品2.0μg/kg，肉及肉制品、水产动物及其制品5.0μg/kg，乳及乳制品、油脂及其制品——水产动物油脂10μg/kg。

（3）二噁英　二噁英是指多氯二苯并-对-二噁英（PCDDs）和多氯二苯并呋喃（PCDFs）类物质的总称。每个苯环上都可以取代1~4个氯原子，从而形成众多的异构体，其中PCDDs有75种异构体，PCDFs有135种异构体。

所有二噁英化合物皆为固体，均具有很高的熔点和沸点，蒸气压很小，大多数不溶于水和有机溶剂，但易溶于油脂，易被吸附于土壤、沉积物和空气中的飞尘上，具有较高的热稳定性和生物化学稳定性，一般加热到800℃才能分解。自然界的微生物和水解作用对二噁英的分子结构影响较小，因此，环境中的二噁英很难自然降解消除。

二噁英常以微小的颗粒存在于大气、土壤和水中，主要的污染源是化工冶金工业、垃圾焚烧、造纸以及生产杀虫剂等产业。日常生活所用的胶袋，聚氯乙烯（PVC）软胶等物都含有氯，燃烧这些物品时便会释放出二噁英，悬浮于空气中。大气环境中的二噁英90%来源于城市和工业垃圾焚烧。含铅汽油、煤、防腐处理过的木材以及石油产品、各种废弃物特别是医疗废弃物在燃烧温度低于300~400℃时容易产生二噁英。聚氯乙烯塑料、纸张、氯气以及某些农药的生产环节、钢铁冶炼、催化剂高温氯气活化等过程都可向环境中释放二噁英。二噁英还作为杂质存在于一些农药产品如五氯酚、2，4，5-T等中。

二噁英是环境内分泌干扰物的代表。它们能干扰机体的内分泌，产生广泛的健康影响。二噁英能引起雌性动物卵巢功能障碍，抑制雌激素的作用，使雌性动物不孕、胎仔减少、流产等。给予二噁英的雄性动物会出现精细胞减少、成熟精子退化、雄性动物雌性化等。

二噁英有明显的免疫毒性，可引起动物胸腺萎缩、细胞免疫与体液免疫功能降低等。二噁英还能引起皮肤损害，在暴露的实验动物和人群可观察到皮肤过度角化、色素沉着以及痤疮等的发生。二噁英染毒动物可出现肝实质细胞增生与肥大，严重时发生变性和坏死。

3. 放射性污染

食品中放射性物质来源于天然放射性物质和人工放射性物质。食品中含有自然界本来就存在的放射性核素本底。而人工放射性物质主要来源于核试验的沉降物、核电站和核工业废物的不当排放物、意外事故造成的核泄漏以及工农业、医学和科研上的排放物。

环境中的放射性物质，大部分会沉降或直接排放到地面，导致地面土壤和水源的污染，然后通过作物、水产品、饲料、牧草等进入食品。最终进入人体，在人体内继续发射多种射线引起内照射。在发生核试验和核工业泄漏事故时，放射性物质可经消化道、呼吸道和皮肤这三条途径进入人体而造成危害。

当放射性物质达到一定浓度时，便能对人体产生损害，其危害性因放射性物质的种类、人体差异、富集量等因素而不同，它们或引起恶性肿瘤，或引起白血病，或损害不同的器官。

食品放射性污染对人体的危害在于长时期体内小剂量的内照射作用，控制污染的措施是加强对污染源的控制，严格遵守操作规程监督和检测以及严格执行国家的卫生标准。食品加工厂和食品仓库应建立在从事放射性工作的单位的防护监测区以外的地方。凡包装密闭的食品，其包装受到放射性物质灰尘的污染时，可用擦洗或吹灰方式予以去除。如果放射性核素已进入食品内部，则应予以销毁。

案例

有机汞的污染及控制

(1) 有机汞的污染事件——水俣病　日本熊本县水俣湾外围的“不知火海”是被九州本土和天草诸岛围起来的内海，那里海产丰富，是渔民们赖以生存的主要渔场。水俣镇是水俣湾东部的一个小镇，有4万多人居住，周围的村庄还居住着1万多农民和渔民。

1925年，日本氮肥公司在这里建厂，后又开设了合成醋酸厂。1949年后，这个公司开始生产氯乙烯，年产量不断提高，1956年超过6000t。与此同时，工厂把没有经过任何处理的废水排放到水俣湾中。“水俣病”的罪魁祸首是当时处于世界化工业尖端技术的氮生产企业。氮用于肥皂、化学调味料等日用品以及醋酸、硫酸等工业用品的制造上。氯乙烯和醋酸乙烯在制造过程中要使用含汞的催化剂，这使排放的废水含有大量的汞。当汞在水中被水生生物食用后，会转化成甲基汞。

1956年，水俣湾附近发现了一种奇怪的病。这种病症最初出现在猫身上，被称为“猫舞蹈症”。病猫步态不稳，抽搐、麻痹，甚至跳海死去，被称为“自杀猫”。随后不久，此地也发现了患这种病症的人。症状表现为轻者口齿不清、步履蹒跚、面部痴呆、手足麻痹、感觉障碍、视觉丧失、震颤、手足变形，重者精神失常，或酣睡，或兴奋，身体弯弓高叫，直至死亡。

(2) 有机汞污染的控制　含汞废水常用的处理技术有化学沉淀法、混凝法、离子交换法、吸附法、还原法、羊毛吸附法等。

①化学沉淀法：含汞废水中加入硫化钠处理。由于Hg与S有强烈的亲和力，能生成溶解度小的硫化汞而从溶液中除去。所以硫化物沉淀法是最常用的一种沉淀处理法。沉淀法可与絮凝、重力沉降、过滤或溶气浮选等分离过程相结合。这些后续操作可增加硫化汞沉淀的去除效果，但不能提高溶解汞本身的沉淀效率。

②混凝法：用混凝法对多种废水进行脱汞处理。所用的混凝剂包括硫酸铝、明矾、铁盐及石灰。在混凝法除汞的研究中，先在污水中加入50~60μg/L的无机汞，然后用铁盐或明矾聚集并过滤，两种方法都可使含汞量降低94%~98%。用石灰混凝剂处理500μg/L的高浓度含汞废水，过滤后汞的去除率为70%。

③离子交换法：大孔巯基离子交换剂对含汞废水处理有很好的效果。树脂上的巯基对汞离子有很强的吸附能力，吸附在树脂上的汞可用浓盐酸洗脱，定量回收。含汞废水经过处理后排出水含汞量可降至0.05mg/L以下。

④吸附法：活性炭法能有效地吸附废水中的汞，我国有些工厂已采用此法处理含汞废水，但该方法只适用于处理低浓度的含汞废水。将含汞量1~2mg/L以下的废水通过活性炭滤塔，排出水含汞量可下降至0.01~0.05mg/L。回收汞后活性炭可再生并重复利用。

⑤还原法：无机汞离子经还原可转变为金属汞，然后通过过滤或其他技术进行分离。还原剂种类很多，包括铁、铋、锡、镁、铜、锰、铝、铅、锌、肼、氯化亚锡和硼氢化钠。

⑥过滤法：过滤法是采用镁的有机物、玻璃柱、铁屑等作滤料，通过过滤去除废水中的汞，脱汞效率在80%~90%。

⑦生物吸附法：目前国内外关于用生物吸附技术处理含汞废水的研究主要集中在纯菌种的分离提取、基因工程菌的构造、混合菌的培养等方面。

（二）食品原料中带入的化学污染物

1. 真菌毒素

（1）黄曲霉毒素　1960年，英国一家农场发生了10万只雏火鸡突然死亡的事件。解剖显示，这些火鸡的肝脏已严重坏死。经过调查发现，这些雏火鸡食用了霉变的花生粉，这是造成其肝坏死和中毒死亡的主要原因。霉变的花生粉中含有一系列由黄曲霉菌产生的活性物质，这些物质就是黄曲霉毒素（AFT），它不仅可引起剧烈的急性中毒，而且还是目前所知致癌性最强的化学物质之一。

黄曲霉毒素是一类化学结构相似的二呋喃香豆素的衍生物，有10余种之多，根据其在紫外光下可发出蓝色或绿色荧光的特性，分为黄曲霉毒素 B_1、黄曲霉毒素 B_2、黄曲霉毒素 G_1、黄曲霉毒素 G_2、黄曲霉毒素 M_1、黄曲霉毒素 M_2 等。它们的结构式不同，其毒性及危害也有很大差异，以黄曲霉毒素 B_1 毒性和致癌性最强，在食品中污染最广泛，对食品的安全性影响最大。因此，在食品卫生监测中，主要以黄曲霉毒素 B_1 为污染指标。

黄曲霉毒素微溶于水，易溶于油脂和一些有机溶剂，耐高温（280℃裂解），故在通常的烹调条件下不易被破坏。黄曲霉毒素在碱性条件下或在紫外线辐射时容易降解。

能产黄曲霉毒素的菌种有黄曲霉和寄生曲霉，其中黄曲霉分布最广，在全世界几乎无处不在。黄曲霉毒素主要污染的是粮油及其制品、干果、动物性食品（乳及乳制品、干咸鱼等）及家庭自制发酵食品。

黄曲霉毒素的毒性极强，但其毒性随着毒素的剂量、接触时间长短和动物种类、营养状态及饲料不同而异。在动物实验中，大剂量摄入这些毒素会造成死亡；亚致死剂量产生慢性中毒；长期接受低剂量则导致癌症，主要是肝癌。急性中毒的毒性是氰化钾的10倍，幼年动物比老年动物更为敏感。

急性中毒时动物主要病变在肝脏，表现为细胞变性、坏死、出血、胆小管增生等。人也能引起急性毒性，急性中毒症状主要表现为呕吐、畏食、发热、黄疸，严重者出现腹腔积液、下肢浮肿、肝大，脾大，往往突然发生死亡。长期连续摄入黄曲霉毒素后，可造成动物生长发育迟缓、体重下降，血清转氨酶、碱性磷酸酶活性升高。肝细胞变性、坏死，可形成再生结节，胆管上皮增生及纤维化，有的动物可发生肝硬化。

黄曲霉毒素在Ames试验和仓鼠细胞体外转化试验中均表现为强致突变性，它对大鼠和人均有明显的致畸作用。大鼠妊娠第15天静脉注射黄曲霉毒素B_1 80mg/kg体重可导致其出现畸胎。

黄曲霉毒素是目前所知致癌性最强的化学物质之一。当饲料中的黄曲霉毒素B_1含量低于100g/kg时，26周即可使敏感生物如小鼠和鳟鱼出现肝癌。黄曲霉毒素除可诱导肝癌外，还可诱导前胃癌、垂体腺癌等多种恶性肿瘤。但不同种属的黄曲霉毒素的慢性中毒效应有所不同。

案例

目前不同国家、地区对黄曲霉毒素检测的种类要求均不同，如我国GB 2761—2017《食品安全国家标准　食品中真菌毒素含量》中对黄曲霉毒素B_1和黄曲霉毒素M_1有限量要求，欧盟除了规定了黄曲霉毒素B_1、黄曲霉毒素M_1的限量，同时还规定了黄曲霉毒素B_1+黄曲霉毒素B_2+黄曲霉毒素G_1+黄曲霉毒素G_2总和的限量要求。

各地对黄曲霉毒素检测限值要求不同。以花生及其制品为例，欧盟对于供人直接食用的花生及制品黄曲霉毒素B_1限量为2μg/kg，总黄曲霉毒素（黄曲霉毒素B_1+黄曲霉毒素B_2+黄曲霉毒素G_1+黄曲霉毒素G_2）限量为4μg/kg；日本对于总黄曲霉毒素（黄曲霉毒素B_1+黄曲霉毒素B_2+黄曲霉毒素G_1+黄曲霉毒素G_2）限量为10μg/kg；我国对于花生及其制品的黄曲霉毒素B_1限量为20μg/kg。

据欧盟食品饲料类快速预警系统（RASFF）消息，2024年2月23日，欧盟通报我国出口花生不合格，黄曲霉毒素B_1（9.7±4.3）μg/kg，黄曲霉毒素总量（11.2±4.9）μg/kg；2024年3月21日，荷兰通报我国出口干小米不合格，黄曲霉毒素超标，黄曲霉毒素B_1为10μg/kg，黄曲霉毒素总量11μg/kg。

2024年4月5日，韩国食品药品安全部（MFDS）发表消息称：韩国某食品企业生产、销售的韩国国产炒花生产品中检测出黄曲霉毒素超标，命令其停止销售并召回相关产品。该产品中检出黄曲霉毒素943.0μg/kg（黄曲霉毒素B_1为875.9μg/kg），在韩国，该类产品中黄曲霉毒素的限量为15.0μg/kg以下（但是黄曲霉毒素B_1在10.0μg/kg以下）。

我国食品企业在出口前需提前获知国外相关产品对于黄曲霉毒素的检测项目及相应的限量值要求，以应对国外技术性贸易措施。我国GB 31653—2021《食品国家安全标准　食品中黄曲霉毒素污染控制规范》已于2022年2月22日正式施行，标准规定了采收、储存前处理、储存、运输、加工等环节控制食品中黄曲霉毒素的基本要求和管理准则，我国相关出口食品企业要严格按照标准从事生产经营，严格控制黄曲霉毒素污染，规避通报退运带来的损失。

防止霉变是预防粮油食品被黄曲霉毒素污染的最根本措施，目前常用的防霉措施一是干燥防霉，粮油食品的水分活度和环境湿度是影响霉菌生长与产毒的主要环境条件，所以控制粮油食品水分，保持储存食品环境的干燥状态，是防止粮油食品霉变的重要措施；二是低温防霉，霉菌的生命活动对温度有一定的适应范围，如果温度低于霉菌生长所适宜的最低温度界限，会使霉菌的生长受到抑制，甚至死亡，所以在低温条件下储存食品，是减少霉菌危害，防止食品霉变和霉菌产毒的有效措施。一般可将粮油储存在15℃以下，其他水分含量较高的食品储存在5℃以下，可有效地防止霉变；三是气调防霉，霉菌都是好氧微生物，需要在一定的氧气浓度条件下才能生存，通常运用密封技术，采用缺氧或充二氧化碳、氮气等方法，控制和调节环境中的气体成分，达到抑菌的目的；四是化学防霉。

如果粮油食品已经被黄曲霉毒素污染，应设法将毒素破坏或去除。但黄曲霉毒素的耐热性很强，在280℃时才能被破坏，一般的烹调加工温度难以去毒。常用的去毒方法有三种。第一种是挑选霉粒法。由于黄曲霉毒素主要集中在霉坏粒和破损粒中，因此挑除霉坏粒和破损粒，可以大大降低毒素含量。如含黄曲霉毒素 B_1 500μg/kg 的黄玉米，经人工挑选出霉粒、破损粒、虫蚀粒、瘪粒后，黄曲霉毒素 B_1 含量可降至 10μg/kg。第二种是加工去毒法。稻谷内的黄曲霉毒素主要集中在胚部、皮层及糊粉层，而玉米中的黄曲霉毒素的80%集中在胚部。稻谷通过加工脱壳、精碾后，大部分毒素随糠层去掉，玉米采用机械脱胚后可去毒50%~80%。第三种是加水搓洗法。大米在食用前，反复加水搓洗，将附着在米粒表层的糠粉尽量洗净，可以收到较好的去毒效果。如含黄曲霉毒素 B_1 15~50μg/kg 的大米，经过反复搓洗4次以上，毒素可除去90%。此法适用于一般家庭处理少量大米。而植物油加碱去毒法也称碱炼法，是目前常用的净制油的方法之一。它利用油中的脂肪酸与碱反应成肥皂，像雪花一样下沉，同时吸附色素、蛋白质和黏液素，从而使油净化。

（2）赭曲霉毒素　赭曲霉毒素是一类分子结构相似的化合物，包括赭曲霉毒素A、赭曲霉素B、赭曲霉素C、赭曲霉素D和赭曲霉素 α，是由曲霉属和青霉属的某些菌种产生的。赭曲霉毒素A是自然界中主要的天然污染物。赭曲霉素的污染范围较广，几乎可污染玉米、小麦等所有的谷物。

赭曲霉毒素的急性毒性较强，主要损害肾脏。不同动物对赭曲霉毒素敏感性不同。对雏鸭的经口半数致死量（LD_{50}）仅为0.5mg/kg 体重，与黄曲霉素相当；对大鼠的经口半数致死量为20mg/kg 体重。

赭曲霉毒素的致死原因是肝、肾的坏死性病变。虽然已发现赭曲霉毒素具有致畸性，但到目前为止，未发现其具有致癌和致突变作用。在肝癌高发区的谷物中可分离出赭曲霉毒素。

GB 2761—2017《食品安全国家标准　食品中真菌毒素限量》规定食品中赭曲霉毒素A的限量为，谷物及其制品、豆类及其制品、坚果及籽粒5.0μg/kg，葡萄酒 2.0μg/kg。

(3) 玉米赤霉烯酮　玉米赤霉烯酮又称 F-2 毒素，是由镰刀菌属的菌种产生的代谢产物。它首先从染有赤霉病的玉米中分离得到，如禾谷镰刀菌、三线镰刀菌、木贼镰刀菌、粉红镰刀菌等，这些菌株广泛分布于世界各国的泥土、空气和污染的谷物中。玉米赤霉烯酮主要污染玉米、小麦、大米、大麦、小米和燕麦等谷物，其中玉米的阳性检出率为 45%，最高含毒量可达到 2909mg/kg；小麦的检出率为 20%，含毒量为 0.364～11.05mg/kg。玉米赤霉烯酮的耐热性较强，110℃经 1h 才被完全破坏。

玉米赤霉烯酮具有雌激素作用，主要作用于生殖系统，可使家畜、家禽和实验小鼠产生雌性激素亢进症。妊娠期的动物（包括人）食用含玉米赤霉烯酮的食物可引起流产、死胎和畸胎。食用含赤霉病麦面粉制作的各种面食也可引起中枢神经系统的中毒症状，如恶心、发冷、头痛、抑郁和共济失调等。

GB 2761—2017《食品安全国家标准　食品中真菌毒素限量》规定食品中玉米赤霉烯酮的限量为，谷物及制品 60μg/kg。

2. 植物毒素

自然界有植物 30 多万种，但由于绝大多数植物体内含有毒素，从而限制了其作为人类食用的价值。而可作为食用的数百种植物也不是绝对安全的，其中有些物质是对人体健康是有害的，如氰苷、龙葵碱、红细胞凝集素等。目前植物毒素已成为人类食源性中毒的重要原因之一，对人类健康和生命有较大的危害。需要说明的是植物毒素是指植物本身产生的对食用者有毒害作用的成分，不包括那些污染和吸收人体的外源性化合物，如农药残留和重金属污染。

(1) 毒蛋白　异体蛋白质注入人体组织可引起过敏反应，内服某些蛋白质也可产生各种毒性。植物中的胰蛋白酶抑制剂、红细胞凝集素、蓖麻毒素、巴豆毒素、刺槐毒素、硒蛋白等均属于有毒蛋白或复合蛋白。如存在于未熟透的大豆及其豆乳中的胰蛋白酶抑制剂对胰脏分泌的胰蛋白酶的活力具有抑制作用，从而影响人体对大豆蛋白质的消化吸收，导致胰脏肿大和抑制食用者（包括人类和动物）的生长发育。在大豆和花生中含有的血细胞凝集素还具有凝集红细胞的作用等。

①红细胞凝集素：红细胞凝集素又称外源凝集素，是多种植物合成的一类对红细胞有凝聚作用的蛋白质。大部分红细胞凝集素是糖蛋白，可专一性结合碳水化合物，从而影响动物生长。

红细胞凝集素广泛存在于植物（主要是豆类）的种子或荚果中，其中许多是人类重要的食物原料，如蓖麻、大豆、豌豆、扁豆、菜豆、刀豆、蚕豆和花生等。

植物红细胞凝集素是天然的红细胞抗原。研究表明，红细胞凝集素的毒性主要表现在它可以结合人小肠上皮细胞的碳水化合物，导致消化道对营养成分的吸收能力下降，引起营养不良，导致腹痛、腹泻等症状。红细胞凝集素对实验动物有较高的毒性，毒性较大的是从蓖麻籽中分离出来的蓖麻凝集素，小鼠经腹腔注射的半数致死量约为 0.05mg/kg 体重，大豆和菜豆凝集素的毒性大约是蓖麻凝集素的 1‰。据实验报道，当小鼠食物中加入 0.5%的黑豆凝集素可引起小鼠生长迟缓；连续 2 周用 0.5%的菜豆凝集素饲喂小鼠可致其死亡。

食用新鲜豆类食物时，应首先用清水浸泡去毒，烹饪时充分加热熟透，以防中毒。

②蛋白酶抑制剂：许多植物的种子和荚果中存在动物消化酶的抑制剂，如在豆类、棉籽、花生、油菜籽等植物源性食物中，特别是豆科植物中含有能抑制胰蛋白酶、糜蛋白酶、胃蛋白酶等蛋白酶的特异性物质，通称为蛋白酶抑制剂。其中比较主要的且具有代表性的是胰蛋白酶抑制剂、糜蛋白酶抑制剂和 α-蛋白酶抑制剂。这类物质实际上是植物为繁衍后代，防止动物啃食的防御性物质。

胰蛋白酶抑制剂和 α-蛋白酶抑制剂是营养限制因子。蛋白酶抑制剂的毒性作用包括两个方面：一方面抑制蛋白酶的活力，降低食物蛋白质的水解和吸收，从而导致胃肠不良反应和症状产生，同时也影响动物生长；另一方面，它可刺激胰腺增加其分泌活性，作用机制通过负反馈作用来实现。这样就增加了内源性蛋白质、氨基酸的损失，使动物对蛋白质的需要增加。动物实验发现，胰蛋白酶抑制剂具有抑制动物增重以及动物胰腺代偿性增大的作用。因此，在饮食中含有导致胰腺分泌过度的蛋白质，会造成氨基酸的缺乏并伴随生长抑制。

含有蛋白酶抑制剂的植物源性食物，一定要经过有效地钝化后方可食用或作饲料用。去除蛋白酶抑制剂最简单有效的方法是高温加热钝化。采用常压蒸汽加热 30min 或 1MPa 压力加热 15~20min，即可破坏大豆中的胰蛋白酶抑制剂。大豆用水泡至含水量 60%时，水蒸 5min 也可，但干热效果较差。

（2）苷类　苷类又称配糖体或糖苷。在植物中，糖分子（如葡萄糖、鼠李糖、葡萄糖醛酸等）中的半缩醛羟基和非糖类化合物分子（如醇类、酚类、固醇类等）中的羧基脱水缩合而形成具有环状缩醛结构的化合物，称为苷。苷类都是由糖和非糖物质（称苷元或配基）两部分组成。苷类大多为无色晶体，易溶于水和乙醇中，而且易被酸或酶水解为糖和苷元。由于苷元的化学结构不同，苷的种类也有多种，如皂苷、氰苷、芥子苷、黄酮苷、强心苷等。它们广泛分布于植物的根、茎、叶、花和果实中。其中皂苷和氰苷等常引起人的食物中毒。

①皂苷：皂苷是类固醇或三萜系化合物的低聚配糖体的总称。组成皂苷的糖，常见的有葡萄糖、鼠李糖、半乳糖、阿拉伯糖、木糖、葡萄糖醛酸和半乳糖醛酸等。这些糖或糖醛酸先结合成低聚糖糖链，再与皂苷配基结合。因其水溶液能形成持久大量泡沫，酷似肥皂，故名皂苷，又称皂素。

含有皂苷的食源性植物主要是菜豆（四季豆）和大豆，易引发食物中毒，一年四季均可发生。皂苷对消化道黏膜有强烈刺激作用，很容易产生一系列胃肠刺激症状而引起中毒。其中毒症状主要是胃肠炎，潜伏期一般为 2~4h，呕吐、腹泻（水样便）、头痛、胸闷、四肢发麻，病程为数小时或 1~2d，恢复快，预后良好。

预防皂苷中毒的措施如下：一是使菜豆等豆类充分炒熟、煮透，最好是炖食，以破坏其中所含有的全部毒素；炒时应充分加热至青绿色消失，无豆腥味，无生硬感，勿贪图其脆嫩口感，且不宜水焯后做凉拌菜，如做凉菜必须煮10min以上，熟透后才可拌食；二是应注意煮生豆浆时防止“假沸”现象。由于豆浆在80℃左右时，皂苷受热膨胀，形成泡沫上浮，造成“假沸”现象，而此时豆浆中的毒素并未有效破坏；“假沸”之后应继续加热至100℃，泡沫消失，表明皂苷等有害成分受到破坏，然后再小火煮10min以彻底破坏豆浆中的有害成分，达到安全食用的目的。也可以93℃经30~75min或121℃经5~10min高温处理，可有效消除豆浆中的有毒物质。

②氰苷：氰苷主要由氰醇衍生物的羟基和D-葡萄糖缩合形成的糖苷，其结构中有氰基，水解后产生氢氰酸（HCN），从而对人体造成伤害。

氰苷在植物中分布较广，广泛存在于豆科、蔷薇科、稻科约1000种植物中。含氰苷的食源性食物有禾本科的木薯、豆科和一些果树的种子（如杏仁、桃仁、李子仁等）。在植物氰苷中与食物中毒有关的化合物主要是苦杏仁苷和亚麻仁苷。

在苦杏、苦扁桃、枇杷、李子、苹果、黑樱桃等果仁和叶子中含有的氰苷为苦杏仁苷。苦杏仁苷是由龙胆二糖和苦杏仁腈组成的*p*-型糖苷，在苦杏仁中苦杏仁苷的含量比甜杏仁中高20~30倍。亚麻仁苷主要存在于豆类、木薯和亚麻仁中。

氰苷的毒性主要是氢氰酸和醛类化合物产生的毒性。氢氰酸是一种高活性、毒性大、作用快的细胞原浆毒。当它被胃黏膜吸收后，氰离子与细胞色素氧化酶的铁离子结合，使呼吸酶失去活力，阻止细胞色素氧化酶传送氧的作用，氧不能被机体组织细胞利用，导致细胞不能正常呼吸，机体组织缺氧而陷于窒息状态，引起中毒。氢氰酸还可损害呼吸中枢神经系统和血管运动中枢，使之先兴奋后抑制与麻痹，最后导致死亡。氢氰酸对人的最低致死剂量经口测定为0.5~3.5mg/kg体重，小儿食入6粒、成人食入10粒苦杏仁就有可能引起中毒，主要症状为口苦涩、流涎、头痛、恶心、呕吐、心悸、脉频等，重者昏迷，继而意识丧失，可因呼吸麻痹或心跳停止而死亡。

氰苷具有较好的水溶性，水浸可去除产氰食物的大部分毒性。不直接食用各种生果仁，对杏仁、桃仁及豆类等在食用前要反复清水浸泡，充分加热；在发生苷类食物中毒时，应给患者口服亚硝酸盐或亚硝酸酯，使血液中的血红蛋白转变为高铁血红蛋白，从而加速循环可将氰化物从细胞色素氧化酶中脱离出来，使细胞继续进行呼吸作用。再给中毒者服用一定量的硫代硫酸钠进行解毒，被吸收的氰化物可转化成硫氰化物而随尿排出。

③芥子苷：芥子苷又称硫苷、硫代葡萄糖苷，主要存在于十字花科植物，如油菜、野油菜、甘蓝、芥菜和萝卜等种子中。

芥子苷的降解产物可抑制甲状腺素的合成和对碘的吸收。甲状腺素的释放及浓度的变化对氧的消耗、心血管功能、胆固醇代谢、神经肌肉运动和大脑功能有重要的影响。甲状腺素的缺乏会严重影响生长发育。食用有毒的菜籽饼后，可引起甲状腺肿大，导致生物代谢紊乱，阻止机体生长发育，出现各种中毒症状，如精神萎靡食欲减退，呼吸先快后慢，心跳慢而弱，并有肠胃炎、粪恶臭、血尿等症状，严重者死亡。

预防芥子苷中毒的措施有三种：一是采用高温（140~150℃）或70℃经1h破坏菜籽饼中芥子酶的活力；二是采用微生物发酵中和法将已产生的有毒物质除去；三是选育出不含或仅含微量芥子苷的油菜品种等，这种油菜的菜籽饼不仅可以直接作为畜禽的精饲料，而且还可作为人类食品的添加剂。

（3）生物碱　生物碱是一类含氮有机化合物，有类似于碱的性质，可与酸结合成盐，多数具有复杂的环状结构且氮包含在环内，具有光学活性和一定的生理作用。

生物碱在植物界分布较广，存在于罂粟科、茄科、豆科、夹竹桃科、毛茛科等100多个科的植物中，已发现的生物碱有2000种以上。存在于食用植物中的主要是龙葵碱、秋水仙碱、吡咯烷生物碱及咖啡因等。

①龙葵碱：龙葵碱又称茄碱、龙葵毒素、马铃薯毒素，是由葡萄糖残基和茄啶组成的一种弱碱性糖苷，广泛存在于马铃薯、番茄及茄子等茄科植物中。

马铃薯中的龙葵碱含量随品种及季节不同而异，一般为0.005%~0.01%，在储藏过程中含量逐渐增加，主要集中在其芽眼、表皮和绿色部分。发芽后其幼芽和芽眼部分龙葵碱含量可高达0.3%~0.5%。龙葵碱经口毒性较低，小鼠LD_{50}为1000mg/kg体重，兔子450mg/kg体重。人食入0.2~0.4g即可引起中毒。

龙葵碱对胃肠道黏膜有较强的刺激性和腐蚀性，对中枢神经有麻痹作用，尤其是呼吸中枢和运动中枢；对红细胞有溶血作用，可引起急性脑水肿和胃肠炎等。主要中毒症状为胃痛加剧、恶心呕吐、呼吸困难急促伴全身虚弱和衰竭，严重时可导致死亡。龙葵碱主要是通过抑制胆碱酯酶活性而造成乙酰胆碱不能被清除而引起中毒。

预防中毒的措施是在低温、无直射阳光照射的地方储存马铃薯，防止发芽，不吃生芽过多、表皮变绿的马铃薯，轻度发绿、发芽的马铃薯在食用时应彻底削去绿色部分或芽眼及芽眼周围的表皮，以免食入毒素而中毒。

②秋水仙碱：秋水仙碱是不含杂环的生物碱，是存在于鲜黄花菜中的一种化学物质。秋水仙碱为灰黄色针状结晶体，易溶于水；对热稳定，煮沸10~15min可充分破坏。秋水仙碱本身并无毒性，但当它进入人体并在组织中被氧化后，迅速生成毒性较大的二秋水仙碱，这是一种剧毒物质。成年人如果一次食入0.1~0.2mg秋水仙碱（相当于50~100g鲜黄花菜）即可引起中毒。秋水仙碱对人经口的致死剂量为3~20mg。秋水仙碱引起的中毒，主要症状是头痛、头晕、嗓子发干、恶心、心悸胸闷、呕吐及腹泻，重者还会出现血尿、血便、尿闭与昏迷等。

食用鲜黄花菜时一定要用开水焯，浸泡后再经高温烹饪，以防止秋水仙碱中毒。

③咖啡因：咖啡因是一种嘌呤类生物碱，广泛存在于咖啡豆、茶叶和可可豆等食物中。咖啡因可在胃肠道中被迅速吸收并分布到全身，引起多种生理反应。咖啡因对人的神经中枢、心脏和血管运动中枢均有兴奋作用，可扩张冠状和末梢血管、利尿、松弛平滑肌、增加胃肠分泌，虽可快速消除疲劳，但过度摄入可造成中毒，其症状为烦躁、紧张、刺激感、失眠、面红、多尿和消化道不适。咖啡因的 LD_{50}192mg/kg 体重，属于中等毒性范围。动物性实验表明咖啡因有致癌和致突变的作用，但在人体中并未发现上述结果，目前唯一明确的是咖啡因对胎儿有致畸作用，因此孕妇最好不要食用含有咖啡因的食品。

3. 动物毒素

动物类食品是人类最主要的食物来源之一，由于其营养丰富、味道鲜美，很受人们欢迎。但是有些动物性食品中含有天然毒素，对人的身体健康有很大的损害性。

（1）河豚毒素　河豚是一种味道鲜美又含剧毒的鱼类，是暖水性海洋底栖鱼类。河豚在大多数沿海和大江河口均有分布，全球有 200 种左右，我国有 70 多种，广泛分布于各海区。河豚毒素是河豚体内的毒素，剧毒，毒性比氰化钠高 1000 倍。但河豚毒素不是河豚特有的，在各类海洋脊椎动物（鱼类、两栖类）、无脊椎动物（涡虫类、纽形动物、腹足类和头足类、节肢动物、棘皮动物）中都有分布。通常所谓河豚毒素，实际上是河豚素、河豚酸、河豚卵巢素和肝脏毒素的统称。据分析，有 500 多种鱼类中含有河豚毒素，河豚是其中最常见的一种。

河豚毒素在体内的分布较广，以内脏为主。毒性大小在不同季节不同部位而不同。河豚毒素在卵巢中含量最多，肝脏次之，血液、眼睛、鳃、皮肤都含有少许，肌肉中一般没有。但鱼死后内脏毒素可渗入肌肉，鱼肉中也含有少量的毒素。冬春季节是河豚最为肥美的时候，也是毒性最强的时候。

河豚毒素是一种毒性很强的神经毒素，毒性的产生主要是毒素阻止神经和肌肉的电信号传导，阻止肌肉、神经细胞膜的钠离子通道，使神经末梢和中枢神经发生麻痹。中毒者感觉神经麻痹，其次为各随意肌的运动神经末梢麻痹，使机体无力运动或不能运动。毒素量增大时则迷走神经麻痹，呼吸减少，脉搏迟缓，严重时体温及血压下降，最后发生血管运动神经中枢或横膈肌及呼吸神经中枢麻痹，引起呼吸停止，迅速死亡。毒素不侵犯心脏，呼吸停止后心脏仍能维持相当时间的搏动。毒素还直接作用于胃肠道引起局部刺激症状，如恶心、呕吐、腹泻和上腹疼痛。

河豚毒素中毒的另一个特征是患者死亡前意识清楚，当意识消失后，呼吸停止，心脏也很快停止跳动。作为一种快速可逆的钠离子通道阻断剂，其中毒后出现症状的快慢、严重程度除了与毒素摄入量有关外，还与人本身的体质有关。

防止河豚毒素中毒首先要提高识别能力，严禁擅自经营和加工河豚，一旦发现中毒者，要及时采取措施，以催吐、洗胃和导泄为主，尽快使食入的有毒物质及时排出体外，同时还要结合具体症状进行对症治疗。

（2）肝脏毒素　动物肝脏是人们常食的美味，它含有丰富的蛋白质、维生素、微量元素等营养物质。此外，肝脏还具有防治某些疾病的作用，因而常将其加工制成肝精、肝粉、肝组织液等，用于治疗肝病、贫血、营养不良等症。但是，肝脏是动物的最大解毒器官，动物体内的各种毒素，大多要经过肝脏来处理、排泄、转化、结合。另外，动物也可能发生肝脏疾病，如肝炎、肝硬化、肝寄生虫和黄曲霉毒素中毒等。污染环境和饲料的重金属如铅、砷、汞、铬等和其他的一些污染物也主要存在于肝脏中。动物肝脏中的毒素就主要表现为外来有毒有害物质在肝脏中的残留、动物机体的代谢产物在肝脏中的蓄积和由于疾病原因造成的肝组织受损。这些对动物肝类食品的安全性构成了潜在的威胁。

动物肝中的主要毒素是胆酸、牛黄胆酸和脱氧胆酸，以牛黄胆酸的毒性最强，脱氧胆酸次之。动物肝中的胆酸是中枢神经系统的抑制剂，我国在几个世纪之前，就知道将熊肝用作镇静剂和镇痛剂。许多动物研究发现，胆酸的代谢物——脱氧胆酸对人类的肠道上皮细胞癌如结肠癌、直肠癌有促进作用。在世界各地普遍用作食物的猪肝并不含足够数量的胆酸，因而不会产生中毒作用，但是当大量摄入动物肝，特别是处理不当时，可能会引起中毒症状。

各种动物的肝脏中维生素 A（视黄醇）的含量都较高，尤其是鱼类的肝脏中含量最多。维生素 A 对动物上皮组织的生长和发育导向具有十分重要的影响。维生素 A 也可提高人体的免疫功能。人类缺乏维生素 A 可引起夜盲症及鼻、喉和眼等上皮组织疾病，婴幼儿缺乏维生素 A 会影响骨骼的正常生长。维生素 A 虽然是机体内所必需的生物活性物质，但当人摄入量达到 200 万~500 万 IU（IU 是衡量维生素生物活性的标准单位，1IU 相当于 0.3mg 纯结晶维生素 A），就可引起中毒。大剂量服用维生素 A 会引起视力模糊、失明和损害肝脏。维生素 A 在人体血液中的正常水平为 5~15IU/L。一些鱼肝如鲨鱼、比目鱼鱼肝中含有很高的维生素 A 含量。分别为 10000IU/g 和 100000IU/g。成人一次摄入 200g 的鲨鱼肝可引起急性中毒，中毒表现为前额和眼睛疼痛、眩晕、困倦、恶心、呕吐以及皮肤发红、出现红斑、脱皮等症状。

因为超量摄入任何食物都可引起毒性反应，所以维生素 A 并不因为它的超量摄入可引起毒性反应而被划为有毒物质。尽管数据的来源不同，但普遍认为，人每天摄入 100mg（约 3000IU/kg 体重）维生素 A 可引起慢性中毒。

动物肝脏含有大量的营养物质，是可供人食用的最重要的内脏组织，人们需要食用动物肝脏。因此，在选购动物肝脏时应注意，凡是肝脏呈暗紫色，异常肿大，有白色小硬结，或一部分变硬变干等，不宜食用。食用前要反复用清水洗涤，浸泡 3~4h，彻底去除肝脏内的积血，烹饪时加热要充分，使肝脏中心温度达到烹饪时的温度，并保持一定时间，使之彻底熟透，否则不能食用，并且一次食入的肝脏不能太多。

（3）贝类毒素　贝类是人类动物性蛋白质食品的来源之一。世界上可作食品的贝类约有28种，已知的大多数贝类均含有一定数量的有毒物质。只有在地中海和红海生长的贝类是已知无毒的，墨西哥湾的贝类也比其他地区固有的那些贝类的毒性低。实际上，贝类自身并不产生毒物，但是当它们通过食物链摄取海藻或与藻类共生时就变得是有毒的了，足以引起人类食物中毒。

①麻痹性贝类毒素（PSP）：近年来由于环境污染日渐加剧和其他一些因素影响，在我国及其他一些国家的沿海地区频繁发生“赤潮”现象。“赤潮”导致的贝类中毒主要是麻痹性贝类中毒，它目前已成为影响公众健康的最严重的食物中毒现象之一。目前从甲藻和软体动物中已分离出20种麻痹性贝类毒素，主要有石房蛤毒素及其衍生物、膝沟藻毒素等。麻痹性贝类毒素是一类神经和肌肉麻痹剂，其主要是通过阻断细胞内钠通道，造成神经系统传输障碍而产生麻痹作用。麻痹性贝类毒素易溶于水且对酸、热稳定，在碱性条件下易分解失活。一般的食品加工方法很难破坏染毒体的毒性。石房蛤毒素对小鼠的半数致死量（静脉）为7μg/kg体重，其毒性是眼镜蛇毒素的80倍。

②腹泻性贝类毒素（DSP）：是大量存在于软体贝类中的一种毒素，倒卵形鳍藻和渐尖形鳍藻是腹泻性贝类毒素的产生者。腹泻性贝类毒素不是一种可致命的毒素，通常只会引起轻微的肠胃疾病，而症状也会很快消失。

③神经性贝类毒素（NSP）：神经性贝类毒素的发生与海洋赤潮有关，由短螺甲藻毒素所致，它可以出现感觉异常、冷热感交替、恶心、呕吐、腹泻和运动失调，或上呼吸道综合征。

④记忆丧失性贝类毒素（ASP）：是一种存在于硅藻属中的毒素。误食或过多摄入会引起中毒，永久性丧失部分记忆是此类中毒后的典型症状。记忆丧失性贝类毒素的主要成分是软骨藻酸，是一种具有生理活性的氨基酸类物质，比麻痹性贝类毒素毒性弱的神经性毒素。

贝类中毒发病急，潜伏期短，中毒者的病死率较高，国内外尚无特效疗法，因此关键在于预防，尤其应在夏秋贝类食物中毒多发季节禁食有毒贝类。一旦误食有毒贝类出现舌、口、四肢发麻等中毒症状，首先应人工催吐，排空胃内容物，并立即向当地疾病预防控制中心报告，及时携带食剩的贝类到医院就诊，采取洗胃、支持对症等治疗措施，防止发生呼吸肌麻痹。由于藻类是贝类赖以生存的食物链，贝类摄食有毒的藻类后，能富集有毒成分，产生多种毒素，所以沿海居民要注意海洋部门发布的有关赤潮信息。在赤潮期间，最好不食用赤潮水域内的蚶、蛎、贝、蛤、蟹、螺类水产品，或者在食用前先放在清水中放养浸泡1~2d，并将其内脏除净，提高食用安全性。

4. 食品过敏原

（1）食物过敏　食物过敏是指食物中的某些物质（通常是蛋白质）进入体内，

被体内免疫系统当成入侵的病原，发生免疫反应，对人体造成不良影响。

过敏反应又称变态反应，是指致敏机体再次接触同一抗原的刺激时，发生的组织损伤和（或）功能紊乱的免疫应答。即抗原与抗体或致敏淋巴细胞反应，在排除抗原的同时，造成了机体的免疫损伤，是一类异常的病理性免疫应答，其结果对机体不利，可引起多种临床疾病。

据报道，在国外有1%~2%的成人和5%~7%的儿童遭受过食物过敏。中国疾病预防控制中心营养与食品安全所的调查表明，在15~24岁的健康人群中，约有6%的人曾患有食物过敏。

（2）引起过敏的常见食物种类　食品中能使机体产生过敏反应的抗原分子即为食品过敏原，目前有160多种食品中含有可以导致过敏反应的食品过敏原。食品的种类成千上万，致敏性也不相同，其中只有一部分容易引起过敏反应。同族食物常具有类似的致敏性，尤以植物性食物更为明显，各国家、各地区饮食习惯不同，机体对食物的适应性也就有相应的差异，从而造成致敏的食物也不同。

①植物性食品过敏原：植物性食品过敏案例中，以大豆及核果类食物过敏报道最多，因此对其食品过敏原研究工作也较早，较深入。

花生属于联合国粮农组织1995年报道的八类过敏食物的重要过敏原之一。不同的花生过敏者，其致敏组分有所不同。引起花生过敏的过敏原可能是花生的主要致敏组分，也可能是花生的次要致敏组分。花生过敏原为一种种子储藏蛋白，包括多种高度糖基化的蛋白质组分，它们属于两个主要的球蛋白家族，即花生球蛋白和伴花生球蛋白。

大豆也是最主要的食品过敏原之一。大豆过敏原能引起婴儿或幼龄动物产生过敏反应，从而造成肠道损伤。大豆含有多种致敏组分，其主要致敏蛋白的发现可能与研究的大豆品种不同，受试者人群的不同有关。

②动物性食物过敏原：动物性食物过敏原中，蛋、乳、鱼类和甲壳类产品研究较多。

乳及乳制品是FAO/WHO认定的导致人类食物过敏的八大类食品之一，也是美国及欧盟新食品标签法中规定必须标示的过敏原成分之一。牛乳过敏是婴儿最常见的食物过敏之一，在欧美发达国家，婴儿牛乳过敏发生率为2%~7.5%。50%牛乳过敏婴儿可能对其他食物也产生过敏。牛乳过敏是由乳及乳制品中蛋白过敏原所引发的一种变态反应。绝大多数牛乳蛋白都具有潜在的致敏性，但目前普遍认为酪蛋白、α-乳白蛋白和β-乳球蛋白是主要的过敏原，而牛乳中的微量蛋白（牛血清白蛋白、免疫球蛋白、乳铁蛋白）在过敏反应中也起着非常重要的作用。

海产食品过敏反应经常发生在沿海人群中，以前我们只知道引起过敏的海产种类如虾、贝类和一些鱼类。现有研究发现主要海产品过敏原为热稳定性糖蛋白，且各种甲壳类动物过敏原具有高度交叉反应性。

③转基因食品过敏原：转基因食品的安全性问题中，其致敏性是一个突出的

问题。转基因食品中含有新基因所表达的新蛋白，有些可能是致敏原，有些蛋白质在胃肠内消化后的片断也可能有致敏性，它们是新的致敏原。美国曾把巴西坚果中的基因引入花生，这种转基因花生引起了食用者过敏，于是停止了该项目的研发。另据报道，转基因 *Bt* 玉米是利用遗传工程技术在玉米基因中插入 *Bt* 蛋白（一种苏云金杆菌杀虫毒素）基因，*Bt* 蛋白一般对人体无毒，但对害虫有毒，由于有些 *Bt* 蛋白耐热和不能消化，就有可能成为食物过敏原。

（3）控制措施

①避免疗法：不摄入含致敏物质的食物是预防食物变态反应的最有效方法。当经过临床诊断或根据病史已经明确过敏原后，应当完全避免再次摄入此种过敏原食物。如对牛乳过敏，就应该避免食用含牛乳的一切食物，如添加了牛乳成分的雪糕、冰淇淋、蛋糕等。

②对食品进行加工：通过对食品进行深加工，可以去除、破坏或者减少食物中过敏原的含量，一旦去除了引起食物变态反应的过敏原，那么这种食物对于易感者来说就是安全的了。如可以通过加热的方法破坏生食品中的过敏原，也可以通过添加某种成分改善食品的理化性质、物质成分，从而达到去除过敏原的目的。在这方面，大家最容易理解，也最常见的就是酸奶。牛乳中加入乳酸菌，分解了其中的乳糖，从而使对乳糖过敏的人不再是禁忌。

③替代疗法：简单地说就是不吃含有过敏原的食物，而选用不含过敏原的食物代替。如对牛乳过敏的人可以用豆浆代替等。

④脱敏疗法：脱敏疗法主要就是针对某些易感人群来说，营养价值高、想经常食用或需要经常食用的食品可以采用脱敏疗法。

5. 农药残留

根据 GB 2763—2021《食品安全国家标准　食品中农药最大残留限量》规定，农药残留指由于使用农药而在食品、农产品和动物饲料中出现的任何特定物质，包括被认为具有毒理学意义的农药衍生物，如农药转化物、代谢物、反应产物及杂质等。残存数量称为残留量，表示单位为 mg/kg 食品或农作物。当农药过量或长期施用，导致食物中农药残存数量超过最大残留限量（MRL）时，将对人和动物产生不良影响，或通过食物链对生态系统中其他生物造成毒害。

（1）农药残留种类　我国是世界上农药生产和消费大国，目前主要的农药残留种类如下。

①有机氯农药残留：有机氯农药具有高度的物理、化学生物学稳定性，在自然界不易降解，具有广谱、高效、残效长、价廉、急性毒性小等特点。有机氯农药易在体内蓄积，由于该农药有高度的选择性，多贮存在脂肪组织或含脂肪多的部位。

有机氯农药于 1983 年即已停止生产和使用，但对食品污染与残留极普遍，而且一般有机氯农药残留规律是动物性食品远高于植物性食品，植物性食品残留的顺序为植物油大于蔬菜、水果。植物性食品的六六六和滴滴涕残留量与施药量有直接的关系，而动物性食品其农药残留来源于饲料和环境。

食品中残留的有机氯农药不会因贮藏、加工、烹调而减少，因此长期摄入含高残留量的有机氯农药，可使体内农药蓄积量增加而产生毒性作用。部分有机氯农药的半数致死量见表 2-1。

表 2-1　　部分有机氯农药对大鼠经口的半数致死量　　单位：mg/kg 体重

杀虫剂	半数致死量	杀虫剂	半数致死量
DDT	500~2500	五氯酚钠	78
艾氏剂	25~95	毒杀芬	60~69
狄氏剂	24~98	工业品六六六	600
氯丹	150~700	七氯	100~163

有机氯农药属低毒和中等毒性，主要是对神经系统和肝、肾的损伤，当人体摄入量达到 10mg/kg 体重时即可出现中毒症状。中毒者中枢神经应激性显著增加，可引起头晕、恶心、肌肉震颤等症状。严重者可造成心肌损伤、肝脏、肾脏和神经细胞的变形，常伴有不同程度的贫血、白细胞增多、淋巴细胞减少等病变，有些中毒者可出现昏迷、发热甚至呼吸衰竭而死亡。长期低剂量摄入有机氯农药，也可导致慢性中毒。有机氯还可通过胎盘屏障进入胎儿体内。

②有机磷农药残留：有机磷农药是我国使用最主要的一类农药。

由于有机磷农药在农业生产中的广泛应用，导致食品发生了不同程度的污染，粮谷、薯类、蔬果类均可发生此类农药残留。一般残留时间较短，在根类、块茎类作物中相对比叶菜类、豆类作物中残留时间要长。

有机磷农药的生产和应用也经历了由高效高毒型（如对硫磷、甲胺磷、内吸磷等）转变为高效低毒低残留品种（如乐果、敌百虫、马拉硫磷等）的发展过程。这类农药化学性质不稳定，分解快，在作物中残留时间短。有机磷农药污染的食品主要是在植物性食物，尤其含有芳香物质的植物，如水果、蔬菜最易吸收有机磷，而且残留量也高。有机磷农药的毒性随种类不同而有所差异。部分有机磷农药的半数致死量见表 2-2。

表 2-2　　部分有机磷农药对鼠经口的半数致死量　　单位：mg/kg 体重

名称	半数致死量（小鼠）	半数致死量（大鼠）	名称	半数致死量（小鼠）	半数致死量（大鼠）
对硫磷	5.0~10.4		倍硫磷	74~180	190~375
甲拌磷	2.0~3.0	1.0~4.0	敌百虫	400~600	450~500
二嗪磷	18~60	86~270	辛硫磷		1845~2170

续表

名称	半数致死量（小鼠）	半数致死量（大鼠）	名称	半数致死量（小鼠）	半数致死量（大鼠）
敌敌畏	50~92	450~630	马拉硫磷	1190~1582	1634~1751
杀螟松	700~900	870	久效磷		8~23
乐果	126~135	185~245	磷胺		17~30

有机磷酸酯属于神经毒剂，可竞争性抑制乙酰胆碱酯酶的活性，导致神经传导抵制递质乙酰胆碱的累积，从而引起中枢神经中毒，表现出一系列的中毒症状，如流涎、流汗、流泪、恶心、呕吐、腹痛、腹泻、心动过缓、瞳孔缩小等。严重者可出现呼吸麻痹，支气管平滑肌痉挛甚至窒息死亡。

有些中毒者可出现迟发型神经病。较重者肢体远端出现肌萎缩，少数可发展为痉挛性麻痹，病程可持续多年。

③氨基甲酸酯类农药残留：用于农业上的这类农药包括 *N*-烷基化合物和 *N*-芳香基化合物，前者用作杀虫剂，后者用做除草剂。氨基甲酸酯类农药具有高效、低毒、低残留、选择性强等优点。这类农药被微生物分解后产生的氨基酸和脂肪酸，还可作为土壤微生物的营养来源，促进微生物的繁殖，同时还可提高水稻蛋白质和脂肪的含量，改善大米品质。

氨基甲酸酯类农药虽然克服了有机氯农药的高残留和有机磷农药的耐药性的缺点，但在农业生产中实施后，仍可污染食品而导致农药残留。氨基甲酸酯类在作物上的残留时间一般为 4d，在动物肌肉和脂肪中的明显蓄积时间约为 7d。

氨基甲酸酯类农药可对人体产生急性毒性和慢性毒性。发生急性中毒时，可出现流泪、颤动、瞳孔缩小等胆碱酯酶抑制症状。其慢性毒性具有致畸、致突变、致癌作用，但还有待进一步研究证实。氨基甲酸酯农药具有氨基，在环境中或动物胃内酸性条件下与亚硝酸盐反应易生成亚硝基化合物，具有致癌作用。

④拟除虫菊酯类农药：拟除虫菊酯类农药是近年发展较快的一类农药。主要使用的有氰戊菊酯、溴氰菊酯、氢氰菊酯、杀灭菊酯（速灭杀丁）、苄菊酯（敌杀死）和甲醚菊酯等。菊酯类农药是我国替代有机氯农药的主要农药之一，特别是在作物上降解快、残留浓度低，在番茄上氰戊菊酯半衰期为 2~3d，但对多次性采收的蔬菜，尽管半衰期短，仍有严重污染的危险，应该遵守农药安全使用准则，应在安全间隔期采摘、合理使用。

拟除虫菊酯类农药的杀虫原理是作用于神经膜，可改变神经膜的通透性，干扰神经传导而产生中毒，是一种神经毒剂。因其用量低，一般对人的毒性不强。人的急性中毒多因误食或在农药生产和使用中接触所致。对拟除虫菊酯类农药是否具有致突变作用，曾经进行过 Ames 试验、小鼠骨髓细胞微核试验、染色体畸变分析、显性致死突变试验和精子畸形等试验，但是结果不很一致。但是曾有动物实验表明，大剂量溴氰菊酯饲喂动物，有诱变性和胚胎毒性，而且体外实验中，溴氰菊酯可以在大鼠肝线粒体诱发脂质过氧化，对小鼠脑组织脂质过氧化也有促进作用等。

农药污染食品的途径主要有如下几种。

a. 直接污染食用作物。如对蔬菜直接喷洒农药，其污染程度主要取决于农药性质、剂型、施用方法、施药浓度、施药时间、施药次数、气象条件、农作物品种等。

b. 通过灌溉用水污染水源造成对水产品的污染，如污染鱼、虾等。

c. 通过土壤中沉积的农药造成对食用作物的污染。对农作物施用农药后，大量农药进入空气、水和土壤中，成为环境污染物。而这些环境中残存的农药又会被作物吸收、富集，而造成食品污染。

d. 通过食物链污染食品。农药残留被一些生物摄取或通过其他方式吸入后累积于体内，造成农药的高浓度贮存，经过食物链生物富集作用后，若食用该类生物性食品，可使进入人体的农药残留量上千倍甚至上万倍地增加，从而严重影响人体健康。一般在肉、乳品中含有的残留农药主要是畜禽摄入被农药污染的饲料，造成体内蓄积，尤其在动物的脂肪、肝、肾等组织中残留量较高。动物体内的农药有些可随乳汁进入人体，有些则可以转移至蛋中，产生富集作用。鱼虾等水生动物摄入水中污染的农药后，通过生物富集和食物链可使体内农药的残留浓集至数百至数万倍。

e. 意外事故造成的食品污染。运输及贮运过程中由于和农药混放，可造成食品污染。尤其是运输过程中包装不严或农药容器破损，会导致运输工具污染，这些被农药污染的运输工具未经彻底清洗，又用于装运粮食其他食品，从而造成食品污染。另外，事故引发的农药泄漏也会对环境造成严重污染。如印度博帕尔毒气灾害就是美资联合炭化公司一化工厂泄漏农药中间体硫氰酸酯引起的。

食品中大多数残留农药进入机体后，可引起食用者急性中毒，如摄入过量的有机磷酸酯类和氨基甲酸酯类农药后，能迅速抑制胆碱酯酶而阻断胆碱能传递，引起一系列神经症状。一部分有机磷农药能对人产生迟发型神经毒性，中毒者常常在急性中毒后 7~20d 出现肢体麻痹和运动失调，神经障碍等症状。

长期或大剂量摄入农药残留的食品后，还可能对食用者产生遗传毒性、生殖毒性、致畸和致癌作用。

（2）食品农药残留控制措施　目前控制食品中农药残留的措施主要有以下两种：

① 严格执行有关农药法规，加强对食品原料的生产与管理：2017 年国务院发布的《农药管理条例》规定，强调对农药的经营和管理，做好农药的登记、安全生产和监督，对于未取得农药登记和农药生产许可证的农药一律不得生产、销售和使用。严格按照 GB/T 8321 系列标准在农作物生产、贮运、销售等过程中合理施用农药，对主要作物和常用农药严格按规定使用量和稀释倍数，最多使用次数和间隔期，最后一次距收获期的天数，以保证食品中农药残留不致超标。

②合理饮食：对国民加强科普知识的宣传教育，注意饮食安全和卫生，在食用食物前应充分洗涤、削皮、烹饪、加热等处理。据试验，粮食中的六六六经加热处理可减少34%~56%，滴滴涕可下降13%~49%。各类食品经加热处理（94~98℃）后，六六六的平均去除率为40.9%，滴滴涕为30.7%。有机磷农药在碱性条件下更易消除。

案例

2024年4月16日，新疆维吾尔自治区市场监督管理局发布最新一期食品安全监督抽检信息通告，检出19批次不合格食品，其中，6批次食用农产品检出农药残留超标问题。

抽检信息显示，不合格食品分别为焉耆县某蔬菜配送中心销售的芹菜，噻虫胺检出值0.059mg/kg，不符合食品安全国家标准规定的限量0.04mg/kg；经营地址为新疆乌鲁木齐市的某百鲜果果蔬商行销售的韭菜，毒死蜱检出值0.086mg/kg，不符合食品安全国家标准规定的限量0.02mg/kg；某水果蔬菜店销售的辣椒，噻虫胺检出值0.25mg/kg，不符合食品安全国家标准规定的限量0.05mg/kg；库车市某水果店销售的姜，噻虫胺检出值0.67mg/kg，不符合食品安全国家标准规定的限量0.2mg/kg；经营地址为新疆乌鲁木齐市的某蔬菜副食品直销点销售的橘子，三唑磷检出值0.52mg/kg，不符合食品安全国家标准规定的限量0.2mg/kg；伊宁市某百货超市销售的香蕉，吡虫啉检出值0.13mg/kg，不符合食品安全国家标准规定的限量0.05mg/kg。

6. 兽药残留(食品中常见的农药残留及其毒性、控制措施)

根据GB 31650—2019《食品安全国家标准　兽药最大残留限量》规定，兽药残留指食品动物用药后，动物产品的任何可食用部分中所有与药物有关的物质的残留，包括药物原形或/和其代谢产物。这表明，兽药残留既包括原药，也包括药物在动物体内的代谢产物，以及药物或其代谢产物与内源大分子结合产物，统称为残留。兽药残留主要来自动物性食品原料，特别是存在于肉制品、乳类品和鱼类食品。为预防和治疗家畜家禽、水产养殖鱼等疾病而大量投入抗生素，如磺胺类药物、呋喃类药物以及激素制剂、驱虫药等，造成药物残留于动物组织中。

（1）抗生素药物残留　抗生素类多为天然发酵产物，如青霉素类、氨基糖苷类、大环内酯类、四环素类等，是临床应用最多的一类抗菌药物，广泛应用于治疗人和动物的多种细菌性感染。

由于抗生素应用广泛，用量也越来越大，不可避免会存在残留问题。有些国家动物性食品中抗生率的残留比较严重，如美国曾检出12%肉牛、58%犊牛、23%猪、20%禽肉有抗生素残留；日本曾有60%的牛和93%的猪被检出有抗生素残留。

若给予动物大于推荐剂量的抗生素或长期小剂量的抗生素，则需要延长休药期。因而在药物从动物体内完全排出之前，动物性食品中可能会含有超过限量的药物残留，存在一定的安全问题。

首先，青霉素类是最容易引发超敏反应的一类抗生素。此外四环素、链霉素等抗生素有时也能引发超敏反应。轻者表现为接触性皮炎和皮肤反应，严重者可表现为致死性过敏性休克。

其次，经常使用低剂量的抗生素残留的食品可使细菌产生耐药性。动物在反复摄入某一种抗菌药物后，体内将有一部分敏感菌株逐渐产生耐药性，形成耐药菌株，这些耐药菌株可通过动物性食品进入人体，当人发生某些感染性疾病时，就会给临床治疗带来一定的困难。

再次，长期摄入氨基苷类抗生素残留严重超标的动物性食品，还会损伤肾脏近曲小管上皮细胞，出现蛋白尿、管型尿、血尿甚至无尿，导致肾功能失调。

最后，当长期摄入抗生素残留严重超标的动物性食品后，敏感菌株受到抑制，而不敏感菌株，在体内可大量繁殖生长，导致二次感染。同时，某些能够合成人体所需要的 B 族维生素和维生素 K 的有益菌群被破坏，可引起长期腹泻或维生素缺乏症。

（2）磺胺类药残留　磺胺类药物是一类具有广谱抗菌活性的化学药物，广泛应用于人和动物的多细菌性疾病。磺胺类药物主要作为临床治疗用药，常在短期内使用。常用的磺胺类药物有磺胺嘧啶、磺胺二甲嘧啶、磺胺异恶唑（菌得清）、磺胺甲基异恶唑（新诺明）等，磺胺类药物常和一些磺胺增效剂合用，增效剂多属苄氨嘧啶化合物，国内外广泛使用的有三甲氧苄氨嘧啶（TMP）、二甲氧苄氨嘧啶（DVD）和二甲氧甲基苄氨嘧啶（OMP）。由于增效剂常和磺胺类药合并使用，因此它们的残留情况也就发生变化。磺胺类药物可在肉、蛋、乳中残留。因为其能被迅速吸收，所以在 24h 内均能检查出肉中兽药残留。磺胺类药物残留主要发生在猪肉中，其次是小牛肉和禽肉中残留。磺胺类药物大部分以原形态自机体排出，且在自然环境中不易被生物降解，从而容易导致再污染，引起兽药残留超标的现象。

近年来，磺胺类药物在动物性食品中的残留超标现象是所有兽药中最严重的，长期摄入含有磺胺类药物残留的动物性食品后，药物可不断在体内积蓄。磺胺类药物主要以原形及乙酰磺胺的形式经肾脏排出，在尿中浓度较高，其溶解度较低，尤其当尿液偏酸性时，可在肾盂、输尿管或膀胱内析出结晶，产生刺激和阻塞，造成泌尿系统损伤。引起结晶尿、血尿、管型尿、尿痛、尿少甚至尿闭。

经常食用含有低剂量磺胺类药物的食品能使易感的个体出现超敏反应，出现皮疹、光敏性皮炎、药热等，个别严重者可发生剥脱性皮炎结节性多发性动脉炎，还可抑制骨髓出现白细胞减少症、血小板减少症、再生障碍性贫血、溶血性贫血。

（3）呋喃类药物　呋喃类药物具有抗菌谱广、抑菌和杀菌作用，不受脓液和组织分解产物的影响，不易产生耐药性，口服吸收迅速，与磺胺类药物和抗生素类药物无交叉耐药性，在兽医临床上广泛使用。由于常用的呋喃类药物如呋喃西林，由于外用时很少被人体吸收，呋喃唑酮内服时极少吸收以及呋喃妥因吸收后排泄迅速，因此，一般常用呋喃类药物在组织中的残留问题也就不显得那么重要。由于呋喃西林毒性太大，所以通常被禁止内服。

通过食物摄入超量呋喃类药物残留后，对人体造成的危害主要是胃肠道反应和超敏反应。剂量过大或肾功能不全者可以起严重的毒性反应，主要表现为周围神经炎、药热、嗜酸性粒细胞增多、溶血性贫血。长期摄入不当可引起不可逆性神经损伤，如感觉异常、疼痛及运动障碍等。

（4）激素类药物　在畜牧生产中使用激素主要是用来防治疾病、调整繁殖和加快生长发育速度。使用于动物的激素类药物有性激素和皮质激素。

正常情况下，动物性食品中天然存在的性激素含量是很低的，当人食入后经胃肠道的消化作用后大部分已丧失活性，因而不会干扰到人的激素代谢和生理功能。如在畜牧生产中不适当地大量使用人工合成的性激素，通过摄入性激素残留的动物性食品，可能会影响人的正常生理功能，并具有一定的致癌性。可能导致儿童性早熟、儿童发育异常、儿童异性趋向、肿瘤等。

兽药进入动物体的途径主要有如下几种：

①预防和治疗畜禽疾病的用药：各类用于治疗或预防疾病的用药主要通过口服、注射、局部用药等途径进入动物体内，从而残留于动物体内，导致动物性食品污染；

②饲料添加剂或动物保健品的使用：主要用于提高动物的繁殖和生产性能，预防某些疾病。经常是长期的、小剂量的方式拌入饲料或饮水中，从而造成动物性食品中的兽药残留；

③动物性食品加工、保鲜贮存过程中加入的兽药：为了抑制微生物生长和繁殖，结果造成不同程度的药物残留。

含兽药残留的食品进入人体后，残留兽药可以在体内蓄积，当浓度达到一定量时，可能产生毒副反应，其表现为中毒现象，如磺胺类药引起的肾损伤、过敏反应和变态反应；又如青霉素引起的过敏、细菌耐药性以及肠道菌群失调等。有的还可能引起致畸、致突变、致癌作用等，所以必须控制兽药的残留量。具体措施如下：

严格合理使用药物，包括合理配制用药；

严格规定和执行兽用休药期，执行动物性食品用药的最大残留限量；

加强监督，强化检测，特别动物食品检验部门、监督检查部门密切配合加强对饲料、动物食品的药物残留检测，加强流通领域的监控，建立和完善分析系统，保证动物性食品的质量，让广大消费者吃上放心肉。

案例

4月18日，安徽省市场监督管理局发布2024年食品安全抽检信息通告，检出不合格食品11批次，其中有2批次食品检出兽药残留问题：分别为铜陵市某超市销售的鲫鱼，地西泮检出值32.4μg/kg，不符合食品安全国家标准规定的该食品品类中不得检出；阜阳市某农贸市场销售的鲈鱼（活），恩诺沙星检出值189μg/kg，不符合食品安全国家标准规定的限量100μg/kg。

地西泮又名安定，为镇静剂类药物，主要用于抗焦虑、镇静、催眠。GB 31650—2019《食品安全国家标准　食品中兽药最大残留限量》规定，地西泮为允许作治疗用兽药，但在动物性食品中不得检出。地西泮可以降低新鲜活鱼对外界的感知能力，降低新陈代谢，保证其经过运输后仍然鲜活。鱼类中检出地西泮，可能为不法商家为使水产品保持鲜活、降低死亡率，违规在水中使用地西泮导致。

恩诺沙星属第三代喹诺酮类药物，是一类人工合成的广谱抗菌药，用于治疗动物的皮肤感染、呼吸道感染等，是动物专属用药。根据GB 31650—2019《食品安全国家标准　食品中兽药最大残留限量》规定，恩诺沙星与环丙沙星之和作为恩诺沙星的残留标志物，最大残留限量为100μg/kg。动物源性食品中恩诺沙星超标的原因，可能是在养殖过程中为快速控制疫病，养殖户违规加大用药量或不遵守休药期规定，致使产品上市销售时药物残留超标。

（三）食品加工过程的化学性污染物

1. 食品加工过程中形成的有害化学物

（1）杂环胺类　20世纪70年代末，人们发现从烤鱼或烤牛肉炭化表层中提取的化合物具有致突变性。而且其致突变活性比苯并[a]芘强烈。随后在鱼和肉制品以及其他含氨基酸和蛋白质的食品中也发现类似的致突变性物质。经过20多年的研究证明，这类致突变物质主要是复杂的杂环胺类化合物，如咪唑、喹啉、甲基咪唑喹啉等。因为杂环胺类具有较强的致突变性，而且大多数已被证明可诱发实验动物多种组织肿瘤。

模拟试验发现，肉类在油煎之前分别添加氨基酸和肌酸，其杂环胺产量均比对照高许多倍，但添加氨基酸者对致突变有很大的影响，而添加肌酸者与对照没有差别，不影响致突变。另外，经检测发现许多高蛋白低肌酸的食品如动物内脏、牛乳、奶酪和豆制品等产生的杂环胺远低于含有肌肉的食品。

美拉德反应除能产生诱人的焦黄色和独特风味外，还可形成许多杂环化合物。从美拉德反应中得到的混合物，表现为许多不同的化学和生物特性，其中，有促氧化物和抗氧化物、致突变物和致癌物以及抗突变物和抗致癌物。

在食品加工过程中，加工方法、加热温度和时间对杂环胺形成影响很大。试验显示，煎、炸、烤产生的杂环胺多，而水煮则不产生或产生很少；油煎猪肉时将温度从200℃提高到300℃，致突变性可增加约5倍；肉类在200℃油煎时，杂环胺产量在最初的5min就已很高，但随着烹调时间延长，肉中的杂环胺含量有下降的趋势，这可能是部分前体物和形成的杂环胺随肉中的脂肪和水分迁移到锅底残留物中的缘故。

Ames试验结果显示，杂环胺对鼠伤寒沙门菌DNA的CG碱基序列点的改变具有很高的亲和性。同时杂环胺对哺乳类动物细胞也具有显著的遗传毒性作用，表现为诱发基因突变、染色体畸变、姐妹染色单体交换、DNA链断裂和程序外DNA合成等。动物试验表明，大多数杂环胺可在体外和动物体内与DNA共价结合形成杂环胺-DNA加合物，可见这类化合物是高度潜在的致突变物质。DNA加合物的形成在肝脏中含量最高，其次为肠、肾脏和肺脏。

在大剂量时，杂环胺对动物具有致癌性。大多数杂环胺主要在肝脏中代谢转化，因此它们在肝脏中的含量最高，其致癌的主要靶器官也是肝脏，同时还可诱发其他组织器官的肿瘤。另外，一些其他致癌物、促癌物和细胞增生诱导剂还可能会大大增强杂环胺的致癌性。

控制食品中杂环胺产生的措施主要有如下四种：一是改进加工方法，避免明火接触食品，采用微波加工可有效减少杂环胺的产生量；二是尽量避免高温、长时间烧烤或油炸鱼和肉类；三是不食用烧焦、炭化的食品，或者将烧焦部分去除后食用；四是烹调肉和鱼类食品时，添加适量抗坏血酸、抗氧化剂、大豆蛋白、膳食纤维、维生素E及黄酮类物质等，可减少杂环胺的形成。

（2）丙烯酰胺　丙烯酰胺是一种白色晶体化学物质，是生产聚丙烯酰胺的原料。聚丙烯酰胺主要用于水的净化处理、纸浆的加工及管道的内涂层等。淀粉类食品在高温（高于120℃）烹调下容易产生丙烯酰胺。研究表明，人体可通过消化道、呼吸道、皮肤黏膜等多种途径接触丙烯酰胺，饮水是其中的一条重要接触途径。2002年4月瑞典国家食品管理局和斯德哥尔摩大学研究人员率先报道，在一些油炸和烧烤的淀粉类食品，如炸薯条、炸薯片等中检出丙烯酰胺，而且含量超过饮水中允许最大限量的500多倍。之后挪威、英国、瑞士和美国等国家也相继报道了类似结果。

科学家的研究结果表明，丙烯酰胺的形成与加工烹调方式、温度、时间、水分等有关。因此不同食品加工方式和加工条件，其形成丙烯酰胺的量有很大差异，即使不同批次生产出的相同食品，其丙烯酰胺含量也存在差别。在食品中由于有葡萄糖等还原糖与天冬酰胺等游离氨基酸以及其他小分子物质的存在，在100℃以上时丙烯酰胺开始生成，在175℃左右丙烯酰胺的生成量最大，而在185℃时丙烯酰胺含量开始减少，这也表明丙烯酰胺最适宜生成的温度区域为120~175℃。食物在水中煮沸时最高温度不会超过100℃，这时很少形成丙烯酰胺，或无丙烯酰胺形成。烘烤、油炸食品在最后阶段水分减少、表面温度升高后，其丙烯酰胺形成量更高。

根据近年对动物进行的试验，丙烯酰胺被认为是一种致癌物质，并能引起神经损伤，具有中等毒性。常人每天允许的最大暴露量不超过0.05g/kg体重，鼠一次经口LD_{50}为150~180mg/kg体重。皮肤接触可致中毒，症状为红斑、脱皮、眩晕、运动功能失调、四肢无力等。在食品中检测出丙烯酰胺之前，饮水和吸烟是人们已知的获取丙烯酰胺的主要途径。世界卫生组织和欧盟曾分别规定饮水中丙烯酰胺限量值为0.5g/L和0.1g/L，该数据可为食品中丙烯酰胺危险度评价提供参考。

丙烯酰胺引起的神经毒性作用主要为周围神经退行性变化和脑中涉及学习、记忆和其他认知功能部位的退行性变化；生殖毒性作用表现为雄性大鼠精子数目和活力下降且形态发生改变和生育能力下降。

丙烯酰胺在体内和体外试验均表现有致突变作用，可引起哺乳动物体细胞和生殖细胞的基因突变和染色体异常，如微核形成、姐妹染色单体交换、多倍体、非整倍体和其他有丝分裂异常等，显性致死试验结果呈阳性，并证明丙烯酰胺的代谢产物环氧丙酰胺是其主要致突变活性物质。

动物试验研究发现，丙烯酰胺可致大鼠多种器官肿瘤，包括乳腺、甲状腺、睾丸、肾上腺、中枢神经、口腔、子宫、脑垂体等。国际癌症研究机构1994年对其致癌性进行了评价，将丙烯酰胺列为Ⅱ类致癌物（ⅡA）即人类可能致癌物，其主要依据为丙烯酰胺在动物和人体均可代谢转化为其致癌活性代谢产物环氧丙酰胺。

由于煎炸食品是我国居民重要的食物烹饪方式，为减少丙烯酰胺对健康的危害，我国应加强膳食中丙烯酰胺的监测与控制，开展我国人群丙烯酰胺的暴露评估，并研究减少加工食品中丙烯酰胺形成的可能方法。主要是尽量避免过度烹饪食品（如温度过高或加热时间太长），但应保证做熟，以确保杀灭食品中的微生物，避免导致食源性疾病。提倡平衡膳食，减少油炸和高脂肪食品的摄入，多吃水果和蔬菜。建议食品生产加工企业，改进食品加工工艺和条件，研究减少食品中丙烯酰胺的可能途径，探讨优化我国工业生产、家庭食品制作中食品配料、加工烹饪条件，探索降低乃至可能消除食品中丙烯酰胺的方法。

（3）反式脂肪酸　食用油脂多是三酰甘油，它由一份甘油与三份脂肪酸酯化而成。根据脂肪酸碳键上的单双键结构，可分为饱和脂肪酸和不饱和脂肪酸两类。与饱和脂肪酸单键的碳链结合不同，在以双键结合的不饱和脂肪酸中，从其分子结构上可能会出现不同的几何异构体，若脂肪酸均在双键的一侧为顺式，而在双键的不同位置为反式。

在天然的油脂中很少有反式脂肪酸存在。然而，许多加工油脂产品，为了改善油脂物理性质，如熔点、质地、加工性及稳定性，常将植物油脂或动物油脂及鱼油予以部分氢化加工，即在不饱和脂肪酸的双键位加入氢离子，使液态油中不饱和双键变为固态油脂的单键结构（该工艺也可称为硬化），则会异构化产生反式不饱和脂肪酸（一般10%~12%），氢化油脂变为固态或半固态状，熔点上升，以供制造人造奶油及起酥油和炸油。此外，油脂在精炼脱臭工艺中，由于高温及长时间加热操作，也有可能产生一定量反式脂肪酸。

反式脂肪酸出现在很多人们常吃的食物中，从快餐店到超市，从炸薯条、炸鸡、冰淇淋到奶油蛋糕、蛋黄派、饼干、咖啡伴侣，随处可见反式脂肪酸的影子。如果一种食品标示使用人工黄油（奶油）、转化脂肪、人造脂肪、氢化油、氢化棕榈油、起酥油、植物酥油等，那么这种食品就含有反式脂肪酸。我国台湾地区对市场上快餐业所使用的25种烹饪油检验发现，其19个样品中或多或少都含有反式脂肪酸，范围在0.8%~33.9%，以人造奶油、起酥油所含的反式脂肪酸较多。这一调查结果与欧美等国家的调查数据（0.2%~60%）相比，差异不大。欧洲8个国家联合开展的多项有关反式脂肪酸危害的研究显示，对于心血管疾病的发生发展，反式脂肪酸有着极大的关联。它导致心血管疾病的概率是饱和脂肪酸的3~5倍，甚至还会损害人的认知功能。此外，反式脂肪酸还会诱发肿瘤如乳腺癌等、哮喘、2型糖尿病、过敏等疾病，对胎儿体重、青少年发育也有不利影响。

反式脂肪酸会增加人体血液的黏稠度和凝聚力，容易导致血栓的形成，对于血管壁脆弱的老年人来说，危害尤为严重。

反式脂肪酸会减少男性激素的分泌，对精子的活跃性产生负面影响，中断精子在身体内的反应过程。怀孕期或哺乳期的妇女，过多摄入含有反式脂肪酸的食物会影响胎儿的健康。研究发现，胎儿或婴儿可以通过胎盘或乳汁被动摄入反式脂肪酸，他们比成人更容易患上必需脂肪酸缺乏症，影响胎儿和婴儿的生长发育。除此之外还会影响生长发育期的青少年对必需脂肪酸的吸收。反式脂肪酸还会对青少年中枢神经系统的生长发育造成不良影响。当反式脂肪酸结合于脑脂质中时，将会对婴幼儿的大脑发育和神经系统发育产生不利影响。

研究认为，青壮年时期饮食习惯不好的人，老年时患阿尔兹海默病（老年痴呆症）的比例更大。反式脂肪酸对可以促进人类记忆力的一种胆固醇具有抵制作用。

反式脂肪酸不容易被人体消化，容易在腹部积累，导致肥胖。喜欢吃薯条等零食的人应提高警惕，油炸食品中的反式脂肪酸会造成明显的脂肪堆积。

欧美国家纷纷对人造脂肪进行立法限制。在欧洲，从2003年6月1日起，丹麦市场上任何人造脂肪含量超过2%的油脂都被禁，丹麦因此成为世界上第一个对人造脂肪设立法规的国家。此后，荷兰、瑞典、德国等国家也先后制定了食品中人造脂肪的限量，同时要求食品厂商将人造脂肪的含量添加到食品标签上。美国食品与药物管理局也规定，从2006年起，所有食品标签上的“营养成分”一栏中，都要加上人造脂肪的含量，同时提醒人们，要尽可能少地摄入人造脂肪。因此在日常饮食中应当适量控制烹调中氢化植物油的用量，不宜过多食用含氢化植物油的加工食品，如威化饼干、奶油面包、派、夹心饼干等食物。

2. 食品添加剂

根据 GB 2760—2024《食品安全国家标准 食品添加剂使用标准》规定，食品添加剂是指改善食品品质和色、香、味，以及为防腐、保鲜和加工工艺的需要而加入食品中的人工合成或者天然物质。食品用香料、胶基糖果中基础剂物质、食品工业用加工助剂也包括在内。

随着食品工业的发展，食品添加剂也成为加工食品不可或缺的原料之一，它对改善食品质量、提升食品档次和营养价值发挥着积极作用。在食品生产加工过程中，正确、科学和合理地使用食品添加剂，不仅使食品在色、香、味、形和质等方面丰富多彩，而且在提高食欲、改善营养等方面有很大的作用，同时添加剂还能够抑制微生物的滋生，防止食品腐败变质和延长保质期等。食品添加剂在食品工业加工过程中是其他物质无法替代的，是食品工业现代化的重要标志。

（1）安全评价分类 FAO/WHO 下设的食品添加剂联合专家委员会（JECFA）为了加强对食品添加剂安全性的审查与管理，制定出它们的人体每日允许摄入量（ADI），并向各国政府建议。该委员会建议把食品添加剂分为四大类，即第一类至第四类。

第一类为安全使用的添加剂：该类一般认为是安全的添加剂，可以按正常需要使用，不必制定 ADI。

第二类为 A 类：该类是 JECFA 已经制定 ADI 和暂定 ADI 的添加剂，它又分为 A1、A2 两类。

A1 类为经过 JECFA 评价认为毒理学资料清楚，已经制定出 ADI 或认为毒性有限，无需规定 ADI 者。

A2 类为 JECFA 已经制定暂定 ADI，但毒理学资料不够完善，暂时许可用于食品者。

第三类为 B 类：该类是 JECFA 曾经进行过安全评价，但毒理学资料不足，未建立 ADI，或者未进行过安全评价者，它又分为 B1、B2 两类。

B1 类为 JECFA 曾进行过安全评价，因毒理学资料不足，未制定 ADI 者。

B2 类为 JECFA 未进行过安全评价者。

第四类为 C 类：该类是 JECFA 进行过安全评价，根据毒理学资料认为应该禁止使用的食品添加剂或应该严格限制使用的食品添加剂，它又分为 C1、C2 两类。

C1 类为 JECFA 根据毒理学资料认为，在食品中应该禁止使用的食品添加剂。

C2 类为 JECFA 认为应该严格限制，作为某种特殊用途使用的食品添加剂。

由于毒理学、分析技术以及食品安全性评价的不断发展，某些原来经 JECFA 评价认为是安全的品种，经过再次评价后，安全评价结果有可能发生变化，如糖精，原来曾经被划分为 A1 类，后经大鼠试验可致癌，经过 JECFA 评价后已暂定其 ADI，为 0~2. 5mg/kg 体重。因此，对于食品添加剂的安全性问题应该及时注意新的发展和变化。

（2）食品添加剂的安全性

①防腐剂：根据 GB 2760—2024《食品安全国家标准　食品添加剂使用标准》规定，防腐剂指防止食品腐败变质、延长食品储存期的物质。我国许可使用的品种有苯甲酸、苯甲酸钠、山梨酸、山梨酸钾、丙酸钠、丙酸钙等。

苯甲酸、苯甲酸钠：别名安息香酸与安息香酸钠。苯甲酸有一定的毒性，主要认为它在生物转化过程中，与甘氨酸结合形成马尿酸或与葡萄糖醛酸结合形成葡萄糖苷酸，并随尿排出体外。目前也有苯甲酸引起叠加中毒的报道，因此在使用上仍有争议，应用范围较窄。苯甲酸钠的急性毒性较小，动物的最大无作用剂量（MNL）为 500mg/kg 体重。但在人体胃肠道的酸性环境下可转化为毒性较强的苯甲酸。1996 年 FAO/WHO 限定苯甲酸及其盐总量以苯甲酸计，ADI 值为 0～5mg/kg 体重。日本在进口食品中对苯甲酸和苯甲酸钠有限制，甚至在部分食品中禁止使用。本品价格低廉，在我国仍作为主要防腐剂使用。

山梨酸与山梨酸钾：山梨酸又名花楸酸，是一种直链不饱和脂肪酸，可参与体内正常代谢，并被同化而产生 CO_2 和水，几乎对人体没有毒性。动物实验表明即使长时间大剂量地摄入山梨酸，也不会出现明显的异常。其慢性毒性作用可忽略不计。山梨酸钾比苯甲酸钾毒性小。

②抗氧化剂：根据 GB 2760—2024《食品安全国家标准　食品添加剂使用标准》规定，抗氧化剂指能防止或延缓油脂或食品成分氧化分解、变质，提高食品稳定性的物质。主要用于油脂及高油脂食品中，可以延缓该类食品的氧化变质。按作用可分为天然抗氧化剂和人工合成抗氧化剂。目前常用的抗氧化剂有丁基羟基茴香醚（BHA）、2，6-二叔丁基对甲酚（BHT）、叔丁基对苯二酚（TBHQ）、没食子酸丙酯（PG）、茶多酚（TP）、异抗坏血酸等。

丁基羟基茴香醚的急性毒性较小，对动物经口的半数致死量小鼠为 2000mg/kg 体重，大鼠为 2200～5000mg/kg 体重。丁基羟基茴香醚可引起慢性过敏反应和代谢紊乱，还可造成试验动物的肠道上皮细胞损伤。目前丁基羟基茴香醚在我国消耗量已很小，已逐渐被新型抗氧化剂所替代。GB 2760—2024《食品安全国家标准　食品添加剂使用标准》规定，食品中丁基羟基茴香醚限量指标为脂肪、油、乳化脂肪制品、油炸面制品、方面米面制品、膨化食品、饼干不高于 0.2g/kg。

2，6-二叔丁基对甲酚的急性毒性作用也比较小，对动物经口的半数致死量小鼠为 1390mg/kg 体重，大鼠为 1977mg/kg 体重。2，6-二叔丁基对甲酚被认为具有致癌性，还可能抑制人体呼吸酶的活力。未发现其他慢性毒性作用。FAO/WHO 将 ADI 定为 0～0.5mg/kg 体重。GB 2760—2024《食品安全国家标准　食品添加剂使用标准》规定，食品中 2，6-二叔丁基对甲酚限量指标为脂肪、油、乳化脂肪制品、油炸面制品、方面米面制品、膨化食品、饼干不高于 0.2g/kg。

没食子酸丙酯的急性毒性小，对动物经口的半数致死量小鼠为 2500～3100mg/kg 体重，大鼠为 2500～4000mg/kg 体重。用含 5%与 1%没食子酸丙酯的饲料喂饲大鼠两年，均未呈现毒性作用。1994 年 FAO/WHO 规定没食子酸丙酯的 ADI 值 0~1.4mg/kg 体重。我国食品添加剂使用卫生标准规定，没食子酸丙酯的使用范围和最大使用量为 0.1g/kg 体重，与其他抗氧化剂复配使用时，没食子酸丙酯不得超过 0.05g/kg 体重。GB 2760—2024《食品安全国家标准　食品添加剂使用标准》规定，食品中没食子酸丙酯限量指标为脂肪、油、乳化脂肪制品、油炸面制品、方面米面制品、膨化食品、饼干不高于 0.1g/kg。

③发色剂：发色剂又名护色剂或呈色剂，是一些能够使肉与肉制品呈现良好色泽的物质，主要有硝酸盐、亚硝酸盐、葡萄糖酸亚铁、硫酸亚铁等。

硝酸盐在细菌作用下可还原为亚硝酸盐，在婴儿饮水中加入 100mL/L（以亚硝酸钠计）可引起中毒。成人摄入 4g/日以上或一次摄入 1g 以上可发生中毒；摄入 13~15g，大部分可致死。硝酸钠对大鼠经口的半数致死量为 1100~2000mg/kg 体重。慢性毒性发现可抑制大鼠生长，也有研究报道硝酸钠有致畸性，孕妇摄入大量的硝酸钠后会引起婴儿先天畸形。对其致癌性上有很大争议，主要认为硝酸钠转化生成的亚硝酸钠是亚硝胺的前体。1994 年 FAO/WHO 规定硝酸钠的 ADI 值为 0~5mg/kg 体重。

亚硝酸钠属中等毒性物质，小鼠经口的半数致死量为 200mg/kg 体重，大鼠为 85mg/kg 体重。人中毒剂量为 0.3~0.5g，致死量为 3g。亚硝酸钠可干扰碘的代谢，造成甲状腺肿大，可影响血液中氧的运输而发生肠原性青紫症，长时间摄入也可破坏体内的维生素 A，并可影响胡萝卜素转化为维生素 A。亚硝酸钠是亚硝胺的前体，因此亚硝酸钠有引发某些癌症的可能。1994 年 FAO/WHO 规定亚硝酸钠的 ADI 值为 0~0.2mg/kg 体重。欧盟儿童保护集团（HACSG）建议不得用于儿童食品。

④着色剂：根据 GB 2760—2024《食品安全国家标准　食品添加剂使用标准》规定，着色剂指使食品赋予色泽和改善食品色泽的物质。

食用天然色素主要是指由动植物组织中提取的色素，大多数是植物色素，也有微生物色素和少量无机色素。这类色素大多是可食资源，除了少数如藤黄有剧毒不许食用外，其余对人体健康一般无害，安全性较高。1994 年 FAO/WHO 将食用天然色素的 ADI 值规定的品种是姜黄素 0~0.1mg/kg 体重。但由于天然色素提取成本高，故其使用成本较高。

合成色素有着色泽鲜艳、着色力强、稳定性较好、宜于调色和复配、价格低的优点，故其在食品中的应用较为普遍和广泛。但食用合成色素对人体可能具有一般毒性、致泻性与致癌性，特别是致癌性应引起注意。它们的致癌机制一般认为可能由于偶氮化合物在体内进行生物转化，可形成芳香胺，在体内经代谢活化，即可以转变成致癌物。食用合成色素具有一定的毒性，其中油溶性色素不溶于水，进入人体后不易排出体外，毒性较大，现在各国基本上不再使用。水溶性色素一般认为磺酸基越多，排出体外越快，毒性也越低。

许多合成色素除本身或其代谢产物具有毒性外，在生产过程中可能混入铅、汞、砷等有害金属，还可能混入一些有害的中间产物，对人体可产生多种危害，因此必须对合成色素的种类、生产、质量、用法用量进行严格管理，确保其使用的安全性。由于一些食用合成色素在部分人群中可引起过敏反应，有些国家已开始禁止使用。

⑤漂白剂：根据 GB 2760—2024《食品安全国家标准　食品添加剂使用标准》规定，漂白剂指能够破坏、抑制食品的发色因素，使其褪色或使食品免于褐变的物质。有还原性漂白剂和氧化性漂白剂两类。

我国使用的大都是以亚硫酸类化合物为主的还原性漂白剂。它们通过所产生的二氧化硫的还原作用而使食品漂白。主要有二氧化硫、焦亚硫酸钠、亚硫酸钠、低亚硫酸钠、亚硫酸氢钠等。硫黄中含有微量砷等有害杂质，在熏蒸时可变成氧化物随二氧化硫进入食品，食用后可产生蓄积毒性。亚硫酸盐有一定的毒性，进入人体内被氧化为硫酸盐、游离亚硫酸，对胃肠道有刺激作用。大鼠用含 0. 1%亚硫酸钠的饲料饲喂 1~2 年，可发生多发性神经炎与骨髓萎缩等症，也可对生长产生障碍。亚硫酸在食品中有破坏维生素 B_2 的作用，亚硫酸盐在体内氧化成为硫酸时，可使体内钙损失，从尿中排出。1994 年 FAO/WHO 规定了亚硫酸盐的 ADI 值为 0~0. 7mg/kg 体重。并要求在控制使用量的同时还应严格控制 SO_2 残留量。GB 2760—2024《食品安全国家标准　食品添加剂使用标准》规定，食品中二氧化硫、焦亚硫酸钾、焦亚硫酸钠、亚硫酸钠等漂白剂最大使用量以二氧化硫残留量计为经表面处理的鲜水果不高于 0. 05g/kg、水果干类不高于 0. 1g/kg、干制蔬菜不高于 0. 2g/kg、脱水马铃薯不高于 0. 4g/kg。

过氧化苯甲酰为白色结晶体或粉末，略带刺激性气味，微溶于水，稍溶于乙醇，溶于乙醚、丙酮、氯仿和苯。在加热或受到摩擦时易产生爆炸，对人体上呼吸道有刺激性，对皮肤有强烈刺激及致敏作用。过氧化苯甲酰是在面粉中使用的添加剂，能脱色漂白面粉，杀死微生物，加强面粉弹性和提高面制品的品质。但超量使用就会严重影响人体健康，有的甚至引发疾病。过氧化苯甲酰的使用也会破坏面粉的营养，导致面粉中的类胡萝卜素、叶黄素等天然成分丧失。过氧化苯甲酰水解后产生的苯甲酸，进入人体后要在肝脏内进行分解。长期过量食用过氧化苯甲酰后会对肝脏造成严重的损害，极易加重肝脏负担，引发多种疾病，严重时肝、肾会出现病理变化，生长和寿命都将受到影响，短期过量食用会使人产生恶心、头晕、神经衰弱等中毒现象。面粉中残留的未分解的过氧化苯甲酰，在面食加热制作过程中能产生苯自由基，进而会形成苯、苯酚、联苯，这些产物都有毒性，对健康有不良的影响；自由基氧化会加速人体衰老，导致动脉粥样硬化，甚至诱发多种疾病。联合国粮食与农业组织和世界卫生组织食品添加剂和污染专家委员会的研究结果也表明，动物食用 625mg/kg 过氧化苯甲酰的饲料后会出现不良症状。另外。过氧化苯甲酰中含有微量砷和铅。对人体也有一定的毒副作用。

由于过氧化苯甲酰可使人中毒，在欧盟等发达国家已禁止将过氧化苯甲酰作为食品添加剂使用。2011 年起我国禁止在面粉中使用过氧化苯甲酰。

⑥乳化剂：根据 GB 2760—2024《食品安全国家标准　食品添加剂使用标准》规定，乳化剂指能改善乳化体中各种构成相之间的表面张力，形成均匀分散体或乳化体的物质。乳化剂在食品加工中有多种功效，是最重要的食品添加剂，广泛用于面包、糕点、饼干、人造奶油、冰淇淋、饮料、乳制品、巧克力等食品。乳化剂能促进油水相溶，渗入淀粉结构的内部，促进内部交联，防止淀粉老化，起到提高食品质量、延长食品保质期、改善食品风味、增加经济效益等作用。

蔗糖脂肪酸酯根据蔗糖羟基的酯化数不同，可获得亲水亲油平衡值（HLB）为 2~16 的系列产品。该系列产品可作为乳化剂应用于肉制品、调味乳、风味发酵乳、稀奶油、冷冻饮品、果酱、经表面处理的鲜水果、糖果、面制品、杂粮罐头、焙烤食品、鲜蛋、调味品、饮料、即食菜肴等，允许使用量为 1.5~10g/kg。

⑦甜味剂：甜味剂是指赋予食品甜味的食品添加剂，按其来源可分为天然甜味剂和人工合成甜味剂；以其营养价值可分为营养型甜味剂和非营养型甜味剂。蔗糖、葡萄糖、果糖、麦芽糖、蜂蜜等物质虽然可赋予食品甜味，但一般被视为食品，不作为食品添加剂。

糖精钠，又称可溶性糖精，是糖精的钠盐，为无色结晶或稍带白色的结晶性粉末，一般含有两个结晶水，易失去结晶水而成无水糖精，呈白色粉末，无臭或微有香气，味浓甜带苦。甜度是蔗糖的 500 倍左右。耐热及耐碱性弱，酸性条件下加热甜味渐渐消失，溶液大于 0.026%则味苦。GB 2760—2024《食品安全国家标准　食品添加剂使用标准》规定，食品中糖精钠最大使用限量（以糖精计）为冷冻饮品不高于 0.15g/kg、水果干类不高于 5.0g/kg、腌渍的蔬菜不高于 0.15g/kg、果酱不高于 0.2g/kg。

环己基氨基磺酸钠的商品名为甜蜜素，是人工合成的非营养型甜味素。摄食环己基氨基磺酸钠后约 40%从尿中排出，60%从粪便中排出。环己基氨基磺酸钠对动物的急性毒性作用也很低，经口半数致死量小鼠为 10~15g/kg 体重，大鼠为 6~12g/kg 体重。其致癌作用引起了世界各国的争议，至今都没有达成一致看法。从环己基氨基磺酸钠的化学结构分析，经水解后能形成有致癌威胁的环乙胺，虽然单胃动物消化系统中的酶不会产生环乙胺，但肠道微生物可导致这一反应，且环乙胺的主要排泄途径是尿，因此可能对膀胱致癌的危险性最大。经过长时间的研究，1982 年 FAO/WHO 联合食品添加剂专家委员会重新认定，环己基氨基磺酸钠的 ADI 为 0~11g/kg 体重。

食品添加剂在安全性监督管理下，在允许的范围内按照要求使用一般来说是安全的。控制食品添加剂安全的主要措施：

一是遵守食品添加剂使用原则；

二是进一步理顺我国食品（包括食品添加剂）安全监督管理体系；

三是完善食品添加剂的法律法规和标准体系建设；

四是加大宣传力度，科学、合理、正确使用食品添加剂；

五是强化企业的法律意识，加大监督指导和处罚力度；

六是在食品生产企业中，积极推行食品安全管理体系并应用新技术和工艺，提高食品添加剂研发水平。

案例

4月18日，山东省市场监督管理局发布2024年通告，检出23批次不合格食品，其中4批次食品检出食品添加剂超范围超限量使用问题。

抽检信息显示，这4批次不合格食品分别为泗水县某早餐店自制的油条，铝的残留量（干样品，以Al计）为221mg/kg，不符合食品安全国家标准规定的限量100mg/kg；东平某社区店销售的白虾，二氧化硫残留量为0.152g/kg，不符合食品安全国家标准规定的限量0.1g/kg；聊城市某粮油调料店销售的良姜，二氧化硫残留量为0.310g/kg，不符合食品安全国家标准规定的在该食品类别中不得使用；无棣县某火锅店购进的糖蒜（酱腌菜），苯甲酸及其钠盐（以苯甲酸计）检出值1.71g/kg、甜蜜素（以环己基氨基磺酸计）检出值1.32g/kg，不符合食品安全国家标准规定的限量均不得超过1.0g/kg。

（四）来自容器、加工设备和包装材料的化学污染物

1. 塑料包装材料及制品

根据GB 4806.1—2016《食品安全国家标准　食品接触材料及制品通用安全要求》规定，食品接触材料及制品是指在正常使用条件下，各种已经或预期可能与食品或食品添加剂（本节中以下简称食品）接触，或其成分可能转移到食品中的材料和制品，包括食品生产、加工、包装、运输、贮存、销售和使用过程中用于食品的包装材料、容器、工具和设备，及可能直接或间接接触食品的油墨、黏合剂、润滑油等，不包括洗涤剂、消毒剂和公共输水设施。塑料由于具有质量轻（其密度为铝的30%~50%）、运输销售方便、化学稳定性好、易于加工、装饰效果好、良好的食品保护作用等特点而受到食品包装业的青睐，并逐步取代玻璃、金属、纸类等传统包装材料，使食品包装的面貌发生了巨大的改变，体现了现代食品包装形式的丰富多样、流通使用方便的特点，成为食品销售包装中最主要的包装材料之一。

塑料包装得到广泛应用，其大多数塑料材料可达到食品包装材料卫生安全性要求，但也存在不少影响食品安全的因素。塑料包装材料污染物的主要来源有以下几方面。

（1）塑料包装材料本身的有毒残留物迁移　塑料材料本身含有部分有毒残留

物质，主要包括有毒单体残留、有毒添加剂残留、聚合物中的低聚物残留和老化产生的有毒物，它们将会迁移进入食品中，造成污染。塑料以及合成树脂都是由很多小分子单体聚合而成的，小分子单体的分子数目越多，聚合度越高，塑料的性质越稳定，当与食品接触时，向食品中迁移的可能性就越小。用于塑料中的低分子物质或添加剂很多，主要包括增塑剂、抗氧化剂、热稳定剂、紫外光稳定剂和吸收剂、抗静电剂、填充改良剂、润滑剂、着色剂、杀虫剂和防腐剂。这些物质都是易从塑料中迁移的物质，都应该预先采取措施加以控制。非法使用的回收塑料中含有大量有毒添加剂、重金属、色素、病毒等对食品造成污染的物质。

挥发性单体聚苯乙烯（PS）中的残留物质苯乙烯、乙苯、异丙苯、甲苯等挥发物质等均有一定毒性，单体氯乙烯有麻醉作用，可引起人体四肢血管收缩而产生疼痛感，同时还具有致癌、致畸作用。热固性塑料聚酯是一类由苯乙烯聚合而成的聚合物。已证明在此类型聚合物中，每 1kg 塑料有 1000~1500mg 的挥发性迁移物。进入包装食品中的迁移物主要包括苯、乙苯、苯甲醛和苯乙烯，它们的迁移对人体具有非常大的危害性。

（2）增塑剂　为增加塑料的可塑性和柔韧性，提高塑料制品的强度，在塑料制品中往往添加增塑剂。邻苯二甲酸二丁酯（DBP）和邻苯二甲酸二辛酯（DOP）这两种增塑剂成为塑料工业中经常使用的酞酸酯类增塑剂。增塑剂的急性毒性很低，人体摄入后几乎没有急性中毒的表现，如呕吐、发烧、腹泻等现象。但其慢性毒害对人类的危害相当大。国外的动物研究结果表明，增塑剂可导致动物存活率降低、体重减轻、肝肾功能下降、血中红细胞减少。当含有增塑剂的塑料制品在接触到食品中所含的油脂等成分时，增塑剂便会溶入这些成分中。塑料中增塑剂的含量越高，可能被溶出的增塑剂数量就越多，且增塑剂的慢性毒性具有致突变性和致癌性。

（3）着色剂　塑料着色剂具有光学着色性能，在塑料内不会发生迁移，且在特定的加工条件下是不会变色的。塑料中有机着色剂口服半数致死量大多数大于 5000mg/kg，其致癌性一直存在不同看法，目前没有实验数据证明塑料中有机着色剂具有致癌性。

食品包装材料的安全与卫生直接影响包装食品的安全与卫生，为此世界各国对食品包装的安全与卫生制定了系统的标准和法规，用于解决和控制食品包装的安全卫生及环保问题。世界上许多国家制定了食品包装材料的限制标准。GB 4806.7—2023《食品安全国家标准　食品接触用塑料材料及制品》中规定，食品接触用塑料材料及制品的总迁移量限量为 $10mg/dm^2$，用 60℃蒸馏水浸泡 2h 高锰酸钾消耗量限量为 10mg/kg，用 4%乙酸 60℃浸泡 2h 后，重金属（以 Pb 计）限量为 1mg/kg，添加了着色剂的塑料材料及制品脱色试验要为阴性。

2. 橡胶包装材料及容器

橡胶单独作为食品包装材料使用的比较少，一般多用作衬垫或密封材料。它有天然橡胶和合成橡胶两大类。天然橡胶是天然的长链高分子化合物，本身是对人体无毒害的，其主要的食品安全性问题在于生产不同工艺性能的产品时所加入的各种添加剂。天然橡胶的溶出物受原料中天然物（蛋白质、含水碳素）的影响较大，而且由于硫化促进剂的溶出使其数值加大。合成橡胶是由单体聚合而成的高分子化合物，影响食品安全性的问题和塑料一样，主要是单体和添加剂残留。在对橡胶的水提取液做较为全面的分析后，可以发现有30多种成分，其中26种具有毒性。这些成分包括硫化促进剂、抗氧化剂和增塑剂。如二硫化氨基甲酸盐硫化促进剂有致畸倾向。其他促进剂大多为有机化合物，如醛胺类、胍类、硫脲类、噻唑类等，它们大部分具有毒性。

橡胶制的包装材料除奶嘴、瓶盖、垫片、垫圈、高压锅密封圈等直接接触食品外，食品工业中应用的橡胶管道对食品安全也会有一定的影响。橡胶制品可能接触乙醇饮料、含油的食品或高压水蒸气而溶出有毒物质，这点必须加以注意。

3. 纸包装材料及容器

纸是以植物纤维为原料制成的材料的通称，是一种古老而又传统的包装材料。作为包装材料，纸最初被用于包裹物品。现代纸类包装制品已经扩大到纸箱、纸盒、纸袋、纸质容器等。

随着环境污染的加重和现代制纸工业的发展，纸质包装材料的安全隐患也不容忽视，其主要原因是造纸过程中需在纸浆中加入化学品如防渗剂/施胶剂、填料（使纸不透明）、漂白剂、染色剂等。防渗剂主要采用松香皂；填料采用高岭土、碳酸钙、二氧化钛、硫化锌、硫酸钡及硅酸镁；漂白剂采用次氯酸钙、液态氯、次氯酸、过氧化钠及过氧化氢等；染色剂使用水溶性染料和着色颜料，前者有酸性染料、碱性染料、直接染料，后者有无机颜料和有机颜料。

目前，食品包装用纸的食品安全主要问题：①纸原料不清洁，有污染，甚至霉变，使成品染上大量霉菌；②经荧光增白剂处理，使包装纸和原料纸中含有荧光化学污染物；③包装纸涂蜡，使其含有过高的多环芳烃化合物；④彩色颜料污染，如糖果所使用的彩色包装纸、涂彩层接触糖果造成污染；⑤挥发性物质、农药及重金属等化学残留物的污染。另外，食品安全卫生法规定，食品包装材料禁止使用荧光染料。

4. 金属包装材料及容器

铁和铝是目前使用的两种主要的金属包装材料。其中最常用的是马口铁、无锡钢板、铝、铝箔等。另外，还有铜制品、锡制品、银制品等。

马口铁罐头罐身为镀锡的薄钢板。锡起保护作用，但由于种种原因，锡会溶出而污染罐内食品。在过去的几十年中，由于罐藏技术的改进，已避免了焊缝处铅的迁移，也避免了罐内层铅的迁移。如在马口铁罐头内壁上涂上涂料，这些替代品有助于减少铅、锡等溶入罐内。但有实验表明，由于表面涂料而使罐中的迁移物质变得更为复杂。

铝质包装材料主要是指铝合金薄板和铝箔。包装用铝材大多是合金材料，合金元素主要有锰、镁、铜、锌、铁、硅、铬等。铝制品主要的食品安全性问题在于铸铝时和回收铝中的杂质。目前使用的铝原料的纯度较高，有害金属较少，而回收铝中的杂质和金属难以控制，易造成食品的污染。食物侵蚀铝质器皿的作用随 pH、温度、共存物质的性质而不同。铝的毒性表现为对脑、肝、骨、造血和细胞的毒性。临床研究证明，透析性脑痴呆症与铝有关；长期输入含铝营养液的患者，可发生胆汁淤积性肝病，肝细胞有病理改变，同时动物实验也证实了这一病理现象。铝中毒时常见的是小细胞低色素性贫血。

5. 玻璃包装材料及容器

玻璃也是一种无机物质的熔融物，其主要成分为 $SiO_2 \cdot Na_2O$，其中无水硅酸占 67%~72%，烧成温度为 1000~1500℃，因此大部分都形成不溶性盐。玻璃包装容器的主要优点是无毒无味、化学稳定性极好、卫生清洁和耐气候性好。玻璃是一种惰性材料，一般认为玻璃对绝大多数内容物不发生化学反应而析出有害物质。但是因为玻璃的种类不同，还存在着来自原料中的溶出物，所以在安全检测时应该检测碱、铅（铅结晶玻璃）及砷（消泡剂）的溶出量。

玻璃的着色需要用金属盐，如蓝色需要用氧化钴，茶色需要用石墨，竹青色、淡白色及深绿色需要用氧化铜和重铬酸钾，无色需要用碱。因此，玻璃中的迁移物与其他食品包装材料物质相比有不同之处。玻璃中的主要迁移物质是无机盐或离子，从玻璃中溶出的主要物质是二氧化硅（SiO_2）。

6. 搪瓷和陶瓷容器

搪瓷器皿是将瓷釉涂覆在金属坯胎上，经过焙烧而制成的产品；陶瓷器皿是将瓷釉涂覆在由黏土、长石、石英等混合物烧结成的坯胎上，再经焙烧而制成的产品。

陶瓷容器在食品包装中主要用于装酒、咸菜、传统风味食品。陶瓷容器美观大方，促进销售，特别是其在保护食品的风味上具有很好的作用。但由于其原材料来源广泛，反复使用以及在加工过程中所添加的物质而使其存在食品安全性问题。

陶瓷容器的主要危害来源于制作过程中在坯体上涂的陶釉、瓷釉、彩釉等。釉是一种玻璃态物质，釉料的化学成分和玻璃相似，主要是由某些金属氧化物硅酸盐和非金属氧化物的盐类溶液组成。搪瓷容器的危害也是其瓷釉中的金属物质，釉料中含有铅（Pb）、锌（Zn）、铬（Cr）、锑（Sb）、钡（Ba）、钛（Ti）等多种金属氧化物硅酸盐和金属盐类，它们多为有害物质。当使用陶瓷容器或搪瓷容器盛装酸性食品（如醋、果汁）和酒时，这些物质容易溶出而迁移入食品，甚至引起中毒。

（五）新型食品的安全性问题

1. 转基因食品

根据联合国粮农组织/世界卫生组织食品法典委员会及卡塔尔生物安全议定书的定义，“转基因技术”指利用基因工程或分子生物学技术，将外源遗传物质导入活细胞或生物体中产生基因重组现象，并使之遗传和表达。“转基因食品”即基因工程食品，指用转基因生物所制造或生产的食品、食品原料及食品添加剂等。从狭义上说，转基因食品就是利用分子生物学技术，将某些生物的一种或几种外源性基因转移到其他的生物物种中去，从而改造生物的遗传物质使其有效地表达，从而获得了物化特性、营养水平和消费品质等方面均符合人们需要的新产品。

（1）转基因食品的安全性　关于转基因生物安全性的争论主要在两个方面：一是通过食物链对人产生影响；二是通过生态链对环境产生影响。当前人们关注的转基因食品质量安全问题主要有以下几个方面。

①转基因食品可能产生的过敏反应：食品过敏是一个世界性的公共卫生问题，据估计有近2%的成年人和4%~6%的儿童患有食物过敏。食物过敏是人体对食品所含有害物质的反应，它涉及人体免疫系统对某种或某类特异蛋白的异常反应。真正的食物过敏是指人对食物中存在的抗原分子的不良免疫介导反应。

②抗生素标记基因可能使人和动物产生抗药性：由于转基因食品研发中使用了抗生素抗性标记基因，用于帮助在植物遗传转化筛选和鉴定转化的细胞、组织和再生植株。标记基因本身并无安全性问题，有争议的一个问题是会有基因水平转移的可能性。因此对抗生素抗性标记基因的安全性考虑之一是转基因植物中的标记基因是否会在肠道水平转移至微生物，从而影响抗生素治疗的有效性，进而影响人或动物的安全。

③食品品质的改变：转基因食物营养学的变化也是值得引起重视的问题。转基因食品在营养方面的变化可能包括营养成分构成的改变和不利营养成分的产生。通过插入确定的DNA序列可以为宿主生物提供一种特定的目的品质，称为预期效应，在理论上也有一些生物获得了额外的品质或使原有的品质丧失，这就是非预期效应。对转基因食品的评价应包括这类非预期效应。许多研究致力于用基因工程技术改变作物以期获得更理想的营养组成，由此提高食品的品质。如淀粉含量高、吸油性低的马铃薯，有利于酿造的低蛋白的水稻，不含芥子酸的卡诺那油菜等，但也出现了非预期的效应，如一种遗传工程大豆提高了赖氨酸含量，却降低了脂类的含量。

④潜在毒性遗传修饰：在打开一种目的基因的同时，也可能会无意中提高天然植物毒素的含量。如芥酸、龙葵素、棉酚、组胺、酪胺、番茄中的番茄毒素、马铃薯中的茄碱、葫芦科作物中的葫芦素、木薯和利马豆中的氰化物、豆科中的蛋白酶抑制剂、油菜中致甲状腺肿物质、香蕉中胺类前体物、神经毒素等。生物

进化过程中，生物自身的代谢途径在一定程度上抑制毒素表现，即所谓的沉默代谢。但是在转基因食品加工过程中由于基因的导入有可能使得毒素蛋白发生过量表达，增加这些毒素的含量，给消费者造成伤害。

⑤影响人体肠道微生态环境：转基因食品中的标记基因有可能传递给人体肠道内正常的微生物群，引起菌群谱和数量变化，通过菌群失调影响人的正常消化功能。

⑥影响膳食营养平衡：转基因食品的营养组成和抗营养因子变化幅度大，可能会对人群膳食营养产生影响，造成体内营养素平衡紊乱。此外，有关食用植物和动物中营养成分改变对营养的相互作用、营养基因的相互作用、营养的生物利用率、营养的潜能和营养代谢等方面的作用，目前研究的资料很少。

（2）转基因食品的安全控制

①实验室研究控制：转基因食品安全控制首先要进行各项转基因食品安全性评价技术的研究，在实验室里从理论上进行控制，这些评价技术包括食物成分营养评价技术、流行病学研究、生物信息学技术、分子生物学技术、致敏性评价技术、毒理学评价技术等；其次，要进行各种转基因食品检测技术的研究，从而为转基因食品的安全性评价原则的制定、评价技术的应用实施、转基因食品的管理等各项工作的开展奠定坚实的理论基础和技术支撑。

②安全性评价：目前国际上对转基因食品的安全评价遵循以科学为基础、个案分析、“实质等同性”原则和逐步完善的原则。安全评价的主要内容包括毒性、过敏性、营养成分、抗营养因子、标记基因转移和非期望效应等。

在对转基因食品进行安全性评价时一般要考虑以下原则。

a. 分析转基因食品的生物特性。分析转基因生物本身的特性，有助于判断某种新食品与现有食品是否有显著差异。分析的内容主要包括供体、受体、载体和目标基因及其插入特点。

b. “实质等同性”原则。以传统方法生产和使用的食品被认为是安全的为前提，如果一种新的食品或成分与一种传统的食品或成分“实质等同”（即它们的分子结构、成分与营养特性等数据，经过比较而认为是实质相等），那么该种食品或成分即可视为与传统品种同样安全。只有当转基因食品或其成分完全不同于传统食品时，则须进行食品安全性评估。现在，“实质等同性”已被一些国际组织如联合国粮食与农业组织、世界卫生组织以及现在美国、加拿大和一些北欧国家用作对转基因食品进行安全性评价的主要依据。

c. 国际食品生物技术委员会提出采用判定树的原则对转基因食品进行安全性评价。

d. FAO/WHO 联合专家评议会制定的转基因食品的安全性评价原则。

e. 国际生命科学会欧洲分会新食品领导小组提出的食品安全性评价的“等同或相似原则”等。

转基因食品安全性评价技术包括食物成分营养评价技术、流行病学研究、生物信息学技术、分子生物学技术、致敏性评价技术、毒理学评价技术等。

③转基因食品管理制度：为了统一评价转基因食品安全性的标准，联合国粮农组织和世界卫生组织所属的国际食品委员会制定了转基因食品的国际安全标准。从世界范围看，从事转基因动植物研究开发的国家都在制定相应的政策与法规以保障转基因食品的安全。我国转基因食品安全的管理制度也正在形成和逐步完善。

我国转基因食品安全的管理体系和法规现在已经形成，对转基因的检测、安全评价、安全管理、市场管理等一系列标准的标准体系正在形成和完善；转基因的机构，如食品转基因安全评价中心等正在不断增加；2001 年成立了转基因食品安全管理办公室，进行安全性的管理，同时成立了协调管理办公室；各类检测机构有 40 多家，包括环境评价、植物、食品等，其中环境评价的 13 家，食品检测的有 3 家，还有其他的转基因成分检测机构 20 多家。原农业部专门设立办公室负责农业转基因生物安全评价管理工作，受理转基因生物的安全性评审等，以个案审查为准则，产品经审定、登记或者评价，确定安全等级，实行分级分阶段管理，确保经过安全评价和检测的转基因产品是安全的。

2. 辐照食品

食品辐射是指通过辐射对食品进行辐射灭菌、辐射杀菌或彻底杀菌。

辐射灭菌是指用一种电离辐射剂量处理食品的方法，该法使一些活的特异性的腐败性微生物显著地减少而足以提高食品储藏质量。该法应用于各种动物的肉和食品配料，如肉类盒菜净膛家禽、碎肉及鱼等。

辐射杀菌是指用一种电离辐射剂量处理食品的方法，该法足以使一些无芽孢形成的特异性活致病菌的量减少到用任何公认的细菌检验方法不能检出的水平。辐射杀菌的一个特别的应用是香料灭虫，因为加热消毒会挥发所需的香味，而通常用氧化乙烯处理会留下不良的残留物。

彻底灭菌是指用一种电离辐射剂量处理食品的方法，该法足以使微生物的数量和活动减少到极少，用任何公认的细菌学或真菌学的试验方法检验处理后的食品时即使能检出量也是极少的。该法广泛应用于对火腿、腌肉、牛肉等产品彻底杀菌的加工。

（1）辐射对食品安全的影响

①放射性的污染和放射性物质的诱发：大量的研究结果和理论分析都表明，辐射食品不存在放射性污染和放射性物质的诱发问题。食品辐照是外照射，食品同辐射源不接触，不会产生污染。但是是否带有放射能即产生放射性的危害性问题，曾引起很大的关注。食品中放射能的诱发受射线种类、能量、剂量及食品中含有成分等的影响。从目前食品辐照中使用的射线和放射剂量来看，诱导辐照不会引起健康危害。

②毒性物质的生成和照射会不会使食品产生有毒物质是一个很复杂的问题。迄今为止，研究结果还未证实会产生有毒、致癌和致畸物质。至于有无致突变作

用，仍在继续深入研究。

食品经过辐射，随着剂量不同会相应地生成各种物质，但这些物质在数量上远比加热处理时少得多。尽管如此，在利用这种经辐射处理过的新型食品时，都必须通过与食品添加剂同等乃至更严格的动物实验来鉴定其毒性。在迄今为止所做的大量动物实验中，即使给实验动物投以多种经过 50kGy 剂量照射过的食品，却从未发现急性毒性和慢性毒性，也没有发现有致癌物质生成。

③致癌物质的生成：关于多脂肪食品经辐照后生成过氧化物和放射线引起化学反应产生的游离基等，是否有生成致癌性或致癌诱因性物质的问题，1968 年美国曾对高剂量辐照的火腿进行动物实验，观察到受试动物的繁殖能力及哺乳行为下降，营养阻碍因子生成，死亡率提高，体重增长率下降，血液中红细胞减少，还观察到肿瘤的发生率比对照动物高，所以对其安全性有很大怀疑。然而，中剂量（1~10kGy）、低剂量辐照食品的实验，还未能发现致癌物质。到目前为止的研究结果表明，食品在允许辐照条件下辐照时，不会产生具有危害水平的致癌物。

④微生物类发生变异的危险：食品辐照加工所达到的生物学上的安全性是完全可以与其他现行的食品处理方法相比拟的。关于某些耐辐射性强的微生物，已经再次研究了其天然的辐射性以及辐照后可能复活的后果，没有证明这些有机体产生新的健康危害。至今尚没有人证明辐照微生物能增加其致病性，或者被辐照的细菌增加了毒素的形成力或诱发了抗菌力。但也有实验证实，在完全杀菌剂量（0.045~0.05Gy）以下，微生物出现耐放射性，而且经反复辐照，其耐性会成倍增长。这种伤残微生物菌丛的变化，生成与原来腐败微生物不同的有害生成物，造成新的危害，这是值得关注的。

⑤遗传诱变物的生成：食品辐照可能生成具有诱变和细胞毒性的少量分解产物，这些产物可能诱导遗传变化，包括生物学系统中的染色体畸变。实验表明，用经过辐照的培养基来饲育果蝇，其突变率增加，数代后死亡率增加。

⑥对营养物质的破坏：食品在辐照后，蛋白质、糖类、脂肪的营养价值不会发生显著变化，它们的利用率基本不受辐照的影响。但是其物理化学性质会有一定的变化，如影响蛋白质的结构、抗原性等。脂肪可能产生过氧化物，碳水化合物是比较稳定的，但在大剂量照射时也会引起氧化和分解，使单糖增加。

⑦包装材料的化学变化：辐照可以引起食品及包装材料发生化学变化，致使包装材料中的成分（或这些成分的降解物）转移到食品中。辐照会引起交联，交联可能会减少上述转移，但它也可以导致物质分解成为低分子质量分子实体，从而增加了其转移特性。金属罐如镀锡薄板罐和铝罐，对使用杀菌剂量照射是稳定的。但是，超过 600kGy 剂量范围（在食品辐射保藏中不会使用如此高的剂量）会使钢基板、铝出现损坏现象；金属罐中的密封胶、罐内涂料对杀菌剂量水平也是稳定的；在金属罐形状方面，最理想的是立方体，因为辐射源能最好地利用，剂量分布与控制也最好。塑料包装的食品，在剂量接近 20kGy 或更低时，辐照对其

物理性质没有明显影响。在剂量超过 20kGy 时，塑料薄膜如聚乙烯、聚酯、乙烯基树脂、聚苯乙烯薄膜的物理性质会发生变化，但这种变化影响较小。如果辐照超过了 10kGy，玻璃纸、氯化橡胶会变脆。在塑料包装中被辐照的大多数食品会出现异味。在灭菌剂量下辐照，聚乙烯会放出令人讨厌的气味，会对食品产生影响。

⑧辐射伤害和辐射味：所有果品、蔬菜经射线辐射后都可能产生一定程度的生理损伤，主要表现为变色和抵抗性下降，甚至细胞死亡。但是，不同食品的辐射敏感性差异很大，因此致伤剂量和生理损伤表现也各不相同。如马铃薯块茎经 50Gy 辐照，维管束周围组织即有褐变，并随剂量增大而加重。高剂量照射食品特别是对肉类，常引起变味，即产生所谓辐射味。这种情况一般在 5kGy 以上才发生。有些水果、蔬菜用低剂量照射也有异味产生。辐射味随食品的种类、品种不同而异。辐射伤害和辐射味基本上都是电离和氧化效应引起的。

（2）辐照食品安全性控制　辐照食品的安全性保证关键在于辐照生产的管理。世界上许多国家都制定了相应的辐照食品管理法规。国际食品法典委员会在 1983 年批准的“辐照食品通用标准”和“食品辐照设施推荐规程”奠定了食品辐照技术的合法性，但标准中规定辐照处理的安全剂量在 10kGy 以下。随着食品辐照技术发展和应用研究的深入，该标准在 1999 年由国际食品辐照咨询小组（ICGFI）申请修订，在 2003 年得到正式批准。

SN/T 1887—2007《进出口辐照食品良好辐照规范》的出台为我国辐照食品规范生产提供了良好的借鉴体系。

3. 三新食品

三新食品是指新食品原料、食品添加剂新品种和食品相关产品新品种。

（1）新食品原料　是指一些新研制、新发现、新引进的本无食用习惯或仅在个别地区有食用习惯而符合食品基本要求的物品。

目前，新食品原料分为以下四类。

第一类：在我国无食用习惯的动物、植物和微生物。具体是指以前我国居民没有食用习惯，经过研究发现可以食用的、对人体无毒无害的物质。动物是指畜禽类、水生动物类或昆虫类，如蝎子等；植物是指豆类、谷类、瓜果菜类，如金花茶、仙人掌、芦荟等；微生物是指菌类、藻类，如某些海藻。

第二类：以前我国居民无食用习惯的，从动物、植物和微生物中分离的成分。具体包括从动物、植物中分离、提取出来的对人体有一定作用的成分，如植物固醇、糖醇、氨基酸等。

第三类：原有结构发生改变的食品成分。具体指通过物理、化学或生物技术等方式对食品原料进行加工，使其结构发生显著变化，从而具备新的特性或功能。如水解乳清蛋白常用于运动营养品和婴儿配方乳粉中。

第四类：其他新研制的食品原料。如植物基蛋白、昆虫蛋白、功能性碳水化合物等。

（2）食品添加剂新品种　包括：未列入食品安全国家标准的食品添加剂品种；未列入国务院卫生行政部门公告允许使用的食品添加剂品种；扩大使用范围或者用量的食品添加剂品种。

（3）食品相关产品新品种　包括：尚未列入食品安全国家标准或者国务院卫生行政部门公告允许使用的食品包装材料、容器及其添加剂；扩大使用范围或者使用量的食品包装材料、容器及其添加剂；尚未列入食品用消毒剂、洗涤剂原料名单的新原料；食品生产经营用工具、设备中直接接触食品的新材料、新添加剂。

近年来由于经济全球化和新的科学技术的迅猛发展，许多食品新工艺、新的生物技术不断涌现，三新食品在全球范围内迅速推广。食品新技术新资源的应用带来新的食品安全隐患。其中，某些新食品原料可能含有天然毒素或抗营养因子，一些野生采集的食品可能受到病原微生物的污染；新食品添加剂是否会在短时间内导致严重的健康问题，长期摄入是否对健康产生不利影响，是否会在人体内积累；食品相关产品新品种中新型包装材料中的化学物质是否会迁移到食品中，是否具有毒性或致癌性，是否会改变食品的感官特性、营养成分或保质期。因此，必须对三新食品进行安全性评价和管理控制等。

三新食品的开发前景广阔，但是每一个新开发的食品均应具有科学性，应当严格按照《新食品原料安全性审查管理办法》及有关法规、规章、标准的规定，对人体不得产生任何急性、亚急性、慢性或其他潜在性健康危害。

对三新食品必须进行安全性评价，内容主要包括申报资料审查和评价、生产现场审查和评价、人群食用后的安全性评价、安全性的再评价。

三、物理性不安全因素的来源及危害

食品中非食源性的物理危害包括任何在食品中发现的不正常的潜在危害的外来物。物理危害物质夹杂在食品中，可能对消费者造成人体伤害，如卡住咽喉或食管、划破人体组织和器官，特别是消化道器官、损坏牙齿、堵塞气管引起窒息等，或者其他不利于健康的后果。

（一）物理危害物质及其筛选

1. 食品中常见的物理危害物质及可能会造成的危害

（1）玻璃　可造成割伤、流血，或需要外科手术查找，并去除危险物。

（2）石头　可能造成窒息，损伤牙齿。

（3）金属　割伤、可造成窒息，或需要外科手术查找，并去除危险物。

（4）塑料、木屑　可造成窒息、割伤、感染，或需要外科手术查找，并去除危险物。

（5）昆虫及其他污秽　疾病、外伤或窒息。

2. 常用的筛选方法

（1）对原材料中物理危害进行控制要建立完整供货商保证体系，利用金属探测器、磁铁吸附、过筛、水洗、人工挑选等方法在生产前对原料筛选。

（2）在生产过程中的关键过程中根据实际情况制定和实施甄别和筛选工序，如对有可能混入金属碎片的半成品采用金属探测器检测。

（3）对可能成为食品中物理危害来源的因素进行控制，如经常检修设备、生产用具以保证其安全和完整性；对生产场所的周边环境进行控制，清除可能带来危害的物质；对职工加强教育和培训，减少人为因素造成的物理危害。

（二）各类食品中非食源性物质的剔除方法

（1）发酵酱油生产中非食源性物质的剔除方法　设置过滤工序，采用孔径小于1mm的筛将成品酱油中可能会存在的一些细铁丝、铁钉、碎玻璃等杂质进行过滤除去。

（2）水产品加工过程中非食源性物质的剔除方法　水产品加工步骤中存在的非食源性危害物质主要是泥沙等异物，可通过反复冲洗剔除。

（3）火腿类熟食肉制品加工过程中非食源性物质的剔除方法　火腿类熟食肉制品加工步骤中，存在非食源性物质的剔除方法见表2-3。

表2-3　　火腿类熟食肉制品存在非食源性物质的剔除方法

加工步骤	非食源性物质	剔除方法
接受原料肉	金属、碎骨等	①后工序金属探测消除 ②原料肉解冻后自检剔除
接受辅料	沙子、小石子等	①严格按照企业辅料采购标准采购 ②使用前过滤或过筛 ③香辛料以多层网布包裹后使用 ④姜、蒜等辅料清洗后使用
绞制、搅拌	设备锈蚀、维修等带入	①设备维修后严格检查 ②停产后，开工前设备彻底清洗
贴标、装箱	金属污染、表面杂质	①贴标金属探测仪检测 ②感官检验

（4）超高温灭菌乳产品加工过程中非食源性物质的剔除方法　超高温灭菌乳产品加工过程中，存在非食源性物质的加工步骤剔除方法，见表2-4。

表 2-4　　超高温灭菌乳存在非食源性物质的加工步骤剔除方法

加工步骤	非食源性物质	剔除方法
接受原料乳	杂草、牛毛、乳块、昆虫、灰尘等	①挤乳过程按标准执行，操作车间有防蝇防虫措施 ②净乳机过滤
接受包装材料	膜的厚薄、避光性、印刷图案清晰度等	①严格检查 ②后工序车间操作工及时反馈膜的质量稳定性
净乳	杂草、乳块灰尘等	①过滤器过滤，离心机定时排渣 ②抽样检验净乳效果，杂质度≤2mg/L
储存	环境污染物	封闭容器
标准化生产	杂物、质量不达标	①根据检验结果调整鲜乳质量达标要求 ②按工艺要求将原料乳与辅料混合
脱气	空气含量超标	保证空气质量达标

（5）热灌装果汁加工过程中非食源性物质的剔除方法　热灌装果汁加工过程中，非食源性物质的剔除方法，见表 2-5。

表 2-5　　热灌装果汁中非食源性物质的剔除方法

加工步骤	非食源性物质	剔除方法
接受浓缩果汁	杂质	对原料进行检查，合格接受
接受包装材料	杂质	对原料进行检查，合格接受
调配	杂质	在灭菌前进行过滤
过滤	杂质	清理或更换过滤设备
水处理	导电、浊度不合格	①自检 ②按要求更换原件
空气过滤	过滤效率低、空气中杂质含量超标	及时更换原件

（6）粮食及制品中非食源性物质的剔除方法　粮食及制品中非食源性物质存在着非正常的具有潜在危害的外来异质，常见的有玻璃、铁钉、铁丝、石块、骨头、鱼刺、贝壳、蛋壳碎片、金属碎片等。对粮食及制品中非食源性物质进行控制主要靠预防及适当仪器和手段进行甄别和筛选。

项目小结

本项目主要介绍了涉及食品安全领域的生物性、化学性、物理性不安全因素、来源、危害及控制措施。重点阐述了微生物以及环境中、食品原料中、食品加工过程及加工设备、包装材料中的化学性污染物对食品安全的影响。

项目思考

1. 简述食源性疾病与食物中毒的区别。
2. 简述食源性细菌性传染病有何共同点？如何预防其发生？
3. 简述单核细胞增生李斯特菌有何特点？如何预防其发生？
4. 简述寄生虫是如何造成机体损伤的？
5. 简述囊虫病的感染途径有哪些？如何开展预防？
6. 简述高致病性禽流感（HPAI）病毒有何特点？如何进行预防？
7. 简述疯牛病病毒有何特点？如何进行预防？
8. 简述食品加工过程中，生物性不安全因素有哪些？应如何预防和控制危害的产生？危害产生后，可采取哪些方法消除危害？

知识巩固与拓展学习（视频）

2.1. 食品中存在的生物性危害

2.2. 食品中存在的化学性危害

2.3. 食品中存在的物理性危害

项目三

各类食品生产中常见的质量安全问题

知识目标

1. 了解各类食品的主要卫生问题。
2. 熟悉各类食品的卫生管理措施。
3. 能够合理运用食品安全、卫生管理知识对食品安全卫生进行评价。

必备知识

一、乳及乳制品

乳是奶畜产犊（羔）后由乳腺分泌出的一种具有胶体特性、均匀的生物学液体，其色泽呈白色或略带微黄色、不透明、味微甜并具有香气。乳中含有幼畜生长发育所必需的一切营养成分，是幼龄哺乳动物和人类最适宜的营养物质。

乳制品是指包括以生鲜牛（羊）乳及其制品为主要原料，经加工制成的产品。常见乳制品包括：液体乳类（杀菌乳、灭菌乳、酸牛乳、配方乳）；乳粉类（全脂乳粉、脱脂乳粉、全脂加糖乳粉和调味乳粉、婴幼儿配方乳粉、其他配方乳粉）；炼乳类（全脂无糖炼乳、全脂加糖炼乳、调味/调制炼乳、配方炼乳）；乳脂肪类（稀奶油、奶油、无水奶油）；干酪类（原干酪、再制干酪）；其他乳制品类（干酪素、乳糖、乳清粉、初乳制品等）。

（一）乳及乳制品生产过程存在的食品质量安全问题

1. 散户饲养难以控制原料乳的标准和质量

目前我国很多乳制品企业采“公司+农户”的方式组织原料乳的生产，在乳制品加工旺季争相提价，抢夺奶源；在乳制品加工淡季，不管奶农的利益需求，少收甚至拒收奶源。奶农的利益得不到保障，原乳质量受到影响。原料乳的贮运、乳制品加工、流通和消费哪个环节出现问题，都会严重影响乳制品的质量。

2. 很多乳制品企业技术装备落后

我国乳制品业真正发展的时间不过几十年，乳制品企业生产设备、检测设备的可靠性、智能化、信息化、现代化与国外方面存在较大差距，不能有效保障乳制品的质量安全。

3. 奶牛经营户的技术、管理水平低

目前我国奶牛的种质、饲料质量差，原乳中营养成分含量低，达不到国家规定的标准。挤奶设施落后，更容易滋生细菌，会导致原料乳细菌超标，如果为了保证牛乳的卫生安全采取一些灭菌措施，又会破坏牛乳中的营养成分，致使营养学家认定牛乳的那些营养价值，在今天的牛乳产品中得不到完整的体现。

4. 很多小型乳制品企业没有完善的内部质量监管体系，容易产生质量问题

我国规模以上的大型乳制品企业内部都建立了完善的质量监控体系，而很多小型乳制品企业仍缺乏对乳制品质量安全的监管，部分乳制品企业主要表现在以下方面：缺少必要的检验设备和专职检验人员，无法对产品质量进行监控；缺少标准化工序和设备，不能按标准化的乳制品加工工艺组织生产，导致产品质量不符合标准要求；设备陈旧，无法控制干燥的温度致使一些维生素被氧化分解，产品质量不符合要求；没有严格按照标准对乳制品加工从业人员进行体检。

乳制品从原料到制成品，环节多，每个环节都有可能影响乳制品质量，其影响乳及乳制品生产的安全性主要因素包括如下方面：

一方面是乳的化学污染。乳的化学污染包括：①农药，主要有杀虫剂、除草剂等，它们来自被污染的饲料；②兽药，用于治牲畜疾病的抗生素、磺胺类、驱虫药等残留于乳中；③有害元素，主要有汞、铅、砷等有害元素。这些元素主要来自工业三废，通过食物链进入动物体内，残留于乳汁中；④霉菌毒素，乳中黄曲霉毒素 M_1 主要来自饲料；⑤硝酸盐和亚硝酸盐，硝酸盐在人体肠道内被还原为亚硝酸盐可引起中毒，乳和乳制品中残留的硝酸盐和亚硝酸盐主要来源于饲料、生产用水或人为掺假；⑥激素，目前多种激素用于畜牧业中，如雌二醇、催产素、黄体酮等均可引起残留；⑦掺假物，水是最常见的一种掺假物质，加入量一般为5%~20%，有时高达30%；电解质为增加乳的密度或掩盖乳的酸败，在乳中掺入电解质。

另一方面是乳中微生物污染。乳中微生物污染有两种途径：一次污染和二次污染。一次污染，即乳在挤出之前受到了微生物的污染。乳牛的乳房常与地面或物体接触，容易被粪便、垫草和土壤污染，微生物通过乳头管移行至乳房内部并大量增殖。当乳牛患乳腺炎和传染病时，体内病原菌经血液循环至乳房，导致乳的病原菌污染。二次污染，即在挤乳过程或乳挤出后被污染，微生物主要来源于乳畜体表、环境、容器、加工设备、挤乳工人的手和蝇类等。

(二) 乳及乳制品生产、贮运的卫生控制与管理

1. 乳及乳制品的生产卫生

(1) 乳品厂与乳牛的卫生要求　乳品厂的厂房设计与设施的卫生应符合要求，乳品厂必须建立在交通方便，水源充足，无有害气体、烟雾、灰沙及其他污染地区。供水除应满足生产需要外，水质应符合 GB 5749—2022《生活饮用水卫生标准》。有健全配套的卫生设施，如废水、废气及废弃物处理设施，清洗消毒设施，良好的排水系统等。乳品加工过程中，各生产工序必须连续进行，防止原料和半成品积压变质而导致致病菌、腐败菌的繁殖和交叉污染。乳牛场及乳品厂应建立化验室，对投产前的原料、辅料和加工后的产品进行卫生质量检查，乳制品必须做到检验合格后出厂。

乳品加工厂的工作人员应保持良好的个人卫生，遵守生产时的卫生制度，定期接受健康检查，取得健康合格证后方可上岗工作。传染病及皮肤病患者应及时调离工作岗位。

为防止人畜共患传染病的发生及对产品的污染，乳牛应定期预防接种及检疫，发现病牛及时隔离饲养，其工作人员及用具等须严格分开。

(2) 挤乳的卫生　挤乳的操作是否规范，直接影响到乳的卫生质量。挤乳前应做好充分的准备工作，如挤乳前 1h 停止喂干料并消毒乳房，保持乳畜的清洁干净和挤乳环境的卫生，防止不良气味进入乳中和微生物的污染。挤乳的容器、用具应严格执行卫生要求，挤乳人员应穿戴清洁干净的工作服，洗手至肘部。挤乳时应注意，每次开始挤出的第一二把乳应废弃，以防乳头部细菌污染乳汁。此外，产犊前 15d 胎乳、产犊后 7d 的初乳、使用抗生素治疗期间及其停药后 5d 内的乳汁、患乳房炎的乳汁等均应废弃，不得供食用。

挤出的乳，应立即进行净化处理，除去乳中的草屑、牛毛、乳块等非溶解性的杂质。净化可采用过滤净化或离心净化等方法。通过净化可降低乳中微生物的数量，有利于乳的消毒。净化后的乳应及时冷却。

(3) 乳的消毒　对乳进行消毒的目的是杀灭致病菌和多数繁殖型微生物。一般可采用以下方法进行消毒：

①巴氏消毒法：低温长时间巴氏消毒法是将乳加热到 62.8℃，保持 30min；高温短时间巴氏消毒法是将乳在 71.7℃加热 15s 或在 80~85℃加热 10~15s。

②超高温瞬间灭菌法：在 137.8℃加热 2s。

③煮沸消毒法：将乳直接加热煮沸，方法简单，但对乳的理化性质和营养成分有影响，且煮沸时泡沫部分温度低，影响消毒效果。若泡沫层温度提高 3.5~4.2℃，可保证消毒效果。

④蒸汽消毒法：将瓶装生乳置蒸汽箱或蒸笼中加热至蒸汽上升维持 10min，乳温可达 85℃，营养损失也小，适于在无巴氏消毒设备的条件下使用。

牛乳的消毒，一般在杀菌温度有效范围内，温度每升高 10℃，牛乳中细菌芽孢的破坏速度增加约 10 倍，而牛乳褐变的化学反应增加 2.5 倍，故常采用高温短时间巴氏消毒法，其消毒效果好，且牛乳的质量变化小；也可采取其他卫生主管部门认可的有效消毒方法。禁止生牛乳上市。

2. 乳的贮运卫生

为防止微生物对乳的污染和乳的变质，乳的贮存与运输均应保持低温，贮乳容器应经清洗消毒后才能使用，运送乳应有专用冷藏车辆。瓶装或袋装消毒乳夏季自冷库取出后，应在 6h 内送到用户，乳温不高于 15℃。

（三）乳及乳制品生产的安全管理

1. 乳及乳制品生产的不安全因素

（1）原料乳生产的不安全因素　在养殖环节中的牛乳乳房炎，在原料乳收购环节，奶站的挤乳操作不规范，牛乳检测环节技术手段落后，对挤乳、贮乳、运乳设备的冲洗不彻底及冷藏设施落后等均会造成牛乳质量的降低。乳牛的饲料安全问题是乳品安全的另一源头。其中饲料中有害物质及农药的残留，其他辅料的理化、微生物指标如达不到相应的标准，也会存在乳制品安全性隐患，特别是各种食品添加剂的质量与添加量，应引起注意。

（2）乳品加工过程的不安全因素　乳制品加工过程是制约乳业安全的重要因素。乳品企业在加工过程中，如果不注意管道、加工器具、设备的清洗、消毒，就会影响产品的质量。同时在生产加工环节中生产设备和工艺管理水平是否先进，新产品配方设计是否符合国家相关标准，甚至包装材料的污染也会致使牛乳制品的品质乃至安全性都难以达到高品质牛乳国际认证标准。每一种乳制品都有特定的工艺过程，整个工艺过程的每一环节都将直接或间接对最终产品质量产生影响。加工过程的主要环节有原料乳贮藏、配料、杀菌（灭菌）等、灌装或包装。

2. 安全生产管理

由于乳及乳制品营养丰富，才极易导致产品的质量问题。所以，液体乳要求从原料、加工、成品贮存到运输各个环节必须保持冷链（2~6℃）。调查显示，无论设备先进的大企业还是中小企业，每年尤其是夏季，都会发生一定比例的产品变质事件，同时还有少量的由细菌如李斯特菌、沙门菌、大肠菌群和链球菌等引起的交发性食源性疾病事件，既损害了消费者利益，又损害了企业形象，并给企业造成了一定的经济损失，从保证产品质量、维持企业和消费者利益出发，寻找比传统质量控制系统更为有效的质量管理体系已是当务之急。下面以凝固型酸牛乳 HACCP 体系的建立为例，说明乳及乳制品生产的安全管理。

凝固型酸牛乳是以鲜牛乳为原料，添加或不添加辅料，使用含有保加利亚乳杆菌和嗜热链球菌的菌种经发酵制成的产品。产品呈均匀一致的乳白色或微黄色，具有酸牛乳固有的滋味和气味，组织细腻。均匀，允许有少量乳清的析出，其蛋白质含量不低于 2.9%，非脂乳固体不低于 8.1%，成品的酸度不小于 70.0°T，乳酸菌活菌数不得低于 10^6CFU/mL。它比鲜乳易于消化吸收，并能改善肠道菌群，调节胃肠功能，是一种老少皆宜的营养食品，采用普通塑料包装材料包装，在 0~5℃时贮存的保质期为 7d。

（1）危害分析

①加工过程的危害分析及预防控制：根据酸牛乳生产工艺及产品性能，对生产过程各个环节进行危害分析，根据实际检验结果并查阅相关食品方面的资料和标准，确定各步骤的显著危害。

a. 原料的验收。鲜乳、奶粉、糖等都是微生物最好的营养物质，鲜乳的细菌总数应在 50 万个/mL 以下，应该符合国家质量标准。但是原料乳是微生物良好的培养基，极易腐败变质，农业标准 NY/T 1172—2006《生鲜牛乳质量管理规范》明确规定了生鲜牛乳的质量标准、生产要求、销售、收乳、检验方法、检验规则等内容。乳中总固形物的含量直接影响到产品的品质，总固形物含量过低会影响发酵时蛋白质的凝胶作用，从而造成凝乳不良。农业标准 NY/T 801—2004《生鲜牛乳及其制品中碱性磷酸酶活度的测定》规定，生鲜牛乳及其制品中的碱性磷酸酶检出限为 0.02μg 苯酚/mL（g），同时规定了生鲜牛乳及其制品中的碱性磷酸酶的测定方法及适用范围。原料乳中若含有抗生素等抑制物则酸乳不能发酵，因此原料乳使用前必须做发酵实验，检验原料乳是否可用来生产酸乳。另外，原料乳中掺杂使假也会影响酸乳的质量。

b. 原料乳的预处理。验收后的原料乳必须立即进行净化以除去乳中的机械杂质，减少微生物的数量，净化后的原料乳应立即冷却到 5~10℃，以抑制细菌的增长，保持乳的新鲜度，选用的贮乳罐应保证贮存的原料乳在 24h 内温度升高不超过 2~3℃，贮存时间一般不宜超过 48h，否则由于乳温升高会导致细菌繁殖加速。

c. 配料。辅料的分散度影响产品的质量，分散度不同会导致产品的质量不稳定。使用微生物含量超标的辅料会增加微生物的污染。因此应严格控制各种辅料的质量，不得使用微生物超标的辅料。

d. 预热与均质。对生产酸牛乳的牛乳进行预热处理有两方面的作用：一方面是会形成良好的质构，这非常重要；另一方面是使牛乳中乳清蛋白变性，有助于形成更为细密、坚实的酸乳凝块。均质温度和压力对产品品质具有一定的影响，温度和压力控制不当会出现物料颗粒过大、分散不均和脂肪上浮的现象。均质的温度为 55~60℃、压力为 15~20MPa。

e. 杀菌。采用超巴氏（125~138℃）杀菌工艺，此方法能杀死原料乳中的致病菌、腐败菌等影响人体健康的有害菌，减少食源性疾病。若杀菌不彻底，则原料乳中残存有一定量的致病菌及一些耐热的细菌，会使乳中的细菌毒素分泌增加，同时会导致乳产品的腐败变质。

f. 冷却温度。冷却温度过高或过低均对发酵有影响。若冷却温度不合适，则会不适合乳酸菌的生长，造成品质下降。冷却温度应控制在 43~45℃。另外，冷却速度要快速，延缓会增加污染的机会和不良的细菌产生。

g. 发酵剂的制备。发酵剂的活性高低、杆菌和球菌的比例直接影响到产品的风味及组织状态。菌种在多次传代后，易发生变异和菌相变化，致使菌种活力降低，甚至不发酵。直投式菌种进行扩大培养 1 代后作为生产菌种用，既能降低成本，又能有效保证菌种活力，杆菌和球菌的比例会影响发酵和产品的酸度。另外，要保证菌种的质量，应定时观察菌种的质地，组织状态、色泽以及有无乳清析出，测定大肠杆菌数量；定期检测霉菌和酵母菌，要求生产发酵剂中的霉菌和酵母菌数量小于 10 个/mL。应按无菌操作要求进行生产，注意防止污染，必须在无菌室内制备发酵剂，减少空气中杂菌污染，以保证发酵剂中无酵母菌、霉菌等杂菌；否则发酵活力不足，产酸低导致发酵不良。

h. 接种。接种过程要严格无菌操作，防止二次污染。添加量要合适，通常采用的接种量在 1%~4%，最适接种量为 2%。为了使菌种完全扩散，分布均匀，接种后应缓慢搅拌 10~15min。在投放菌种时，要避免与原料乳表面的泡沫或乳罐壁接触，以确保菌种在无结聚的情况下在牛乳中得以分散。对于直投式发酵剂开袋后的菌种最好是一次性用完，否则菌种活力会降低，因此应该正确选择包装规格。

i. 发酵。发酵温度过高或过低都会改变菌种的菌相，使发酵产物发生变化，引起产品风味和质地的变化，凝乳能力下降，酸度、凝固性就差，通过测定酸度来确定发酵终点（即滴定酸度达到 70°T）。发酵终点确定过早，酸牛乳还未完全凝固就停止发酵，会导致组织软嫩、风味差；发酵时间过长，乳酸菌继续生长繁殖，产酸量不断增加，致使乳蛋白质变性凝固，破坏了已形成的胶体结构，使乳清上浮。发酵室温度的变化，发酵时间有所不同，对酸牛乳的质量有很大的影响。

j. 后熟。发酵后的冷却温度和时间同样对产品品质有影响，冷却温度偏高，后酸化严重：时间不够，则风味不足。为防止酸牛乳 pH 过低以及杂菌繁殖污染，发酵成熟后的酸牛乳应立即转入 2~6℃的冷库中冷藏后熟，在温度高的地方贮藏，则会使其继续发酵，造成 pH 太低且芳香味物质形成量减少。后熟终点以酸度滴定达到 90~95°T 为准。

②车间环境和加工设备的危害分析：

a. 车间的卫生状况。从酸牛乳车间的空气以及地面、墙壁表面均可检出酵母菌和霉菌，这是由于温度高、换气不良、卫生条件差，致使酵母菌和霉菌大量繁殖，而是其孢子漂浮于空气之中造成空气的污染。一般情况下，要保持车间良好的通风（需有空气过滤设施），用紫外线照射和消毒剂（过氧乙酸）对生产车间和包装车间进行喷雾，每天清洁和消毒所有的地板积水。排水口需有防止有害动物如鼠类、蟋蟀等侵入的装置。

b. 加工设备的卫生状况。如果加工设备，如贮罐、搅拌机、均质机、发酵罐、包装机等清洗杀菌不彻底，会残留乳垢和大量微生物，成为酸乳生产的主要污染源。此外，包装材料由厂家购进时如未严格消毒，其表面可检出一定量的微生物。

c. 操作人员。生产者素质较低不能严格按照操作规程进行生产，会严重影响产品质量，甚至造成产品微生物或物理、化学污染。操作人员严格遵守卫生规范要求，保证个人卫生，进入生产车间时应对手和鞋靴消毒。

③ 危害分析的确认：通过对凝固型酸乳加工全过程的危害分析，确定的危害可能有生物的、化学的和物理的危害。

（2）关键控制点的确定　关键控制点（CCP）是使食品安全危害可以被防止，排除或减少到可接受水平的点、步骤和过程。选择并确定关键控制点是 HACCP 的关键所在，关键控制点可借助于关键控制点判断树来确定。

以微生物的摸底检测为基础，根据上述对酸乳生产过程各个加工工序的危害分析，借助于关键控制点决策树并查阅相关文献资料来确定关键控制点。原料贮存、标准化、均质、冷却、接种、包装、后熟工序中均存在危害因素，并均以致病微生物危害为主，但是该危害因素均可通过监控和采取一般管理措施［如 GMP、卫生标准操作程序（SSOP）、ISO9000 等我国食品生产安全法规］或后道工序而得到遏制，因此上述七步工序被认定为基本控制点。原料乳中的微生物可在后续工作中控制，总固形物含量可在标准化工序中调整。但是若存在抗生素抑制物则后道工序无法控制。因此需严格控制原料乳中抗生素等抑制物的含量，原料乳应定为关键控制点。

在杀菌工序中设置适当的温度和时间可杀死乳中的微生物，若此处不设为关键控制点加以控制，则后道工序很难杀灭致病菌，因此把杀菌定为关键控制点。

发酵剂的活力、杆菌和球菌的比例直接影响产品的风味及组织状态。发酵剂制作过程中染菌则直接影响产品中的细菌含量，且后道工序无法加以控制，因此发酵剂的制备是关键控制点。

发酵的温度影响着乳酸菌的生长繁殖。发酵终点的控制不当则影响产品的口感和组织状态，因此发酵的温度和控制发酵终点是关键控制点。

另外，生产设备和管道清洗也应定为关键控制点，尤其是杀菌之后的管道和设备若是清洗不彻底，将引入杂菌，直接影响发酵的风味和产品的质量。

（3）关键限值、监控程序及监控记录　通过分析，选定原料乳、杀菌、发酵剂的设备、发酵及加工设备与管路的清洗 5 个关键控制点，依据我国食品卫生法规、工艺设计的要求以及生产设备的实际情况，在生产流程中建立相应控制项目与关键限值（CL），并对监控结果进行详细的记录。

①原料乳验收：酸牛乳的生产应选择新鲜的牛乳作原料，牛乳中细菌菌数不能太高，一般控制在 50 万个/mL 以下，原料乳不论是已杀菌的还是未杀菌的，如果在 3h 内不使用，则必须在 3℃ 以下的温度贮乳，否则会引起细菌总数的增加，因此要定期监控贮乳温度。因为制造酸牛乳用的纯培养发酵剂对抗生素及防腐剂特别敏感，乳中绝对不可含有抗生素、防腐剂及其他的有害菌素类。不同总乳固体含量影响产品的质量。严格按照验收标准进行验收，并做好验收记录。

②杀菌：采取 125～138℃、5～10min 的超巴氏杀菌法对成品酸牛乳产生良好的效果，可以提高酸乳的凝胶程度，防止乳清分离。生产过程中根据工艺设计要求严格控制杀菌温度及时间，以杀死乳中的病原菌和其他全部繁殖体。观察仪表显示的数据并作好记录，及时纠偏，保证良好的杀菌效果。

③发酵剂的制备：

无菌室的杀菌消毒：发酵剂室应与生产车间完全隔离；移植菌种和制备发酵剂时用紫外线杀菌灯消毒 20min，净化工作台杀菌 20min，然后再进行工作；工作前净化工作台要用消毒水擦拭干净。记录消毒时间和菌种培养时间。

发酵剂制备要求：使用菌种前，从冰箱中取出菌种包，在常温下放置 20min，使其适当提高活力；用酒精棉将袋口、剪刀等用具消毒，开袋加入 40℃ 的 500mL 灭菌乳中，轻轻摇动、搅拌至菌种粉末完全溶解；整个过程的操作要在无菌室内操作，严格避免污染杂菌；接种好的 500mL 灭菌乳倒入相应量的原料乳中，42℃ 培养发酵。

④发酵：发酵温度依所采用的乳酸菌的种类的不同而异，从生产实际的效果来看，控制发酵温度 40～43℃、时间在 2～3h 时酸牛乳质量最好。具体发酵时间的确定可取样来滴定酸度。达到发酵终点（65～70°T）后，酸牛乳要及时从发酵室移入冷库进行后熟，否则产品的酸度会不一致。发酵过程中要观察并记录发酵温度。

⑤管道和设备的清洗工序：

清洗程序：先用清水将乳液冲洗出，时间约为 5min；用 75～85℃ 浓度为 1.2%～1.5% 的碱液循环 15～20min；在 65～75℃ 用浓度为 2% 的酸液循环 15～20min；最后用清水冲至中性，用 pH 试纸检验。最终清洗效果为细菌总数不高于 20CFU/cm^2、大肠菌群不高于 1MPN/100cm^2（MPN 为最大可能数）、霉菌不高于 1 个/100cm^2。

消毒程序：要用蒸汽消毒 40min，蒸汽压力大于 0.3MPa，消毒时间从蒸汽放满、温度达 95℃ 开始计算。

（4）纠偏措施

①原料乳验收：测定与实际情况相符的酸牛乳原料乳标准，细菌总数超标就拒收，总固形物含量过低拒收，并及时通知牛乳厂检验结果，以便加强管理、提高原料乳的卫生指标，含有抗生素和消毒剂等抑制物的乳不适合来做酸牛乳，当质检人员发现原料乳不符合质量要求即可拒绝接收原料。

②杀菌：当操作工发现杀菌温度偏离其临界值时，要及时调整蒸汽压力予以校正。

③发酵剂的制备：发现发酵剂污染杂菌时应立即停止使用，采用乳酸菌培养基（如乳清培养基、改良番茄汁琼脂培养基等）重新分离培养，经纯粹培养，显微镜检查无杂菌后，菌种方可使用。当发现菌种活力低，比例不合理时，要及时调整杆菌和球菌的比例或更换菌种。

④发酵：操作人员发现发酵温度变化应及时调整，准确控制发酵终点，保证酸乳产品的风味和质地。

⑤管道和设备的清洗：设备管道使用之前要进行消毒，生产结束之后要及时清洗。质检人员发现生产设备及连接管道的清洗消毒不符合卫生要求时，要及时通知生产人员，由操作工重新清洗消毒。

二、肉及肉制品

（一）肉制品生产中常见的质量问题

1. 肉及肉制品的安全卫生问题

肉及肉制品是人民日常膳食中十分重要的组成部分，影响肉制品安全的因素众多。主要因素包括自身因素、环境因素、生物因素、化学因素、物理因素和新生动物疫病。生物因素方面有动物本身带有的寄生虫、细菌和病毒，因生产和保存不当而导致肉类变质的细菌、霉菌等，是严重影响人体健康的潜在因素；化学因素方面有肉类中残留的农药兽药、动物通过食物链摄入和富集的有毒元素、生产过程中加入的食品添加剂，有可能对人体产生严重的影响；此外，还有物理因素及一些新生动物疫病。我国肉产品生产形势不容乐观，肉类产品安全已经成为制约我国畜牧业发展和危及人民健康的首要问题。

（1）自身因素　食用动物肉中富含营养物质和水分，它是微生物良好的培养基。当动物被宰杀后，有机体内各种酶类的拮抗作用消失，酵解酶和分解酶开始发挥作用，使有机体迅速分解；动物肉的组织结构较疏松，其间有大量的肌间结缔组织，有利于细菌的繁殖和蔓延，极易造成肉类的腐败，决定了动物性食品与其他食品相比在食用安全方面表现得更为敏感和脆弱。

（2）环境因素　环境中的污染物主要体现为饲养场没有无害化处理设施、排放的废弃物处理不当造成污染、工业“三废”的不合理排放。这些因素会引起大气、土壤、水域及动植物的污染，致使动物遭受到化学性污染；在动物生产过程中，还会受到放射性元素的污染，环境中的放射性元素通过牧草、饲料和饮水进入畜禽体内，并蓄积在组织器官中，特别是鱼贝类等水产品对某些放射性元素有较强的富集作用。

（3）生物因素　生物危害可以分为寄生虫危害和微生物危害。寄生虫的幼虫通过带病的新鲜猪肉、牛肉等动物的消费侵染人体。微生物超标是这类产品不安全的主要问题。屠宰后的动物即散失了先天的防御机能，微生物侵入组织后迅速繁殖，特别是动物性食品含有丰富的蛋白质，为微生物的繁殖提供了很好的养料，所以在加工过程中也极易被微生物所污染，造成微生物超标、原料腐败变质等种种问题。

参与肉类腐败过程的常见微生物有腐生微生物和病原微生物。腐生微生物包括有细菌、酵母菌和霉菌，它们都有较强的分解蛋白质的能力。它们污染肉品，使肉品发生腐败变质。病畜、禽肉类可能带有各种病原菌，如沙门菌、金黄色葡萄球菌和结核分枝杆菌等。它们对肉的主要影响并不在于使肉腐败变质，严重的是传播疾病，造成食物中毒。如沙门菌能产生一种毒性比较强的内毒素——沙门菌毒素。沙门菌毒素中毒，大多是由动物性食物引起。沙门菌污染食品后，即使达到相当的程度以后，也很难用感官发现。主要原因是沙门菌不产生具有可感觉到的外部特征（如气味、外形、外观等）。沙门菌毒素中毒，是在人们摄入了大量的沙门菌后才得以发生的。进入人体的沙门菌，将先定居于小肠，然后通过穿透上皮细胞层而发生作用。一般中毒发作时间大多在 8～24h。中毒者会产生恶心、呕吐、腹泻、发热等急性胃肠炎症状，大多数人可在 2～4d 复原，中毒严重者也可以致死。

肉与肉制品受到微生物污染的途径如下。

①水源污染：肉制品加工企业用水一般为自来水，国家水质标准允许每毫升含有 100 个细菌。在肉制品生产中，无论是原料肉的清洗、冷却，加工设备、刀具、容器等的清洗，车间、墙壁、地面的保洁都需大量的水，水中含有的微生物种类和数量都与肉制品的污染有密切关系。

②人员接触污染：从业人员的不良卫生习惯，如工作衣帽不洁、手不洁造成的污染是很常见的。同时生产车间又是鼠、蝇、蚊、蟑螂、潮湿虫、蜘蛛等小动物活动的地方，它们也是病原菌的传播者。

③用具接触污染：肉制品经过热加工后，本来含菌量很少或者无菌。由于分装容器、环境不洁或者工具未经消毒，则成品一经包装完毕，即已成为不符合卫生质量指标的产品，特别是运送生肉的车辆和容器未经彻底清洗和消毒便与熟肉制品接触，污染更加严重。

④加工配料污染：肉制品加工常用调味料或添加剂，这些物质都含一定数量的杂菌。添加剂、香料等每克可含细菌一万到几十万个。因此，这些成分的加入，不可忽略杀菌问题。

肉品的污染来源情况复杂，由于微生物物种的多样性和来源的广泛性，往往导致肉品多相污染。从业人员必须严格执行卫生标准，尽可能降低各个环节可能产生的微生物污染。

（4）化学因素　肉与肉制品受到化学因素的污染主要体现在兽药、农药和重金属因素等方面。其中，兽药的种类繁多，常见的兽药残留主要有抗生素类、硝基咪唑类、激素类（受体激动剂类）等，并对人类产生极大危害甚至造成死亡，包括过敏反应、毒性作用、潜在致癌性、内分泌扰乱和儿童性早熟等。农药对禽畜产品的污染通常不是直接的，而是通过对饲料的污染或水体、空气环境的污染而进入动物体内形成蓄积，尤其是通过生物富集和食物链往往可使动物体内的农药残留浓集达数百至数万倍，进入人体后的危害有中毒致畸、代谢紊乱等。

（5）物理因素　物理性危害物是指可以引起消费者疾病或损伤，在食品中没有被发现的外来物质或物体。物理性危害物能在动物性食品加工的任何阶段进入食品产品中，也会给生产造成严重损失，导致产品召回、生产线关闭甚至法律纠纷等问题。物理性危害物有玻璃、金属、石头、木块、塑料和害虫残体等。

（6）新生动物疫病　新生动物疫病包括发生在动物群体内的新型传染病以及先前已经存在但其发病频率和发病范围快速增加的传染病。例如，牛海绵状脑病（疯牛病）是发生在牛群内的新型传染病，口蹄疫是先前已经存在但其发病频率和发病范围快速增加的传染病。随着人类生存和生活方式的改变，动物产业的高度集约化，新生动物疫病不断出现，已经严重制约了动物产业的发展，并危害到肉与肉制品安全和人类健康。

2. 违禁添加和违规加工问题

（1）添加瘦肉精　为牟取更大的经济利益，部分猪的养殖户在养殖过程中给饲料添加瘦肉精，人食用了这样养出来的猪的产品后会对身体健康带来很多威胁。盐酸克伦特罗、盐酸多巴胺、莱克多巴胺、硫酸特布他林、沙丁胺醇、西马特罗、酒石酸阿福特罗、硫酸沙丁胺醇等14种物质被纳入瘦肉精进行管理。随着消费从解决温饱型向吃好、有营养过渡，消费者不像以前都要吃肥肉，喜欢食用瘦肉，瘦肉价格也比肥肉高，瘦肉精在此环境下产生并且得到广泛应用。为了促进瘦肉生成，抑制动物性脂肪生成的物质被统称为瘦肉精，它在减少脂肪、增加瘦肉方面起到很大的作用。添加过瘦肉精的猪肉，瘦肉比率较大，肉品色彩漂亮，在销售中深得消费者喜欢。但是，瘦肉精有很大危害，轻则导致心律失常，严重会引起心脏疾病。猪吃瘦肉精，在肝和肺等部位积聚，消耗大量有瘦肉精猪内脏，可能会立即出现恶心、头晕、肌肉震颤、心悸和血压升高等中毒症状。有研究表明，用1mg/kg的克伦特罗添加于猪饲料中喂猪，用于促进瘦肉率增加，人食用该猪的猪肝或猪肺足够引起中毒，而长期食用含有瘦肉精的肉制品会有染色体畸变的可能。

（2）甲醛在肉制品中违规使用　甲醛具有改善肉制品外观的作用，但是添加到肉类中会对人体有极大危害。在监管部门对部分肉制品的抽样检验中，极个别样品中检出甲醛。甲醛具有凝固蛋白，使蛋白质变性的作用，用甲醛处理过的肉组织变得均匀交错而且具有很大的弹性。甲醛又与构成生物体本身的蛋白质上的氨基发生反应，因此它具有防腐、杀菌、延长食品保质期的作用。但是，甲醛“会缩短人体血液细胞的正常寿命，红细胞异常，杀死血小板，进一步导致贫血，破坏人的免疫系统，人体长期大量摄入甲醛，会使骨髓造血功能受到抑制，引发白血病、骨髓瘤、淋巴瘤等血液病”，因此甲醛是禁止添加在食品中的。

（3）食品添加剂的滥用　食品添加剂被广泛应用到现在的食品加工中，但许多食品安全事件，却总是伴随着食品添加剂的身影。其实在发生的诸多食品安全事件中，首先要分清违规添加的到底是什么，能不能添加。以上讲的瘦肉精、甲醛是不能添加在食品中的，在我国是属于违禁物质，并非属于食品添加剂。而其他各种食品添加剂违法案件中的真正的食品添加剂，是可以添加到食品中的，但是其添加的范围和数量都有规定。

（4）少数肉制品以假冒充　近年来，有多家食品加工黑作坊用老母猪肉甚至病死猪肉为原料，加工成“牛肉”对外销售，这些黑心商贩购进老母猪肉后通过加亚硝酸盐，更有甚者直接加工业硝，即工业染布用色素“大红”，使猪肉改变纤维组织结构和色泽，加牛肉香精改变猪肉口味的办法把猪肉煮好后当作牛肉售卖，受到严厉处罚。2011 年无锡审判一起制售假牛肉案件，有 24 人被判刑，最长刑期达 15 年之久。2012 年 10 月北欧国家瑞典也出现了用染色猪肉冒充牛肉的食品安全违法行为。

（5）以病死肉加工肉制品　我国各地各级监管部门三令五申病死猪肉不得上市流通，但相关食品安全事件仍有发生。2011 年 7 月，福建警方查获用病死猪肉加工成腊肉肠的大案，据犯罪嫌疑人交代，他从不法生猪养殖户或猪贩子手里收购病死猪屠宰后，约以 4 元/kg 的价格卖给肉贩子，肉贩子又以 10 元/kg 卖给黑窝点，违法肉制品加工黑窝点又将之进行腌制后以更高售价批发给小摊贩或者卖给消费者，每一个环节获利率超过 100%。这种行为严重危害消费者身体健康。

（二）肉及肉制品安全管理措施

1. 饲养与原料管理

首先，在畜禽饲养环节，一定要加大产地检疫站岗位责任制，强化检疫报检和临栏检疫措施，确保上市畜禽的产地检疫合格率达到 100%。其次，畜禽的宰前检验与管理也是保证肉制品卫生质量的重要环节。它在贯彻执行病、健隔离，病、健分宰，防止肉制品污染，提高肉制品卫生质量方面起着重要的把关作用。最后，宰后的胴体要进行一道终点检验，这项工作通常与胴体的打等级、盖印章结合起来。当凭感官检查无法判断时，必须进行细菌学和病理组织学等检验。

2. 生产工艺管理

生产工艺管理主要包括从生肉到产品的温度管理以及各工艺之间的连接条件管理。生产工艺中，一般对动物胴体应采用快速二段冷却法（-20℃、1.5~2h，0~4℃、12~16h）。在规定时间内使动物胴体温度降到 4℃ 以下。因为在冷藏的温度（4~10℃）时，嗜冷菌易于生长，酵母和霉菌也能缓慢生长。一般大气温度条件下，嗜温菌和大肠杆菌群、需氧菌和厌氧菌均能迅速繁殖。而在4℃条件下，仅部分嗜冷菌可生长，但生长也很缓慢。而半成品在各加工环节中的温度控制，首先是原料肉解冻的控制，其次是如高速斩拌、乳化等不同生产工艺之间的温度变化的控制。在肉品加工过程中，要根据不同成品需要的加工程序进行，防止不同产品和不同生产环节之间的交叉感染。

3. 配套设施管理

肉类屠宰场、加工厂在投入使用之前首先要符合国家规定的卫生要求或标准，办理有关的许可证或注册手续。加工厂卫生设施要齐全，如要设有废弃物临时存放设施，废水、废气处理系统，与职工人数相适应的更衣室、厕所以及洗手，清洗、消毒设施等，只有具备此种条件，才能保证肉制品受到污染的概率降到最低。

4. 产品检测管理

按照国家颁布的卫生标准，对最终产品的微生物、添加物含量、营养价值、感官质量、尝味期限等必须严格进行检测。在成品入库前对产品进行感官检查，必要时切开检查。包装后的产品要检查其品名、生产日期、包装是否污染等，真空保障还要检查是否漏气。

5. 流通领域管理

肉制品的贮藏仓库卫生不达标，新鲜产品与过期产品交叉摆放或者通风防潮设备管理不当都可能造成产品的二次污染。肉制品运输时所用的车辆未经消毒或消毒不规范、车内存放有化学物品、销售环境和条件不符合国家规定都会造成污染。另外，如果是冷冻制品，那么贮藏间、运输工具内的温度也好控制适当，防止肉制品腐败变质。

三、水产品

（一）水产品及相关概念

水产品一般是指用于食用的海水或淡水的经济动植物及其加工品。原国家质检总局在《进出境水产品检验检疫管理办法》中对水产品的定义是：指供人类食用的水生动物（不含活水生动物及其繁殖材料，下同）及其制品，包括头索类、脊椎类、甲壳类、脊皮类、脊索类、软体类等水生动物和藻类等水生植物及其制品。其中食用水生动物是指用于食用的活的鱼类、软体类、甲壳类及其他在水中生活的无脊椎动物等。

根据美国食品与药物管理局对水产和水产品的定义：水产是指除鸟类、哺乳类以外，淡水或海水中供人类食用的有鳍类、甲壳类和其他类型的水产生物（包括但不限于鱼类、虾类、龟类、海蜇、海参、海胆及卵）和所有软体动物。而水产品是以水产为主要成分的人类食品。

水产品质量安全是水产品的内在品质与外在因素对人体健康的影响状况，是指水产品质量符合保障人的健康、安全的要求。广义的水产品质量安全还包括水产品满足贮运、加工、消费、出口等方面的需求。

（二）水产品产业链与质量安全风险

水产品作为食品的一个重要类别，其生产、加工、储藏、运输、销售等各环节已经充分融入高度复杂的现代社会分工当中。水产品的产业链具有更长的特点，从池塘到餐桌涉及多个环节。在水产品产业链的多个环节中，所涉及的环境、投入品、加工设备和程序、销售途径和烹饪方式等领域的任何一个方面出现问题，都会危及水产品的质量和安全。水产品的质量安全水平取决于质量安全风险，而质量安全风险贯穿于整个食品链。

从水产品的生产源头看，养殖水生动物的水域环境和水质会产生安全问题，水源性疾病和各种化学污染物通过水的流动和迁移进行传播。滥用化学合成农药或将其他有害物质通过灌水或随意倾倒等途径带入水体内，使许多合成的、难以通过生物代谢的有毒化学成分随着时间推移在水产品体内富集。若忽视水产品生产中对渔用饲料的施用进行严格的卫生管理，可能将多种侵害人体健康和生命安全的病原菌、寄生虫引入养殖场和养殖水体。农渔兽药等生产化学投入品如使用不当，也会造成质量安全隐患。滥用渔药、抗生素、生长刺激素等化学制剂或生物制品，会在水产品中形成残留，最终对消费者健康产生不良影响。

（三）影响水产品质量安全的主要因素

1. 环境污染

水产品是质量安全最易受环境影响的产品之一。现代社会环境可能的污染物几乎都是最终汇集到水产品生活的江河湖海里，并造成其污染。环境污染主要包括以下几个类别。

（1）无机类有毒物质　一些陆源排放的污水中的无机污染物超标，已经严重影响到水产品质量安全。水生生物对污染物的富集作用也加剧了无机污染物对消费者健康的影响，特别是我国居民消费者喜爱的鱿鱼、乌贼等头足类水产品更是重金属等污染物富集的主要载体。

（2）有机物及其他类化学品等有害化合物（如苯酚、多环芳烃等）　化学工业产生的有机污染物如多环芳烃、多氯联苯、苯并芘等在水产品中经常被检出，有时候严重超标。我国的近海水域养殖和捕捞的水产品不同程度上都存在这类物质。不恰当或者违规使用食品添加剂、食品加工消毒剂等也是导致水产品存在有害有机类危害的重要原因。如水发水产品、冻银鱼、冻虾仁等使用甲醛，为防止海上捕捞虾的黑变，违规使用亚硫酸盐，导致虾肉中的二氧化硫严重超标等。另外，随着工业生产的发展，由于废弃的工业油料和石油等物质不加控制地排放对水域造成的污染，也会导致生活在被污染水域中的水产品有异味、有毒有害物质含量超标等安全卫生危害。

（3）“赤潮”毒素　近年来，我国渤海、东海和南海等海域连续发生赤潮，并逐年加重。赤潮的形成是由于工业污水、生活用水及水产养殖废水等对海洋环境的污染日渐严重，大量富含氮磷钾的污染物流入海洋，使海域的海水富营养化，导致海洋中的微藻迅速成长为藻华。有些微藻具有微藻类毒素，形成赤潮毒素危害。赤潮已经严重影响着所在水域的海洋水生动物的生长，大量鱼、虾、蟹和贝类会因缺氧而死亡。

（4）环境持久性污染物　中国渔业环境自20世纪70年代起受到不同程度污染，渔业资源受到严重危害。随着我国采矿选矿业和金属冶炼业的快速发展，含有重金属的废水未经处理直接流入河流、湖泊和水库等可饮用水源，已经成为人类生命健康的一大杀手。受到含有砷、镉、铅、铬、汞等重金属元素污染的水体通过水流的迁移流动，使水体中浮游生物过滤性吸收较高水平的重金属，而水生动物体大多以浮游生物为食，从而形成了重金属传递的食物链。因此，镉、铬、铅、汞、砷及其化合物等重金属在水生动物体内明显蓄积。这些污染物会对人体主要脏器、神经、循环等各系统造成严重危害。

2. 农渔兽药残留

（1）农兽药残留　农兽药残留是指使用农药、兽药后，残存在动植物体内、土壤，水域和环境中的农兽药及其有毒代谢物的量。农兽药残毒是指残留在水产食品中的农兽药毒性。农药的大量使用导致内陆水域的药残污染正在加重，对水产品质量安全造成了潜在危害。我国许多地区的水产品已经陆续检测出菊酯类药物和有机磷农药的超标。农兽药残留不仅会对地球整个大气圈、水循环圈、生物圈产生不良影响，而且会通过食物链的富集和传递作用，就会对食用者身体健康造成危害，严重时造成身体不适、呕吐、腹泻甚至死亡的严重后果。水产品中的农兽药残留主要来自三个方面：第一方面是在养殖过程中，使用农药杀虫剂对水体进行除病害消毒；第二方面是加工过程中作为驱蝇驱虫剂和防鼠的非法使用；第三方面是受废水、废气、废渣的“三废”污染。

（2）渔药残留　渔药是指水产品在养殖和储藏运输过程中用于预防、控制和治疗水生动物、植物的病虫害，促进养殖品种健康成长，增强机体抗病能力以及改善养殖水体质量，以及活的水生动物运输过程中增加存活率的一切物质。

渔药的广泛使用为水产养殖持续发展提供技术保障的同时，其抗药性的产生、药物残留问题带来的副作用也日益凸现。目前，我国对渔药在水生动物体内的作用机制、给药种类、给药剂量、给药间隔时间、休药期、最终用药时间等都没有一个明确的标准，在水产品养殖生产过程中滥用药物的现象普遍存在。渔药滥用的主要表现：一是非法使用禁用药物；二是过量使用人渔共用药物。此外，在渔用饲料中滥用添加药物和生长强壮类激素等也成为严重的问题。渔药的滥用破坏生态平衡，进一步加强水生动植物病害，形成恶性循环；同时水生动植物耐药性增强，增加了疾病防治的难度；更为严重的是药物在水生动植物体内积聚、残留，直接危害到消费者的身体健康和生命安全。

（四）水产品质量控制措施

1. 源头控制

目前，我国水产品安全事件多数是由有毒、有害物质和药物残留超标引起的，而外来投入是唯一途径。因此，外来投入品的使用是水产品安全管理的源头。加强水域环境生态保护，控制好水质。严禁有害物质向水域排放和不使用污染的水源是保障水产品安全的第一步。第二步就是控制外来投入品的使用。水产品的养殖与加工生产，必须按照国家标准和规定使用种苗、饲料、药物、消毒剂、水质改良剂等投入品。

2. 养殖生产模式

当前我国水产品质量安全问题的突出表现是抗生素、激素、药物、重金属等残留以及微生物、甲醛等指标超标现象。这些现象的产生根源主要是目前的养殖生产模式。为了保障水产品质量安全，应改变目前的养殖生产模式，发挥各级渔业研究、技术推广部门的作用，推广科学、清洁、健康、安全的渔业养殖生产模式。改变高产量、高密度的做法，发展名优特新品种的健康养殖生产，降低水域环境负担。改变养殖生产模式的核心是减少外来品的投入量，有效地控制病害的发生，保障水产品质量安全。

3. 水质监测与调控

在养殖过程中，采取实验室检测或现场速测等方法对水产养殖用水进行定期或应急检测，内容包括水温、pH、溶解氧、氨氮硫化氢、亚硝酸盐、透明度、盐度等。随时掌握水质变化情况，为采取加水、换水、消毒、生物调节等技术措施提供依据。

4. 饲料渔药研发

目前，渔用饲料缺乏安全性问题普遍存在，部分渔用饲料厂不按国家和行业标准生产，大量添加抗生素等添加剂。渔药缺乏高效、安全的专用药物，使用的多数是兽药和人药，针对高发、频发、死亡率高的病害的有效安全药物几乎空白，无奈之下使用孔雀石绿、甲醛、硝基呋喃等禁药。加速研制渔用专用药物，生产低毒、无毒、安全的渔用药物，从效果和价格上替代目前的违禁药物。

四、谷类食品

谷类食品主要包括小麦、大米、小麦、高粱和薯类等杂粮。其中以大米和小麦为主，谷类食品在我国膳食构成中的比例为49.7%，注意作为主食。谷类为我国居民提供日常膳食中50%~70%的热能、55%左右的蛋白质、一些无机盐及B族维生素。

（一）谷类的主要卫生问题

（1）霉菌和霉菌毒素的污染　谷类在农田生长期、收货、储存过程中的各个环节均可能受到霉菌的污染。当环境湿度较大，温度增高时，霉菌易在谷类中生长繁殖，并分解其营养成分，产酸产气，使谷类发生霉变，不仅改变了谷类的感官性状，降低和失去营养价值，而且还可能产生相应的霉菌毒素，对人体健康造成危害。污染谷类常见的霉菌有曲霉、清霉、毛霉、根霉和镰刀菌等。

（2）农药残留　谷类中的农药残留主要包括：一是防治虫，病以及除草是直接施用的农药；二是农药的施用，对环境造成一定的污染，环境中的农药通过水、空气、土壤等途径进入谷类作物。我国目前使用的农药80%~90%为有机磷农药。

（3）有毒物的污染　有毒物包括汞、镉、砷、铅、酚和氰化物等，主要来自未处理或处理不彻底的工业废水和生活污水对农田、菜地的灌溉，以金属毒物为主的无机有毒成分或中间产物就可能通过污水灌溉农作物造成严重污染。有研究结果显示，每人每天平均摄入的铅、镉、汞分别为86.3μg（占ADI的20.1%）、13.8μg（占ADI的22.9%）、10.3μg（占ADI的23.6%）。

（4）仓储害虫　我国常见的仓储害虫有甲虫（大姑盗、米象、米蠢和黑粉虫等）、螨虫（粉螨）及蛾类等50余种，仓储害虫在原粮、半成品谷类上都能生长，并使其发生变质，失去或降低食用价值，每年因病虫害损失的粮食达5%~30%。

（5）其他污染　其他污染包括无机夹杂物和有毒种子的污染。泥土、砂石和金属是谷类主要的无机夹杂物。麦角、曼陀罗子、苍耳子是谷类在农田生长期、收割期混杂的有毒植物种子。

（二）谷类的卫生管理

1. 谷类的安全水分

谷类含水分的高低与其储藏的时间长短与加工密切相关。应将谷类的水分控制在安全储存所要求的水分含量以下。谷类子粒饱满、成熟度高、外壳完整，其储藏性更好，因此应加强入库前的质量检查，与此同时，还应控制谷类储存环境的温度和湿度。

2. 粮仓的卫生要求

粮仓的卫生要求包括：

（1）仓库建筑应坚固、不漏、不潮，能防鼠、防雀；

（2）保持粮库的清洁卫生，定期清扫、消毒；

（3）控制仓库内的温度、湿度，按时翻仓、晾晒，降低粮温，掌握顺应气象条件的门窗启闭规律；

(4) 监测谷类温度和水分含量的变化，加强谷类的卫生检查，发现问题立即采取相应措施。

此外，仓库使用熏蒸剂防治虫害时，要注意使用范围，控制用量。熏蒸后粮食中的药剂残留量必须符合国家卫生标准才能出库、加工和销售。

3. 谷类运输、销售的卫生要求

运输谷类时，应做好粮食运输和包装的卫生管理，运输应有清洁卫生的专用车，防止意外污染。粮食包装必须专用。

谷类销售单位应按食品卫生经营企业的要求，加强成本粮的卫生管理，做到不加工、不销售不符合卫生标准的谷类。

4. 防止农药及有害金属的污染

防止农药污染应遵守农药安全使用规定和农药安全使用标准，可采取的措施有：①针对农药的毒性和在人体内的蓄积性，不同作物及条件选用不同的农药和剂量；②确定农药的安全使用期；③确定合适的施药方式；④制定农药在食品中的最大残留限量标准。

使用污水进行灌溉时，应采用以下措施：①废水应经过活性炭吸附、化学沉淀、离子交换等方法处理后再排放，使灌溉水质符合农田灌溉水质标准，根据作物品种掌握灌溉时间及灌溉量；②定期检测农田的污染程度及作物的毒物残留水平，防止污水中有害化学物质对粮食的污染。

为防治各种储粮害虫，常使用化学熏蒸剂、杀虫剂和灭菌剂，如甲基溴、磷、氰化氢等，应用时应注意其质量和剂量，其在谷类中的残留不超过国家标准限量。近年来我国研究用^{60}Co的γ射线低剂量辐照粮食，可杀死所有害虫，且不破坏谷类的营养成分及品质，效果好，我国已颁布了相应的卫生标准。

5. 防止无机夹杂物及有毒种子的污染

在谷类加工过程中安装振动筛、去石机、磁力除铁器或风选机等设备可有效去除无机夹杂物。有条件时，可逐步推广无夹杂物、无污染物或者强化某些营养素的小包装谷类产品。

为防止有毒种子的污染，应做好以下工作：①加强选种、农田管理及收获后的清理工作，尽量减少或完全清除有毒种子；②制定谷类中各种有毒种子的限量标准并进行监督，如我国规定，按质量计麦角的含量不得大于0.01%、毒麦的含量不得大于0.1%。

五、食用油及其制品

食用油产品分为普通食用油（烹调油、色拉油、调和油）、食用专用油脂（煎炸油、起酥油、人造奶油、代可可脂）与其他脂类产品（磷脂、糖脂）等。我国的主要食用油产品有二级油、一级油、高级烹调油、色拉油以及调和油等。它们都是按照各自的质量标准，经过一定的精炼工艺制得。

（一）食用油脂的安全问题

1. 油脂酸败

（1）油脂酸败的原因　油脂酸败的程度与紫外线、氧、油脂中的水分和组织残渣以及微生物污染等因素有关，也与油脂本身的不饱和程度有关。酸败的发生可能存在两个不同的过程：一个是酶解过程，动植物组织残渣和食品中微生物的酯解酶可使甘油三酯分解成甘油和脂肪酸，使油脂酸度增高，并在此基础上进一步氧化；另一个是脂肪酸，特别是不饱和脂肪酸因紫外线和氧的存在而自动氧化产生过氧化物，后者碳链断链生成醛、酮类化合物和低级脂肪酸或酮酸，从而使油脂带有强烈的刺激性臭味，某些金属离子在油脂氧化过程中起催化作用，铜离子、铁离子、锰离子可缩短上述过程的诱导期和加快氧化速度，在油脂酸败中油脂的自动氧化占主导地位。

（2）反映油脂酸败的常用指标

①酸价（AV）：中和 1g 油脂中的游离脂肪酸所需 KOH 的质量（mg）称为油脂酸价。GB 5009. 229—2016《食品安全国家标准　食品中酸价的测定》规定了各类食品中酸价的三种测定方法——冷溶剂指示剂滴定法（第一法）、冷溶剂自动电位滴定法（第二法）和热乙醇指示剂滴定法（第三法）。第一法适用于常温下能够被冷溶剂完全溶解成澄清溶液的食用油脂样品，适用范围包括食用植物油（辣椒油除外）、食用动物油、食用氢化油、起酥油、人造奶油、植脂奶油、植物油料共计 7 类。第二法适用于常温下能够被冷溶剂完全溶解成澄清溶液的食用油脂样品和含油食品中提取的油脂样品，适用范围包括食用植物油（包括辣椒油）、食用动物油、食用氢化油、起酥油、人造奶油、植脂奶油、植物油料、油炸小食品、膨化食品、烘炒食品、坚果食品、糕点、面包、饼干、油炸方便面、坚果与籽类的酱、动物性水产干制品、腌腊肉制品、添加食用油的辣椒酱共计 19 类。第三法适用于常温下不能被冷溶剂完全溶解成澄清溶液的食用油脂样品，适用范围包括食用植物油、食用动物油、食用氢化油、起酥油、人造奶油、植脂奶油共计 6 类。

②过氧化值（POV）：油脂中的不饱和脂肪酸被氧化形成过氧化物，其含量多少称为过氧化值。

GB 5009. 227—2023《食品安全国家标准　食品中过氧化值的测定》本标准代替 GB 5009. 227—2016《食品安全国家标准　食品中过氧化值的测定》。本标准规定了食品中过氧化值的测定方法。第一法适用于食品中过氧化值的测定；第二法适用于食用动植物油脂和人造奶油中过氧化值的测定。该标准与 GB 5009. 227—2016 相比，主要变化如下：一是修改了第一法“指示剂滴定法”的范围；二是增加了植脂奶油和粉末油脂制品的试样制备。

③羰基价（CGV）：羰基价是反映油脂酸败时产生醛、酮总量的指标，正常油

脂的总羰基价不超过 20meq/kg，而酸败油脂和加热劣化油的羰基价大多数超过 50meq/kg，有明显酸败味的食品羰基价可高达 70meq/kg。我国规定普通食用植物油的羰基价≤20meq/kg、精炼食用植物油的羰基价≤10meq/kg。GB 5009. 230—2016《食品安全国家标准　食品中羰基价的测定》适用于油炸小食品、坚果制品、方便面、膨化食品以及食用植物油等食品中羰基价的测定。

④丙二醛（MDA）含量：丙二醛是猪油油脂酸败时的产物之一，其含量的多少可灵敏地反映猪油酸败的程度。我国在猪油卫生标准中规定丙二醛的含量不高于 2. 5mg/kg。GB 5009. 181—2016《食品安全国家标准　食品中丙二醛的测定》保留原标准方法分光光度法为第二法，扩大了方法的适用范围；增加了高效液相色谱法为第一法，扩大了方法的适用范围。该标准规定了食品中丙二醛的测定方法，第一法适用于食品中丙二醛的测定，第二法适用于动植物油脂中丙二醛的测定。

在油脂酸败过程中，脂肪酸的分解及氧化必然影响其固有的理化常数，如碘价、熔点（凝固点）、密度、折光指数和皂化价等，但是这些常数基本上不作为油脂酸败的指标。GB 8955—2016《食品安全国家标准　食用植物油及其制品生产卫生规范》规定了食用植物油及其制品生产过程中原料采购、加工、包装、贮存和运输等环节的场所、设施、人员的基本要求和管理准则。

2. 防止油脂酸败的措施

（1）从加工工艺上确保油脂纯度　不论采用何种制油方法产生的毛油必然经过水化，碱炼或精炼，去除动、植物残渣。水分是酶发挥催化活性和微生物生长繁殖的必要条件，其含量必须严加控制，我国规定油脂的含水量应低于 0. 2%。

（2）创造适宜的贮存条件，防止油脂自动氧化　自动氧化是油脂酸败的主要原因，而氧、紫外线、金属离子在其中起着重要作用，油脂自动氧化的速度随空气中氧分压的增加而加快；紫外线则可引发酸败过程的链式反应，即在紫外线的作用下，脂肪酸双键中的碳碳双键被打开，与氧结合形成过氧化物，并使后者进一步分解，产生醛和酮等化合物；金属离子在整个氧化过程中起着催化剂的作用。因此，应创造一种密封、隔离和遮光的环境，同时在加工和贮存过程中应避免金属离子污染。

（3）油脂抗氧化剂的应用　应用油脂抗氧化剂是防止食用油脂酸败的重要措施，常用的抗氧化剂有丁基羟基茴香醚（BHA）、2，6-二叔丁基甲苯（BHT）和没食子酸丙酯。柠檬酸、磷酸和对酚类抗氧化剂（特别是维生素 E）与 BHA、BHT 具有协同作用。

3. 油脂污染和天然存在的有害物质

（1）黄曲霉毒素　黄曲霉毒素全部来源于油料种子，极易受到黄曲霉污染的油料种子是花生，其他油料种子如棉籽和油菜籽也可受到污染，严重污染的花生榨出的油中黄曲霉毒素的含量均高达数千微克每千克，碱炼法和吸附法均为有效的去毒方法。我国规定一般食用油中的黄曲霉毒素应不高于 10μg/kg，花生油中的黄曲霉毒素应不高于 20μg/kg。进出口行业标准 SN/T 3868—2014《出口植物油中黄曲霉毒素 B_1、B_2、G_1、G_2 的检测　免疫亲和柱净化高效液相色谱法》规定了出口植物油中黄曲霉毒素 B_1、黄曲霉毒素 B_2、黄曲霉毒素 G_1、黄曲霉毒素 G_2 的检测方法。该标准适用于花生油、橄榄油、芝麻油中黄曲霉毒素的检测。

（2）多环芳烃类化合物［B(a)P］

①作物生长期间的工业降尘：来自上海的资料表明，工业区菜籽榨取的毛油中 B(a)P 的含量是农业区的 10 倍。

②油料种子的直火烟熏烘干：采取未干，晒干及烟熏干的原料生产的椰粒油，其 B(a)P 的含量分别为 0. 3μg/kg、3. 3μg/kg 和 90. 0μg/kg。

③压榨法的润滑油混入或浸出法的溶剂油残留：机油的 B(a)P 含量可高达 5250~9200μg/kg，有少量混入就可使油脂产生严重污染。

④反复使用的油脂在高温下热聚：这也是造成多环芳烃类化合物含量增高的原因之一，活性炭吸收是去除 B(a)P 的有效方法，去除率在 90%以上，我国规定食用植物油的 B(a)P 含量应不高于 10μg/kg。

GB/T 23213—2008《植物油中多环芳烃的测定　气相色谱-质谱法》规定了植物油中 16 种多环芳烃的气相色谱-质谱测定方法。该标准适用于植物油中多环芳烃的测定。该标准的方法检出限为 1μg/kg。

（3）棉酚　棉酚是棉籽色素腺体中的有毒物质，包括游离棉酚、棉酚紫和棉酚绿三种，冷榨法产生的棉籽油游离棉酚的含量极高，长期食用生棉籽油可引起慢性中毒，其临床特征为皮肤灼热、无汗、心慌、无力及低钾血症等；此外，棉酚还可导致性功能减退及不育症。降低棉籽油中游离棉酚的含量主要有两种方法：一种是采用热榨法，棉籽经蒸炒加热，游离棉酚能与蛋白质作用形成结合棉酚，压榨时多数留在棉籽饼中，故热榨法制成的油脂中游离棉酚大为降低，一般热榨法生产的油脂中棉酚的含量仅为冷榨法的 1/20~1/10；另一种是碱炼或精炼，棉酚在碱性环境下可形成溶于水的钠盐而被除去，碱炼或精炼的棉籽油中棉酚的含量在 0. 015%左右。国外研究证明，棉籽饼中游离的棉酚含量在 0. 02%以下时对动物不具有毒性。我国规定棉籽油中游离棉酚的含量应低于 0. 02%。

GB 5009. 148—2014《食品安全国家标准　植物性食品中游离棉酚的测定》标准代替 GB/T 5009. 148—2003《植物性食品中游离棉酚的测定》。该标准规定了植物油或以棉籽饼为原料的其他液体食品中游离棉酚的测定方法，适用于植物油或以棉籽饼为原料的其他液体食品中游离棉酚的测定。

（4）芥子苷　芥子苷普遍存在于十字花科植物中，油菜籽中含量较多。芥子在植物组织中葡萄苷酶的作用下可分解为硫氰酸酯、异硫氰酸酯和硫氰化物。硫氰化合物具有致甲状腺肿作用，其机制为阻断甲状腺对碘的吸收，使甲状腺代偿性肥大，一般可利用其挥发性加热去除。

（5）芥酸　芥酸是一种二十二碳单不饱和脂肪酸，在菜籽油中含 20%~50%。

芥酸可使多种动物心肌中的脂肪聚积，心肌单核细胞浸润并导致心肌纤维化，除此之外，还会形成动物生长发育阻碍和使生殖功能下降，但有关其对人体会产生毒性的报道尚属少见。为了预防芥酸可能产生的危害，欧洲共同体规定食用油脂的芥酸含量不得超过5%。目前我国已培育出低芥酸菜籽，并进行了大面积种植。

GB/T 23890—2009《油菜籽中芥酸及硫苷的测定　分光光度法》规定了油菜籽中芥酸、硫苷含量测定的分光光度法。该标准适用于双低油菜种子和商品籽中芥酸、硫苷含量的快速检测。该方法的最低检出限：芥酸为0.5%，硫苷为10μmol/g。

（二）控制措施

控制影响油品质量方法，即适当地控制对油品质量有影响的光线、水分、杂质、空气及大气温度等贮藏条件，加强油品质量的检查和管理，防止可能发生的氧化酸败，以保证油品安全贮存。为此在日常管理中应采取以下几种方法。

1. 防日晒

货物周围可种树，油库门窗要遮盖、密闭，避免日光直接照射，减小光线、高温影响。

2. 防潮湿

干燥天气可适时对仓库通风干燥，雨天不开盖检查。

3. 防氧化

旋紧桶盖，减少不必要的过桶以防空气过多的进入。

4. 防渗漏

防渗漏主要发生在油罐的焊接处，有漏缝和阀门未关紧时，油品渗漏与空气接触易变质。要做到勤检查，看油罐或油桶是否有漏缝和阀门是否关紧，及时发现及时处理。

5. 防酸败

油品酸败的规律一般是先油脚后清油，要定时检查油品是否出现明显沉淀油脚，如有可以用转桶倒油脚的方法进行处理。清油也要定期作酸值测定，进行油情分析和排队，作为安全贮存和推陈贮新的依据。

6. 增加抗氧化剂的效能

在采取添加抗氧化剂方法贮油时，必要时加入柠檬酸、酒石酸等金属钝化剂以钝化金属，可破坏金属对油品的影响，也可增加抗氧化剂的效能。

六、调味品

（一）酱油类调味品的卫生及管理

1. 原料的卫生及管理

不得使用变质或除去有毒物质的原料来加工制作酱油类产品，大豆、脱脂大豆、小麦、麸皮等必须符合团体标准 T/LSXH 0001—2020《粮食卫生》的规定，该标准规定了粮食的定义、指标要求、检验方法、包装、运输及贮存、标识的卫生要求，适用于供人食用的禾谷类、豆类、薯类等的原粮和成品粮；生产用水符合生活饮用水卫生标准；不得用味精废液来配制酱油。

2. 添加剂的卫生及管理

防腐剂和色素的使用必须符合 GB 2760—2024《食品安全国家标准　食品添加剂使用标准》。食品添加剂的卫生管理必须符合 GB 31647—2018《食品安全国家标准　食品添加剂生产通用卫生规范》的规定，该标准规定了食品添加剂生产过程中的原料采购、加工、包装、标识、贮存和运输等环节以及生产场所设施、人员的基本要求和管理准则，且适用于经国务院卫生行政部门批准并以标准、公告等方式公布的食品添加剂，包括营养强化剂、食品用香精和复配食品添加剂等。同时食品添加剂如防腐剂和色素等的使用必须符合 GB 2760—2024《食品安全国家标准　食品添加剂使用标准》的规定。该标准规定了食品添加剂生产过程中的原料采购、加工、包装、标识、贮存和运输等环节以及生产场所设施、人员的基本要求和管理准则。该标准适用于经国务院卫生行政部门批准并以标准、公告等方式公布的食品添加剂，包括营养强化剂、食品用香精和复配食品添加剂等。

焦糖色素的卫生问题：生产酱油时用于酱油的主要物质是焦糖色素，我国传统的焦糖色素是食糖加热聚合生成的一种深棕色色素，是安全的。如果以加氨法或亚硫酸铵法生产焦糖色素，不可避免地会产生 4-甲基咪唑，这是一种可引起人和动物惊厥的物质，因此加氨法和亚硫酸铵法生产焦糖色素曾严格被禁止。后经联合国粮农组织、美国食品与药物管理局、世界卫生组织研究，均确认焦糖色素是安全的，但对 4-甲基咪唑作了限量规定，焦糖色素中 4-甲基咪唑的限量标准必须符合 GB 1886. 64—2015《食品安全国家标准　食品添加剂　焦糖色》的规定。

化学法生产酱油的卫生问题：化学酱油生产时用于水解大豆蛋白质的盐酸必须是食品工业用盐酸，并限制酱油中砷、铅的含量，分别不得高于 0. 5mg/kg、1mg/kg。用化学法生产酱油，需经省级食品卫生监督部门批准。

3. 人工发酵酱油的曲霉菌种管理

生产人工发酵酱油所接种的曲霉菌是专用曲菌，是一种不产毒的黄曲霉菌。鉴于黄曲霉菌产毒的不专一性和变异性，需要定期对菌种进行筛选、纯化和鉴定，防止杂菌污染、菌种退化和变异产毒。使用新菌种时应按照《新食品原料安全性审查管理办法》进行审批后，方可投产。限定酱油中黄曲霉毒素 B_1 的含量不得高于 5μg/kg。

4. 酱油的防腐和消毒

酱油含丰富的可被微生物利用的营养物质和水分。在较高温度下，由于产膜性酵母菌的污染，酱油表面会生成一层白膜，使酱油失去使用价值，因此酱油的生产、包装、消毒、灭菌极为重要。酱油生产采用机械化、密闭化生产系统，压榨或淋出的酱油必须加热灭菌。然后注入储存罐储存沉淀，取其上清液装罐。酱油的消毒多采用高温巴氏消毒法，即85~90℃瞬间灭菌，灭菌后的酱油需符合GB 2717—2018《食品安全国家标准　酱油》的规定。对容器，特别是回收瓶、滤布等可采用蒸煮或漂白粉上清液消毒，为保证卫生安全，提倡不使用回收瓶而采用一次性独立小包装。此外，酱油生产人员必须例行每年至少一次的健康体检，以排除痢疾、伤寒、病毒性肝炎等消化道传染病、活动性肺结核、化脓性或渗出性皮肤病等疾病，以保证酱油的卫生质量。

5. 酱油的感官要求

具有产品应有的色泽、滋味和气味，无异味，不浑浊，无正常视力可见外来异物，无霉花浮膜。

6. 酱油的理化指标

氨基酸态氮不低于0.4g/100mL。

7. 酿造酱油和化学酱油的鉴别与检验

（1）原理　酱油样品在碱性条件下用乙醚进行抽提，待乙醚蒸发后加硫酸呈酸性，再用乙醚提取，蒸发除去乙醚后溶解于水。乙酰丙酸与香草醛硫酸接触生成特有的蓝绿色反应，其变色反应程度与乙酰丙酸量成正比。

（2）试剂　1mol/L氢氧化钠溶液、1mol/L H_2SO_4 溶液、乙醚、0.5g/100mL香草醛溶液。

（3）操作方法　吸取酱油样品50mL，加入NaOH溶液呈碱性后，以25mL乙醚分三次进行抽提，收集乙醚在冷凝装置中，蒸发乙醚后，残留物加入硫酸呈酸性，再以2mL乙醚分别抽提两次。蒸发乙醚后残留物加入2mL蒸馏水溶解，并加入2mL 0.5g/100mL香草醛溶液。如果样品液中有乙酰丙酸存在，香草醛溶液与残留物硫酸溶液接触面就会出现特别的蓝绿色，颜色越深，说明乙酰丙酸含量越高。

（4）注意事项　酱油中如果加入50g/L左右的化学酱油，则在10min内会出现颜色；如果加入20g/L左右的化学酱油，则加入试剂24h后会出现蓝绿色。

（二）食醋的卫生及管理

食醋的因具有一定的酸度（3%~5%），对不耐酸的细菌有一定的杀菌能力。但生产过程可污染醋虱和醋鳗，耐酸霉菌也可在醋中生长而形成霉膜，故食醋常添加防腐剂。

食醋生产按GB 8954—2016《食品安全国家标准　食醋生产卫生规范》执行。该标准规定了食醋生产过程中原料采购、加工、包装、贮存和运输等环节的场所、设施、人员的基本要求和管理准则。该标准适用于食醋的生产。

符合GB 8954—2016《食品安全国家标准　食醋生产卫生规范》的产品方可出厂销售：一是原料，生产食醋的粮食原料应无霉变、无杂质及无污染，符合T/LSXH 0001—2020《粮食卫生》；生产食醋用水需严格执行GB 5749—2022《生活饮用水卫生标准》；食品添加剂的使用必须符合 GB 31647—2018《食品安全国家标准　食品添加剂生产通用卫生规范》的规定；二是发酵菌种，食醋生产用发酵菌种应定期筛选、纯化及鉴定，菌种的移接必须按无菌操作规范进行，种曲应贮藏于通风、干燥、低温、洁净的专用房间，以防霉变；三是容器、包装，食醋含酸，具一定的腐蚀性，故不可用金属或普通塑料容器酿造或存放食醋，以防金属或塑料单体毒物溶出，包装瓶应清洗、消毒，包装后应消毒灭菌以防二次污染。

（三）食盐的卫生及管理

食盐的主要成分是氯化钠，包括海盐、地下盐或以天然卤水制成的盐。以化学工业的副产品生产的工业盐，因不可食用，不包括在内。

1. 井盐和矿盐的卫生

矿盐中的硫酸钠含量通常过高使食盐有苦涩味，并影响食物的吸收，应采用脱硝法去除。此外，矿盐、井盐还含有钡盐，钡盐是肌肉毒性物质，长期少量食入可引起慢性中毒，临床表现为全身麻木刺痛、四肢乏力，严重时可出现弛缓行瘫痪。

2. 精制盐中的抗结剂

食盐常因水含量较高或遇潮而结块，传统的抗结剂是铅剂，现已不用，目前食盐的抗结剂主要是亚铁氰化钾，其最大使用量为 0.005g/kg。

3. 营养强化食盐

按营养强化剂的卫生标准，碘盐中碘化钾的量为 30~70mg/kg。目前市售碘盐在生产时通常以 40mg/kg 进行强化，此量稍高于碘的推荐供给量，这是因为已考虑到碘盐在贮藏时碘化钾的分解及分解过程中碘挥发的损失。

七、饮料与冷饮

（一）饮料与冷饮原料的卫生要求

饮料与冷饮包括冰棍、雪糕、冰淇淋、汽水、果汁含量不等的饮料、乳饮料、植物蛋白饮料以及矿泉水、纯净水等。饮料与冷饮使用的原料主要有水、甜味剂、乳类、蛋类、果汁原料或浓缩汁、食用油脂、食品添加剂和二氧化碳等。

1. 饮料与冷饮的用水卫生

水是饮料与冷饮生产中的主要原料，一般取自自来水、井水、矿泉水等原水。水含有一定量无机物、有机物和微生物，这些杂质若超过一定范围就会影响到饮料与冷饮的质量和风味，甚至引起食源性疾病。原料用水须经沉淀、过滤、消毒，达到 GB 5749—2022《生活饮用水卫生标准》方可使用。

2. 原辅料卫生

饮料与冷饮生产所使用的各种原辅料如乳、蛋、果蔬汁、豆类、茶叶、甜味料（如白砂糖、绵白糖、淀粉糖浆、果葡糖浆）以及各种食品添加剂等，均须符合食品质量安全相关标准。

（二）饮料与冷饮加工、储存、运输过程的卫生要求

1. 液体饮料

（1）包装容器的卫生　包装容器的种类有玻璃瓶、塑料瓶（袋）、易拉罐及纸盒等。各种包装容器所用的材质应无毒、无害、耐酸、耐碱、耐高温、耐老化，必须符合食品安全国家标准，并在使用前经过消毒、清洗。

（2）灌装与杀菌　灌装生产的设备、管道、储料容器等应采用符合卫生要求的不锈钢、塑料、橡胶和玻璃材料。灌装前后均应对设备、管道、储料容器等进行消毒、清洗。

灌装后必须对成品彻底杀菌，杀菌后产品的卫生指标应符合冷饮食品安全国家标准。根据产品的性质可选用以下不同的杀菌方法：巴氏消毒法、加压蒸汽杀菌法、臭氧杀菌法。

（3）防止污染　灌装多在暴露或半暴露条件下进行，空气不洁常造成微生物对产品的严重污染。因此，灌装间应与其他加工间隔开，避免发生空气交叉污染；其次，应对灌装间进行空气消毒，可采用紫外线或过氧乙酸熏蒸消毒。

（4）检验　依据国家标准规定，对产品标准中的食品安全指标应进行必检或抽样检测。饮料灌装前后均应进行外观检查，其检瓶的光源照度应大于1000lx，检查空瓶可采用间接灯或减弱的荧光灯，背景应洁白、均匀，检查成品应采用较强的白炽间接灯。连续检瓶时间不宜超过30min，否则容易引起视力疲劳而造成漏检。

（5）成品储存与运输管理　饮料在储存、运输过程中，应防止日晒雨淋，不得与有毒或有异味的物品混储、混运。运输车辆应清洁、卫生，搬运时注意轻拿轻放，避免碰撞。饮料应在阴凉、干燥、通风的仓库中储存，禁止露天堆放。饮料在储藏期间还应定期检查，以保证产品质量。

2. 冷冻饮品

冷冻饮品在加工、储存、运输过程中应注意以下七个方面。

（1）冷冻饮品由于含有乳、蛋、糖和淀粉等原料，非常适合微生物生长繁殖，因此原料配制后应彻底杀菌。熬料时一般在68～73℃加热15min。杀菌后应在4h内将温度迅速冷却至20℃以下，以防止未被杀灭或外界污染的微生物大量繁殖。

（2）冷冻饮品生产人员须经健康检查，取得健康证后才可从事此项工作。由于生产人员的手是造成微生物大量污染冷冻食品的主要原因，因此必须对手进行严格消毒，包装时不得用手直接接触冰体。

（3）成品必须检验合格后方可出厂。

（4）成品在-10℃以下的冷库或冰箱中储存。冷库或冰箱应定期清洗、消毒。成品应防潮、离地10cm以上存放。

（5）冷冻饮品运输车辆、容器、工具应专用，保持清洁卫生。

（6）应重视饮料与冷饮的销售卫生，销售时要有符合卫生要求的冷藏设备并定时清洗、消毒。

（7）雪糕、冰棍的棍棒应完整、无断裂，使用前需消毒、清洗。

3. 固体饮料

固体饮料一般可分为三类。

（1）蛋白型固体饮料　蛋白型固体饮料以糖、乳及其制品、蛋及其制品、植物蛋白等为主要原料，加入适量辅料、食品添加剂制成。

（2）普通型固体饮料　普通型固体饮料以糖、果汁、食用植物浓缩提取物为主要原料，添加适量辅料、食品添加剂经脱水制成。

（3）焙烤型固体饮料　焙烤型固体饮料以焙烤后的咖啡豆磨碎所提取的浓缩物为主要原料，添加适量辅料、食品添加剂经脱水制成。

固体饮料由于密闭包装且含水量少，在这类饮料中微生物不宜生长繁殖，尤其是这类饮料常用开水溶解，因此微生物污染不是主要问题，而水分含量、有毒金属等化学性污染却值得注意。我国食品安全国家标准中规定：固体饮料的水分含量不得大于4%，蛋白型固体饮料中蛋白质的含量不得小于3%。

（三）饮料与冷饮的卫生管理

饮料生产过程中原料采购、加工、包装、贮藏和运输等环节的场所、设施、人员的基本要求和管理准则，可参考 GB 12695—2016《食品安全国家标准　饮料生产卫生规范》。

冷饮作为冷链产品，在出厂后至销售前需要控制温度，在冷链物流过程中的基本要求、交接、运输配送、储存、人员和管理制度、追溯及召回、文件管理等方面均有相关具体要求和管理准则，可参考 GB 31605—2020《食品安全国家标准　食品冷链物流卫生规范》。

八、蔬菜及其制品

（一）蔬菜及其制品的相关概念

蔬菜一般是指植物体可用来烹饪食用的各个不同的部分，广义上所有可以做菜、烹饪成为食品的植物或菌类均可被称作蔬菜。蔬菜是人们日常饮食中必不可少的食物之一，其纤维素以及维生素C、钙、磷、镁等含量丰富，是人体维持生命和生长的主要营养来源之一。

蔬菜根据其采收部位的不同进行分类。根菜类：以肥大的根部为产品器官的蔬菜属于这一类，如萝卜、胡萝卜和甘薯等；茎菜类：以肥大的茎部为产品的蔬菜，如竹笋、香椿和莲藕等；叶菜类：以鲜嫩叶片及叶柄为产品的蔬菜，如菠菜、苋菜和韭菜等；花菜类：以花器或肥嫩的花枝为产品，如金针菜、朝鲜蓟、花椰菜、紫菜薹、芥蓝等；果菜类：以果实及种子为产品，如南瓜、豇豆、玉米、菱角等。而蔬菜制品是指以蔬菜为原料，采用腌制、干燥、油炸等工艺加工而成的各种产品，如酱腌菜、蔬菜脆片、蔬菜粉等。

（二）蔬菜及其制品的食品安全问题

蔬菜及其制品的安全是其内在品质与外在因素对人体健康的影响状况，是指蔬菜及其制品符合保障人的健康、安全的要求。广义上蔬菜及其制品的质量安全还包括蔬菜及其制品满足贮运、加工、消费、出口等方面的需求。从消费者的角度来说，主要是指生产出来的蔬菜及其制品在消费过程中对人体的健康没有直接和潜在的不良影响。具体表现包括两个方面的内容：蔬菜及其制品的营养价值和质量，蔬菜及其制品的各项营养指标是否符合国家相关标准或是否变质；蔬菜产品在生产、运输、贮藏及销售过程中是否被污染，对人体健康不利的污染物是否超过相关的标准。

（三）影响蔬菜及其制品安全的主要因素

影响蔬菜及其制品安全的因素很多，如原辅料污染、加工生产不合规、食品添加剂滥用、储藏不合规。但是其主要因素为蔬菜原料的污染，常见的蔬菜原料污染主要是环境污染和农药污染。

1. 环境污染

环境污染主要包括无机物有毒污染、有机物及其他类化学物有害污染。一些工厂排放的污水中无机污染物和有机污染物超标，已经严重影响到水质的安全与卫生，进而污染土壤环境。在这种环境下生长的蔬菜会对污染物（如重金属等）进行富集作用，通过食物链使得无机污染物和有机污染物对消费者的健康产生影响。一些公路或者工业园区附近的农田由于附近汽车尾气或者工业废气排放过多，通常会使得附近的蔬菜中多环芳烃化合物含量超标。

2. 农药污染

在蔬菜生长的过程中会喷洒农药，以防止病害虫对于蔬菜的影响，提高蔬菜的品质，但是由于农民数量极多且蔬菜生产的小家庭化，没有经过培训或培训不到位，使得农药使用不规范、不合理，而农药的大量使用导致内陆水域的药残污染逐渐加重，对水质和土壤安全造成了潜在危害。我国许多地区的蔬菜已经陆续检测出菊酯类药物和有机磷农药的超标。

（四）蔬菜及其制品原料的卫生要求

1. 蔬菜制品原辅料卫生

不得使用变质或除去有毒物质的原辅料来加工制作蔬菜产品，蔬菜产品生产所使用的各种原辅料（如萝卜、白菜、豆类等）必须符合相关国家标准，添加的各种食品添加剂均须符合 GB 2760—2024《食品安全国家标准　食品添加剂使用标准》的限量标准。

2. 蔬菜制品的用水卫生

蔬菜制品的生产过程中往往在清洗环节需要大量用水，以清洗表面农药、泥土等，蔬菜制品的用水必须达到 GB 5749—2022《生活饮用水卫生标准》的规定方可使用，而且要有健全的卫生设施，如废水处理设施、生产设备清洗设施等。

（五）蔬菜及其制品的卫生管理

1. 蔬菜及其制品原材料的卫生管理

应对土壤和水源进行管理，确保种植蔬菜的土壤和灌溉水源无污染，定期检测土壤和水质，避免使用污染水源灌溉；按照规定合理使用农药和肥料，避免滥用和过量使用，严格遵守农药使用的安全间隔期，同时病虫害防治应采用物理、生物和化学等多种防治措施，减少对化学农药的依赖。

2. 蔬菜及其制品在采收和运输流通过程中的卫生管理

采收时要避免蔬菜受到污染，使用清洁的工具和容器，运输过程中要保证清洁卫生，避免与有害物质接触。对于蔬菜的供应商，在运输过程中应该遵守 GB/T 26432—2010《新鲜蔬菜贮藏与运输准则》的规定，该标准规定了新鲜蔬菜贮藏与运输前的准备、贮藏与运输的方式和条件、贮藏与运输的管理等准则。对于需要冷链运输的蔬菜需要遵守 GB/T 33129—2016《新鲜水果、蔬菜包装和冷链运输通用操作规程》，该标准规定了新鲜水果、蔬菜包装、预冷、冷链运输的通用操作规程。

3. 蔬菜及其制品在生产过程中的卫生管理

蔬菜及其制品的生产必须符合国家相关法律法规的要求，原料应进行检测并保证合格，合格后需要在加工前彻底清洗蔬菜，去除泥土和可能残留的农药，加工过程中保持环境和设备的清洁卫生，用水应该符合 GB 5749—2022《生活饮用水卫生标准》的规定。在蔬菜制品加工中应合理使用食品添加剂，严格遵守 GB 2760—2024《食品安全国家标准　食品添加剂使用标准》的规定；保持加工环境的清洁卫生，定期对加工设备和场所进行清洗和消毒。蔬菜及其制品应在适宜的温度和湿度条件下储存，避免变质和污染。应使用符合食品安全标准的包装材料，避免使用可能释放有害物质的包装材料。加工人员应定期进行健康检查，工作时穿戴清洁的工作服、帽和口罩，保持个人卫生。

产品出厂应进行合格性检测。对于不合格产品应该建立召回制度，建立企业完善的溯源体系，打通农田到企业到市场的上下游链条，建立完善的安全管理体系。蔬菜汁类生产企业进行食品安全管理应符合 GB/T 27305—2008《食品安全管理体系　果汁和蔬菜汁类生产企业要求》的规定，该标准规定了经加工制成的果汁和蔬菜汁类生产企业食品安全管理体系的特定要求，包括人力资源、前提方案、关键过程控制、检验、产品追溯和撤回。

九、水果及其制品

（一）水果及相关概念

我国栽培的果树分属50多科、300多种，品种极多达到万余个，水果和蔬菜间有很多相似之处，实际上许多蔬菜可看作水果。如番茄、黄瓜、甘薯、甜玉米等可以归入水果。而水果、蔬菜之间的重要区别在于食用方式，一般作主菜食用的植物通常被认为是蔬菜，而在餐后单独食用或作为餐后甜品的则被看作是水果。

水果通常是指多汁且主要味觉为甜味和酸味、可食用的植物果实。其富含维生素、矿物质、膳食纤维和抗氧化物，这些营养素对身体健康至关重要，能够起到健康功效：如增强免疫力，水果中的维生素C和其他抗氧化物可以帮助增强免疫系统，预防感冒和其他疾病；促进消化，水果中的膳食纤维有助于促进肠道健康，预防便秘；有助于减肥，水果通常热量较低，可以作为健康零食，有助于控制体重；改善心血管健康，一些水果中的钾和抗氧化剂有助于降低血压和胆固醇水平，从而改善心血管健康；预防疾病，某些水果含有的特定化合物可能有助于预防某些类型的癌症和其他慢性疾病；增加饱腹感，水果中的纤维可以增加饱腹感，减少过度进食的可能性；改善心情，水果中的天然糖分可以快速提供能量，有助于提升情绪。

（二）水果及其制品的食品安全问题

我国是水果的生产和消费大国，水果的安全受到广大消费者的极大关注，水果及其制品的安全问题主要包括以下几个方面。

1. 环境污染

果园选址如果靠近工业区或污染源，可能会导致水果受到重金属等污染物的影响，从而影响水果安全。

2. 农药残留问题

水果在生长过程中可能会使用农药防止虫害，以达到提高水果产量的目的，如果农药使用过量或超出安全间隔期采摘，可能会造成农药残留，对人体造成伤害。

3. 过敏原

一些水果含有可能引起过敏反应的蛋白质，如菠萝中的菠萝蛋白酶等可能会引起部分人群的过敏反应。

4. 天然毒素

某些水果中含有天然毒素，如荔枝中的降血糖氨酸A和亚甲环丙基甘氨酸可能引起低血糖症状；樱桃、苹果等的种子中含有氰苷，可能在细胞被破坏后释放出有毒的氰化物。

5. 食品添加剂的使用

在水果制品如蜜饯、果酱等的生产过程中，可能会使用食品添加剂，超量或超范围使用可能导致安全问题，如微生物超标等。

6. 采后处理问题

采摘过程中可能导致水果损伤，同时在水果的贮藏、运输、销售过程中，可能会使用防腐剂、保鲜剂等，如果使用不当，可能会影响水果安全。

（三）水果及其制品的卫生管理

1. 原料的卫生管理

在水果生长过程中应对土壤和水源进行监测，确保水果种植的土壤和灌溉水源无污染，避免使用污染水源灌溉；果园应采取有效措施进行有害生物监测和预防，合理使用农药和肥料，避免滥用和过量使用，严格遵守农药使用的安全间隔期，避免使用禁用化学品。采购与验收时，应对水果品质和农残进行检测，检测应该符合 GB/T 5009. 38—2003《蔬菜、水果卫生标准的分析方法》等标准，确保采购的原料合格，不采购法律法规禁止生产经营的产品。

2. 水果及其制品运输、生产、加工、储藏的卫生管理

运输过程中应要求运输工具和容器清洁，防止食品与有毒、有害物品混装，符合温度、湿度条件等特殊要求。在运输过程中应该遵守 GB/T 26432—2010《新鲜蔬菜贮藏与运输准则》，对于需要冷链运输的蔬菜需要遵守 GB/T 33129—2016《新鲜水果、蔬菜包装和冷链运输通用操作规程》。加工环境应远离污染源、合理布局，加工设备应易于清洁维护，避免产品受到污染，用水应符合 GB 5749—2022《生活饮用水卫生标准》的规定。食品添加剂的使用应符合相应的国家标准，如在蜜饯等水果制品生产中，应合理使用食品添加剂，避免超量或超范围使用；在即食鲜切果蔬加工中，应控制微生物污染，确保产品的安全性，遵守 GB 31652—2021《食品安全国家标准　即食鲜切果蔬加工卫生规范》的规定，该标准规定了即食鲜切果蔬生产过程中原料采购、验收、加工、包装、贮存和运输等环节的场所、设施与设备、人员的基本要求和管理准则等。储藏食品原料、半成品、成品应分隔分离、隔墙离地存放，并遵循先进先出原则。

3. 水果及其制品的感官、理化指标要求

感官方面，要求水果及其制品应具有相符的色泽、滋味和气味，无异味，组织状态中无外来杂质，符合相应的卫生标准。理化指标方面，要求产品应符合国家相应的标准、法律法规特定的理化指标或要求，如无特定的产品类别指标或要求，则应遵守通用标准。

十、食用菌及其制品

（一）食用菌及其制品的相关概念

食用菌是指可供人类食用的一类大型真菌。具体地说，是指能形成大型的肉质（或胶质）子实体或菌核类组织，并能供人们食用或药用的一类大型真菌。世界上已被描述的真菌达 12 万余种，能形成大型子实体或菌核组织的达 6000 余种，可供食用的有 2000 余种，能大面积人工栽培的只有 40~50 种。食用菌在分类上属于菌物界真菌门，绝大多数属于担子菌亚门（如平菇、香菇），少数属于子囊菌亚门（如羊肚菌）。中国食用菌资源十分丰富，常见的食用菌有香菇、草菇、蘑菇、木耳、银耳、猴头、竹荪、松口蘑。食用菌为主要原料，经相关工艺加工制成的食品，包括干制食用菌制品、腌制食用菌制品、即食食用菌制品等。

食用菌含有丰富的蛋白质和氨基酸，其含量是一般蔬菜、水果的几倍到几十倍，如鲜蘑菇蛋白质含量为 1.5%~3.5%，是大白菜的 3 倍、苹果的 17 倍。1kg 干蘑菇所含的蛋白质相当于 2kg 瘦肉、3kg 鸡蛋或 12kg 牛乳。食用菌脂肪含量很低，占干品质量的 0.2%~3.6%，而其中 74%~83%是对人体健康有益的不饱和脂肪酸。食用菌富含维生素 B_1、维生素 B_{12}，含量均高于肉类。食用菌还富含多种矿物质元素，磷、钾、钠、钙、铁、锌、镁、锰等及其他一些微量元素含量丰富：银耳含有较多的磷，有助于恢复和提高大脑功能；香菇、木耳含铁量高；香菇的矿物质元素中钾占 65%，是碱性食物中的高级食品，可中和肉类食品产生的酸。某些食用菌中的多糖体具有抗肿瘤生物学活性，并且一些食用菌具有抗病毒、调节内分泌、保肝护肝等生物学功效。

（二）食用菌及其制品的食品安全问题

1. 农药残留问题

在食用菌生长过程中，由于易受到病菌、菇蚊、菇蝇等侵害，为了防治病虫害，可能会喷洒农药进行杀菌杀虫，但存在农药滥用、隐性成分添加和成分不明等问题，导致产生农药残留风险。

2. 重金属污染

食用菌的重金属超标问题可能来源于使用了受重金属污染的农田作物秸秆或污染水源，不法商贩可能使用非饮用水浸泡菇体增重，导致重金属超标。

3. 微生物污染

食用菌在生产、储存和运输过程中，如果卫生条件不达标，可能会受到微生物的污染。

4. 添加剂超范围或超标使用

为了保鲜和改善卖相，不法企业和个人可能在食用菌的包装、销售过程中违规使用违禁农药、保鲜剂、荧光增白剂等，影响食用菌产品安全。

(三) 食用菌及其制品安全管理措施

食用菌及其制品的安全管理措施涉及多个环节，包括食用菌生产、加工、销售等环节。一些关键的安全管理措施如下。

1. 食用菌生产管理

食用菌生产者应具备合法营业执照、符合国家标准的生产设施，并且拥有相应的技术水平和生产能力。生产者应严格按照国家规定的技术规程操作，选用优质安全的菌种，并加强生产过程的管理，确保生产环境、原料、设备和产品符合国家标准。食用菌品种选育应遵守 GB/T 21125—2007《食用菌品种选育技术规范》，该标准规定了食用菌品种选育的通用技术、程序、栽培试验示范、营养成分和食用安全性分析。食用菌生产应遵守 NY/T 2375—2013《食用菌生产技术规范》，该标准规定了食用菌生产中对栽培场地和场所环境、生产投入品、培养料制备、接种、发菌期管理、出菇期管理、病虫害防控、采收、修整、包装、保鲜、运输和储存的技术要求。

2. 加工管理

食用菌加工企业应具备合法营业执照和符合国家标准的加工设施，确保加工过程安全可控。食用菌企业应建立完善的安全管理体系，加强员工安全培训，定期对生产设备进行检修和保养，确保设备的安全运转。生产用水和食品添加剂应满足相应的国家标准。产品出厂应进行合格性检验，产品的质量应符合 GB 7096—2014《食品安全国家标准　食用菌及其制品》的规定。

3. 市场销售监督及召回管理

集中交易市场开办者应建立食用农产品检查制度，定期公布食品安全管理制度、管理人员、抽样检验结果等信息，并与入场销售者签订食用农产品质量安全协议。市场管理部门应定期或不定期对食用菌进行抽样检验，并公布检验结果。对存在质量安全隐患的食用菌，应立即采取有效措施进行处理。同时，企业应该建立召回制度，当发生食品安全问题时，能够有效溯源和召回不安全批次的食品。

项目小结

乳类是由水、乳糖、水溶性盐类、维生素、蛋白质等构成的多缀分散体系的乳胶体。乳类主要提供优质蛋白质、维生素 A、核黄素和钙。鲜乳经过加工，可制成许多产品，主要包括炼乳、乳粉、调制乳粉、酸乳、奶油和奶酪等。乳的卫生及管理涉及乳的腐败变质和病畜乳的处理。引起乳腐败变质的微生物主要来自乳腔管、乳头管、挤乳人员的手和外界环境。做好挤乳过程卫生工作可减少微生物对乳的污染。病畜乳可采用巴氏消毒或者煮沸等方式加以处理。乳的消毒法有巴氏消毒法、超高温瞬间灭菌法、煮沸消毒法、蒸汽消毒法。乳及乳制品的安全监控关键技术主要介绍凝固型酸牛乳 HACCP 体系的建立和巴氏杀菌乳 HACCP 体系的建立。肉制品生产中常见的质量问题主要体现在添加瘦肉精、甲醛在肉制品中违规使用、食品添加剂的滥用、少数肉制品以假冒充、以病死肉加工肉制品等方面。我国肉制品监管模式具有符合国情、综合协调力度强、突出责任制等特点。肉制品监管模式的改进体现在树立道德和责任意识、监管措施的改进两方面。影响水产品质量安全的主要因素有环境污染、农渔兽药残留等，其解决措施通过水产品质量安全问题要以健康养殖为突破口，尽快建立与国际接轨的水产品质量标准体系和检验检测体系，推动水产品出口行业协会建设，提高出口贸易的组织性和协调性，并加大鱼药研究和开发的力度。谷类的主要卫生问题为霉菌和霉菌毒素的污染、农药残留、有毒物的污染和仓储害虫等。谷类卫生管理围绕谷类的安全水分、粮仓的卫生要求、谷类运输、销售的卫生要求等方面采取措施。防止油脂酸败的措施可从加工工艺上确保油脂纯度和创造适宜的贮存条件加以控制。酱油类调味品的卫生及管理主要涉及酱油类、食醋和食盐调味品。冷冻饮品、蔬果类及其制品和食用菌及其制品的卫生管理，一是严格执行卫生管理办法，实行企业经营卫生许可制度，二是食品生产企业从业人员定期进行健康检查，持证上岗，三是食品生产单位应远离污染源，四是食品生产企业应有与生产规模和产品品种相适应的质量和卫生检验能力，五是产品包装要完整严密。

项目思考

1. 乳及乳制品生产过程中的质量安全控制措施有哪些？
2. 肉及肉制品中的违规添加种类有哪些？
3. 水产品的质量控制措施有哪些？
4. 谷物类食品的主要安全问题及其控制措施有哪些？
5. 调味品的卫生及管理措施有哪些？

知识巩固与拓展学习（视频）

3.1. 各类食品生产中常见的
质量安全问题

项目四

食品生产卫生控制及管理

知识目标

1. 熟悉食品工厂卫生设计的基本要求，包括选址、厂房、车间、工厂内部、车间入口、墙壁、天花板、地板、给排水系统、洗手消毒设施、废弃物处理等。
2. 了解食品加工设备的卫生设计，包括材料、结构及设备连接系统等。
3. 了解食品生产卫生管理的关键职责和内容。
4. 掌握食品生产卫生要求，包括生产环境、人员和工艺的卫生要求。

必备知识

一、食品工厂卫生设计

食品工厂卫生设计的主要目的是防止微生物和其他污染。根据 GB 14881—2013《食品安全国家标准　食品生产通用卫生规范》规定，污染指在食品生产过程中发生的生物、化学、物理污染因素传入的过程。

（一）工厂选址

工厂设计、施工和维护是保障生产免受污染的第一道外部屏障。厂址选择不但与投资费用、基建进度、配套设施完善程度及投产后能否正常生产有关，而且与食品企业的生产环境、生产条件和生产卫生关系密切。厂址区域应具备良好的空气质量、没有污染问题（如来自其他工业工厂的污染）和未被污染的土壤。在选择厂址时，既要考虑来自外环境的有毒有害因素对食品可能产生的污染，又要避免生产过程中产生的废气、废水和噪声对周围居民的不良影响。综合考虑食品企业的经营与发展、食品安全与卫生以及国家有关法律、法规等诸多因素，食品企业厂址选择的一般要求如下。

（1）在城乡规划时，应划定一定的区域作为食品工业建设基地，食品企业可在该范围内选择合适的建厂地址，食品工厂应设在环境洁净、绿化条件好、水源清洁的区域。

（2）有足够可利用的面积和较适宜的地形，以满足工厂总体平面合理的布局和今后发展扩建的需要。

（3）厂区应通风、日照良好、空气清新、地势高燥、地下水位较低、地面平坦而又有一定坡度、土质坚实。厂区一般向场地外倾斜至少达 0.4%。基础应高于当地历史最高洪水水位 0.5m 以上，厂区自然排水坡度最好在 0.4%～0.8%，并应设在受污染河流和有废水排放工厂的地势上方。

（4）厂区周围不得有粉尘、烟雾、灰沙、有害气体、放射性物质和其他扩散性污染源；不得有垃圾场、废渣场、粪渣场以及其他有昆虫大量滋生的潜在场所。

（5）厂区应远离有害场所，生产处建筑物与外界公路或通路应有防护地带，其距离可根据各类食品厂的特点来定。但总的原则是有毒、有害场所排出的含有害成分的废气、烟尘、废水、废渣等物质对食品企业不造成环境影响。

（6）厂区内建筑直接相连的部分不应有树木和灌木丛，并且也不能与草丛相连，而应由沙砾覆盖的碎石带相隔。在周边边界围栏处，每隔 15～21m 设置捕鼠器或粘鼠板，并在靠近工厂入口的墙角处设置捕鼠陷阱。

（7）根据盛行风方向确定建筑物朝向，避免风直接吹到生产区。对于原材料需初步清洗的厂区，应选择绿植良好的区域，良好的绿化能减少尘埃进入厂区。围绕厂区的车辆路线布局也会影响灰尘吹入厂内，如有必要还需限制污染严重的车辆进入厂区。

（8）要有充足的水源，水质符合国家生活饮用水水质标准，以靠近自来水管网为好，同时考虑自来水的供给量及水压是否符合生产需要。采用深井水、河塘水，必须事先进行水质检验，为选址和水处理提供依据。水源水质是食品工厂选择厂址的重要条件，特别是饮料厂和酿造厂，对水质要求更高。

（9）要考虑各种其他资源供应情况，如供电、供煤、供汽、供热等能源的资源情况，以及供水、排水、排污和“三废”处理等情况。同时要考虑冷库、电热发酵等设施不能停电，必要时考虑备用电源。

（10）交通运输要方便。根据交通条件，建厂地点必须有相应的公路或水运、铁路运输条件。

（11）要便于食品生产中排出的废水、废弃物的处理，附近最好有承受废水流放的地面水体。

（12）既要考虑生活区用地，又要方便职工上下班。

（13）尽量不占或少占耕地，注意当地自然条件，预评价工厂对环境可能造成的影响。

（14）废料不能残留在敞口容器中，原料的任何逸漏都应及时清理，以免吸引鸟类、动物和害虫。

（15）有些昆虫需要水来维持生命周期，如蚊子。任何能长时间蓄积水的地方都需要移除或控制。

（16）仓库的灯光和室外安全系统可能会吸引夜间飞行昆虫，建议采用优于汞蒸汽灯的高压钠灯。晚上需照明的入口，应在距入口一定距离处开始照明，而不能直接在入口处照明，这样可以防止飞虫直接被吸引至门口。

（17）针对某类食品生产企业，其选址除了满足一般要求外，还应满足各自的卫生规范、良好生产规范或其他法律法规和标准要求。如屠宰厂的选址，除了满足上述一般要求外，根据屠宰行业的特点，还应满足 GB 50317—2009《猪屠宰与分割车间设计规范》的要求。

（二）厂房

食品厂若要做到合理布局，首先必须划分好生产区和生活区，见图 4-1。

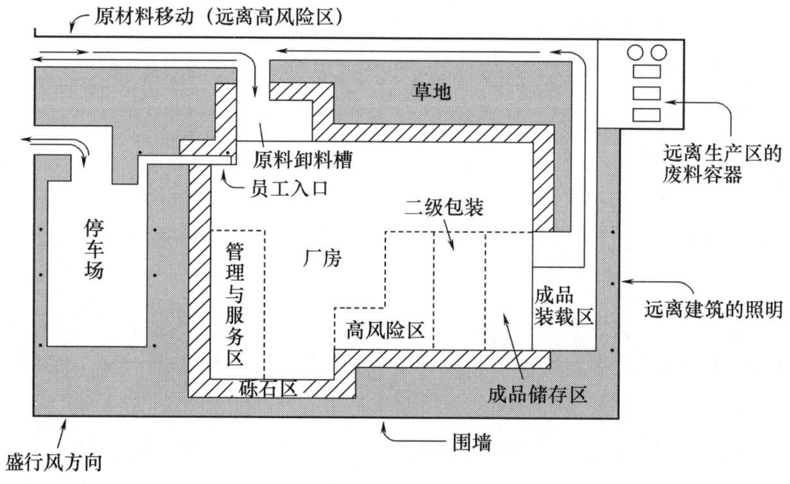

图 4-1　食品加工工厂卫生布局

厂房建筑是第二道屏障，也是主要屏障，能保护原材料、加工设备和已加工产品免受污染和破坏。潜在的环境污染源包括降水、风、河流、运输工具和灰尘、害虫以及外来人员。此外，厂房的设计和建造还要适应于生产需要，不能妨碍设备的布局和运行。厂房设计一般要求如下。

1. 地基

食品工厂外墙地基基础设计见图 4-2，图 4-3 补充了图 4-2 的地基部分。某些啮齿类动物可以垂直挖掘 1m，所以地基必须低于地面至少 600mm。如果厂房地基已有宽缘或路肩（图 4-2），其宽缘至少要突出 300mm。

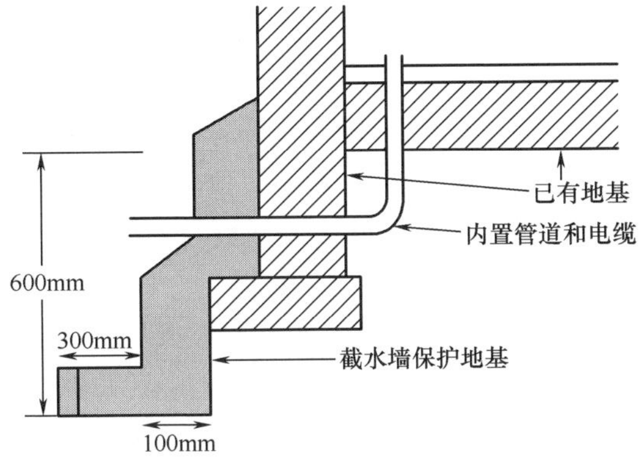

图 4-2 食品工厂外墙地基基础设计

2. 外墙

一种典型的合适外墙结构如图 4-3 所示。该外墙具有良好密封性，能抵抗虫害侵入，且能抗击外部车辆的撞击。厂房的一楼地面高度要高于外部地面，以防泥浆、泥土、异物等进入，尤其限制运输工具（叉车、原料输送等）的污染物直接进入厂区内。墙的底部（从地基到地面）和顶部（天花板到屋顶）都具有良好的密封性，以防止污物、灰尘和昆虫进入工厂内。

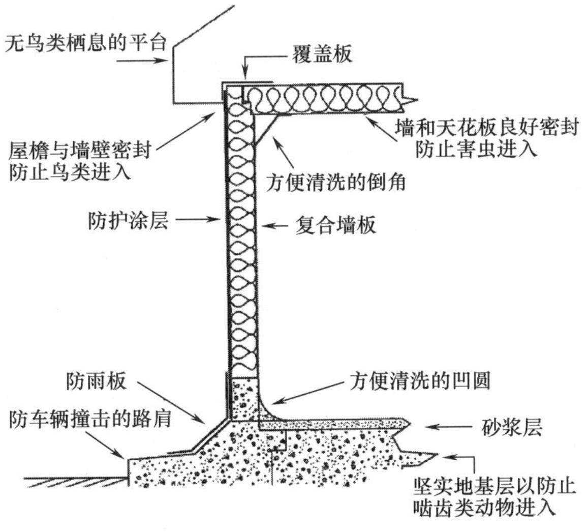

图 4-3 食品工厂的外墙设计

3. 服务设施

电缆、排水管道和设备穿过外墙和地面的地方都必须密封。排污管和下水道必须做好防护措施，并定期检查，防止啮齿类动物的进入或藏匿，或是以此进入工厂。任何受损的管道必须马上找到并修复。排水管道需用顶盖保护，并进行定期检查，以清除淤泥和落叶。排水管支管进口可以防止地面啮齿动物进入和攀爬。如果以上都不适用，则可在排水沟处放置钢丝网（网格的直径必须小于6mm）来防止鼠类进入。钢丝网也可以安装在通风管道顶部，而不应该安装在排水管的底部，因为可能会堵塞管道。平滑的排水管表面或圆锥防护装置可以防止啮齿类动物在管道外攀爬。管道的高度应能实现足以清洗运输工具或交通工具，但不能高于门槛、装饰边缘或支管道，以免给啮齿类动物提供另外的路径进入工厂。

4. 屋顶和通风

屋顶或天花板应选用不吸水、表面光洁、耐腐蚀、耐温、浅色材料覆涂或装修，要有适当的坡度，在结构上减少凝结水滴落，防止虫害和霉菌滋生，以便于洗刷、消毒。

5. 窗

一般情况下，尽量少开门窗，如高风险操作区域一般没有窗户。若必须要有门窗，玻璃窗必须加一层光滑的增强聚碳酸酯或层压板材，最好能装双层，并永久关闭。工厂中使用的玻璃容器，应详细说明使用的玻璃类型和使用场合。加工区不得有玻璃，以免玻璃碎片污染产品。外部玻璃窗必须有一层保护膜以保护玻璃。外部玻璃可以染色，以此控制阳光照射。

窗框应采用耐用材料，如硬 PVC、铝合金，并用品质优良的填料（如多硫化物双组分密封剂）密封窗框边缘。窗台要设于地面 1m 以上，内窗台应倾斜（20°~40°），以防止将它们作为物品的临时摆放处，外窗台应有 60°，以防止鸟类栖息。生产区的任何打开的窗口都必须要有网格窗，并且网格窗的设计要能防止误用和打开。网格窗和昆虫网的框架应用金属或 PVC 材料构建，并可拆卸清洗。网格规格可以是每平方厘米 5/7 股，但最大孔径为 1.4mm。网格材料可以是尼龙、PVC、涂层玻璃纤维、不锈钢或铝。

6. 门

根据安全、卫生和实际应用的考虑，外门可采取摇摆门、水平滑动门、卷帘门、铰链门、滑动折叠门、竖拉门等类型，要具有保温、隔热、隔声、防火、防水等功能。

所有类型的门，都应满足以下设计准则。门和门框之间必须保持密封；使用适合的材料；每个门都能自动关闭；关闭、开启顺畅；表面非常干净；门把手容易清洁，不易积灰；设计符合卫生，表面光滑、边缘设计成圆角，并且做到接缝最小。常用于门的材料有钢铁、包钢木材、橡胶和塑料（如 PVC 或玻璃钢-玻璃纤维增强塑料）。

所有室外的门都应能自动关闭，且关闭时紧密贴合处的缝隙不得超过 6mm，最好小于3mm。所有的外部门框与墙壁、地板的接合处必须密封，且要保持定期维护。门应该提供可视窗、门槛踏板和推板。可视窗应采用适当的材料，如聚碳酸酯。若需要防火门，推荐使用特殊的夹丝玻璃。外部的门不应直通食品生产区。如果门在夜间使用，在门外9~12m处安装照明灯是一个很好的做法，可以吸引昆虫，使昆虫远离门口。对于滑动门和手风琴式折门，门和门框之间的缝隙必须用毛刷条密封。卷帘门应紧贴地面，并且配有合适的橡胶条，使其与地面间的缝隙不大于6mm。所有需要一直为运输和装载开启的门，可以安装快速滚动的PVC门。

7. 地面

地面应使用无毒、无味、不渗透、耐腐蚀的材料建造，地面的结构应有利于排污和清洗；地面应平坦、防滑、无裂缝，并易于清洁、消毒，以及有适当的措施防止积水。

（三）车间分区

1. 车间分区要求

食品工厂的生产车间必须按照生产工艺和卫生、质量要求，划分洁净级别，并应按生产工艺流程及所要求的卫生级别进行合理布局，同车间和邻近车间进行的各项生产操作不得相互妨碍。其设计要求最大程度地防止食品、食品接触面和食品包装受到污染。加工过程中，原料、半成品、成品分开；不同洁净区的生产人员要严格分开；生的食品和熟的食品也要严格分开，防止发生交叉污染。因此，原料处理、半成品加工和成品包装要在不同的独立车间内完成。生产车间内的人流、物流不得交叉。原材料和包装材料从卫生要求低的运货通道进入卫生要求较高的车间环境中时，需通过投料口进入缓冲间，去掉外包装，然后再进入车间内部。人员从非清洁区进入清洁区时也要经过缓冲间。卫生要求高的车间，物料通过传递口连接，不应设有明显的通道，以防止交叉污染。

2. 车间分区方法

为了保证食品在生产过程中减少污染，达到产品卫生的目的，食品生产企业一般将车间分为清洁区和非清洁区。总体可参照GB 50073—2013《洁净厂房设计规范》进行设计。表4-1总结了食品生产各区域的清洁度区分。

表4-1　食品生产各区域的清洁度区分

厂房设施	清洁度区分
原材料仓库 材料仓库 原材料处理场 内包装容器洗涤场 空瓶（罐）整列场 杀菌处理场（采密闭设备及管路输送者）	一般作业区

续表

厂房设施	清洁度区分	
加工调理场 杀菌处理场（采开放式设备者） 内包装材料之准备室 缓冲室 非易腐败即食性成品之内包装室	准清洁作业区	管制作业区
易腐败即食性成品之最终半成品之冷却及贮存场所 易腐败即食性成品之内包装室	清洁作业区	
外包装室 成品仓库	一般作业区	
品管（检验）室 办公室 更衣及洗手消毒室 厕所 其他	非食品处理区	

注：①原则上根据工艺过程排列，如果有法规规定，应以法规为准。

②内包装容器洗涤场之出口处应设置于管制作业区内。

③办公室不得设置于管制作业区内（但生产管理与品管场所不在此限，但是应该有适当之管制措施）。

（四）车间入口设施

1. 车间门

车间门应采用密闭性能好、不变形、不渗水、防腐蚀、光滑、无吸附性的材料制作；为便于清洁，需要时也可以进行消毒处理。

一般情况下，门应能自动闭合。防护门要能两面开，双层门能够减少害虫和污染物的进入。如果在门外安装风幕，便可进一步提高卫生水平。风幕应该具备一定的风速（最小为500m/min）以阻止昆虫和空气污染物的进入。风幕的宽度必须大于门洞的宽度以便于进行彻底吹扫。风幕的开关应该直接与门开关相连，以保证门开风幕便开始工作，并持续到关门为止。

2. 防鼠设施

车间入口有针对性地放置鼠笼、鼠夹、挡鼠板、粘鼠板、电子捕鼠器等。安放鼠笼（夹）要沿着墙脚，可提高捕杀率；鼠笼上的诱饵要新鲜，应是鼠类爱吃的食物。

3. 防虫设施

防虫措施主要包括门帘、风幕机、灭蝇灯、暗道、纱窗、门禁、水幕等，可结合防虫效果和企业实际搭配使用。

（1）门帘　食品企业一般应安装棉帘或软皮帘，以遮光避免昆虫进入，同时还有控温的作用。

（2）风幕机　风幕机又称空气幕、风帘机、风闸，应用特制的高转速电机，带动贯流式、离心式或轴流式风轮运转产生一道强大的气流屏障，防止灰尘、昆虫及有害气体的侵入。安装风幕机要注意气流的方向，风幕机的宽度应大于门的宽度。

（3）灭蝇灯　灭蝇灯按捕杀的功能可以分为电击式和粘捕式，其原理都是利用光线引诱虫蝇，诱使虫蝇靠近灭蝇灯灯管，接触高压电栅栏或粘蝇纸，将其电死或粘住，达到杀灭虫蝇的目的。食品企业一般安装粘捕式灭蝇灯，电击式容易击碎虫蝇，造成食品安全的隐患。

（4）暗道　又称黑色通道，通过门或门帘的避光，使车间最外侧的门至车间之间形成光线昏暗的走道，食品企业车间入口处一般设计为暗道。暗道要有一定的长度，暗道内可以设置灭蝇灯，这样可以有效避免昆虫进入车间，污染产品。暗道可以设计为一个长且直的走道，也可以利用有限的空间设计成曲折迂回的通道。

（5）门禁　食品企业使用门禁主要是双门、多门联网门禁，比如车间入口处的第一道门和第二道门不能同时开启，从而避免昆虫由外界直接进入车间。

（6）水幕　在产品入口或产品传递窗还可以设置水幕，通过喷雾水防止昆虫进入车间。

4. 更衣室

为适应食品工厂对卫生的要求，更衣室应分别设在生产车间或部门内靠近人员进出口处。更衣室应设数量足够的储衣柜或衣架、鞋箱（架），衣柜之间要保持一定距离，离地面 20cm 以上，如采用衣架应另设个人物品存放柜。更衣室还应备有穿衣镜，供工作人员自检，也可以在进入车间的通道内设穿衣镜。

清洁程度要求不同的区域应设有单独的更衣室，个人衣物（鞋、包等物品）与工作服应分别存放，避免造成交叉污染。更衣架和鞋架不能靠墙。储衣柜、鞋箱材料采用不易发霉、不生锈、内外表面易清洁的材料制作，保持清洁干燥。更衣柜应有编号，柜顶呈 45°斜面。更衣室应配备紫外灯等空气消毒设施，并保持通风良好。易腐败即食性成品工厂的更衣室应与洗手消毒室相近。更衣室使用面积应按工人总人数及平均每人 0. 5~0. 6m^2 计算。

5. 淋浴室

为保证食品工厂的卫生条件，从事直接生产食品的工人应在上班前洗澡。因此，浴室多应设在生产车间内与更衣室、厕所等形成一体。特别是生产肉类产品、乳制品、冷饮制品、蛋制品等车间的浴室，应与车间的人员进口处相邻接。此外，如有其他车间或部门的人员淋浴，厂区也应设置浴室。浴室淋浴器的数量按各浴室使用最大班人数的 6%~9%计，浴室建筑面积按每个淋浴器 5~6m^2 估算。

6. 厕所

厕所设置应有利于生产和卫生，其数量和便池坑位应根据生产需要和人员情况适当设置。厂区内和车间内都可以设置厕所，只是生产区、办公区、生活区设置厕所的要求不一样，车间内设置厕所要比厂区内设置厕所的卫生要求更加严格。生产车间的厕所应设置在车间外侧，并一律为水充式，备有洗手（非手动开关）和排臭设施，备有洗涤用品和不致交叉污染的干手用品，其出入口不得正对车间门口，要避开通道；其排污管道应与车间排污管道分设；门应能自动关闭，门、窗不得直接开向车间，且关闭严密；卫生间的墙壁和地面应采用易清洗消毒、不透水、耐腐蚀的坚固材料。生产车间入口的厕所不能设置坑式厕所。员工如厕时，一般应更衣、换鞋。厕所便池蹲位数量应按最大班人数计，男厕所每 40~50 人设一个，女厕所每 30~35 人设一个。厕所建筑面积按每个蹲位 2.5~3m^2 估算。

7. 风淋室

洁净厂房车间入口一般设置风淋室，用于吹除进入洁净区域的人员和携带物表面附着的尘埃，同时起气闸作用，防止未经净化的空气进入洁净区域。生产人员通过风淋室时，要举起双手，左右转动，使腋下等部位的尘埃吹除干净。

8. 缓冲间

原材料或半成品没有经过生产流程而直接进入车间时，为避免车间直接与外界相通，一般会在入口处设置两道门，物料先进入第一道门，经过一定的空气消毒等措施后再由第二道门进入车间，且两道门不能同时开启，两道门之间的缓冲场所构成了一个缓冲间。

（五）墙壁、天花板和地板

1. 墙壁

欧盟标准中规定的墙壁卫生指标：不透水，不吸水，可清洁，无毒，光滑无裂缝。高风险区墙壁的建设标准参照最高标准。对于一般的食品企业，生产车间墙壁要用浅色、不吸水、不渗水、无毒材料覆涂，并用白瓷砖或其他防腐蚀材料装修成高度不低于 1.8m 的墙裙。墙壁、隔断和地面交界处应结构合理、易于清洁、能有效避免污垢积存。

2. 天花板

天花板应光滑，无接缝；若有接缝，则必须密封。如果天花板上有吊顶，此空间（最小间隙是 1.5m）则应是人可以进入且易于清洁。作为建筑结构框架的内墙，吊顶可以采用合适的承重隔热板或部分悬吊的隔热板建造。使用这种隔热板可以形成一个易于清洁且不会有颗粒脱落的表面，来满足卫生要求。天花板需完全密封，以免天花板坠落物造成污染。

照明可采用自然光和人工照明两者结合的方法。荧光灯管及其灯具必须用护罩保护，保护罩通常使用聚碳酸酯，以保护玻璃且在破损的情况下承接碎玻璃。

悬吊部分应平整光滑，易于清洗，且要防水。一般建议，照明单元应采取插换式，以便在出现故障时，能将故障照明单元从食品加工区整体取出，送到指定车间维修。在理想情况下，从卫生方面考虑，天花板采用无缝隙的嵌入式照明，但维护困难。

3. 地板

地板是食品工厂加工区的基础设施，若地板建造有缺陷，进行修理时经常会导致长时间的生产中断以及财政损失。不够理想的地板会增加意外发生的概率，难以达到所要求的卫生标准并且增加卫生设施费用。因此必须同时考虑地板的物理耐用性和卫生安全性。地板的整体设计必须使其能进行有效地清洗、消毒和安全使用（如防滑），以及在清洗和正常生产状态下处于稳定状态（即不易碎裂，碎裂的结果可能会对加工的食品造成微生物或物理污染）。

地板的设计规范应该包括：楼板结构；防水膜高度超过墙壁的正常溢出水平；底层地板、地板周边、支撑柱周围以及机械底座周围应设计有伸缩缝；排水系统，应考虑设备的布局；砂浆层，需提供一个足够平坦的表面以装上地板，或未并入混凝土板时形成必要的坡度；地板表面可覆盖瓷砖或合成树脂。

地板材质可由多种不同的物质构成。虽然混凝土能抵抗来自碱、矿物油、许多盐类的腐蚀，但易被酸、动植物油、糖溶液和某些盐类腐蚀。再者，混凝土多空疏松，容易在冲击或磨损下粉碎。因此，混凝土一般不作为食品加工区的地板材料。但是，可对混凝土进行各种改进，使其能在某些食品储存区使用。

地板表面材料的选择，大致可分为三类：混凝土；充分玻璃化的陶瓷砖；无缝树脂整砂浆层。

（六）给排水系统

1. 给水系统

给水系统的一般要求：给水系统应能保证工厂各个部位所用水的流量、压力符合要求；企业加工用自来水或井水或地下水应根据当地水质特点增设水质处理设施（软化装置、加氯装置等），以确保水质符合卫生要求；自备蓄水设施应有防护设施并定期进行清洁；车间内应设置清洗台案、设备、管道、工器具以及生产场地用的水龙头；水龙头的数量应足够用于车间清洗；各种与水直接接触的供水管均应用无毒、无害、防腐蚀的材料制成。生产、加热、制冷、冷却、消防等用水应用单独管道输送，并用醒目颜色的标志区别，不得交叉连接。热源的上方不得有冷水管通过，防止产生冷凝水；加工用水的管道应有防虹吸或防回流装置，避免交叉污染。

2. 排水设施

排水系统的设计和建造应保证排水通畅、便于清洁维护，应适应食品生产的需要，保证食品及生产、清洁用水不受污染。

排水系统包括排水沟、防止固体废弃物进入排水沟的装置（如箅子等）、排水沟出口的防虫、防鼠、防异味溢出装置，如积水弯（图 4-4）、防鼠网。

图 4-4　积水弯

车间内排水沟应为明沟，必要时应加盖。排水沟底角应呈弧形，易于清洗。排水沟应有坡度，保证排水畅通，不积水。

应避免加工用水直排地面，设备排水应有专门管道，直接导入排水沟，防止漫流。另外，可在设备周围建立一座矮墙，使其中的水和固体可被排出。当矮墙通道靠近墙壁时，通道不能直接面向墙壁，以免墙壁和地板的交界处漫水。管道应该设有栅栏，管道栅栏应该便于移动，拥有宽敞的口径（至少 20mm）以便残渣进入管道。

较好的排水装置应该保证有足够的落差。通常地面与排水沟的落差应该在 1/100~1/5，这取决于操作过程和地面结构。在通常情况和安全条件下，一个折中的落差为 1/80。

排水沟的类型的选择很大程度上取决于涉及的生产操作过程。涉及大量水和固体的操作，排水渠道往往最合适。对于生产过程中产生水和少量固体的操作，带筛网的排水渠道较为合适（图 4-5）。在多数情况下，渠道的坡度至少为 1∶100，底部呈圆形，深度不大于 150mm，以便于清洁。为了安全起见，渠道还需装有格栅。格栅需易于拆卸，且布满小孔（孔径 20mm 以上），以使固体进入排水渠道。

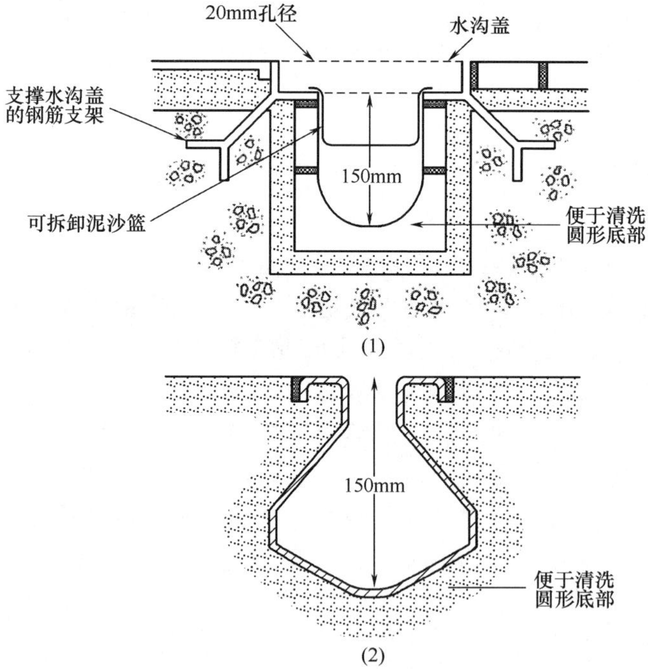

图 4-5　通道排水设计

近年来，耐腐蚀性材料的使用显著增加，如不锈钢排水格栅。不锈钢也在其他排水配件中广泛应用，如各种设计的疏水阀以及较浅（小体积）的排水渠道。

排水系统的水流方向与产品流动方向相反，即从高风险区流向低风险区，并且尽量避免排水管道中的污水从低风险区流向高风险区。实现理想排水的最佳方法是高风险区和低风险区各自分别排水。排水系统中的固体与液体应通过筛选（如可拆卸泥沙篮）尽快分离，以避免形成高浓度污水。疏水阀应设置在加工区外，易于操作，且经常清洁。

（七）服务设施

工厂的卫生设计还必须考虑服务设施，如水、蒸汽、压缩空气的管道，电力管道和线槽，人工照明，通风管道，压缩机，制冷/制热单元和泵。

服务管路应铺设在加工区外，沿墙壁铺设。架空管路不能通过开口容器和生产线。若管路架空通过生产区，有可能会有冷凝水滴、管路泄漏、剥落的油漆或灰尘污染产品。服务设施不能太靠近生产区的墙壁和地板，至少留有 50mm 的缝隙，以便清洁、检测、保养和维修。管道应集中进入生产区，并套在合适的材料中。

生产区墙壁开口的数量应尽量控制，以限制害虫和空气污染物进入。所有铺设在墙内和地板下的电缆和管道应防止害虫侵入。害虫容易在用于加热、水及其他服务的地下管道内和建筑物间走动。需要在每栋楼的外墙处设置障碍，防止害虫进入管道。凡是从建筑物的一个区域到另一个区域的管道，都应在每个楼层入口进行检查和清洁。穿过墙壁传递管道的最有效方法是套筒或开口。管道通过墙壁的方法如下。

（1）直接铸造在混凝土墙或砖墙内　这种方法造价昂贵且不切实际，并且需要单独固定管道。

（2）在每面墙壁上安置法兰　这种方法容易产生变形，且难以安装在混凝土墙内。

（3）管道通过螺栓固定　对管道和墙用双组分多硫化物密封剂进行密封，该密封剂能提供一定的挠性，能适应热运动和其他运动。

（4）管道通过墙壁的预留孔　使用混凝土或钢过梁来填补缺口，管道和墙壁之间的密封采用多硫化物。

加工区的管道可以是不锈钢、镀锌钢或是 PVC。蒸汽应在覆盖不锈钢的锻铸铁管中运送。支吊架应采用不锈钢或热浸镀锌钢板。管道表面材料必须是无缝隙且耐用的。

理想情况下，所有电缆应放置在墙后或天花板上方。如果在生产区难以实现，则应将电缆设置在封闭的圆形管道或支架内。管道不能藏污纳垢，并容易进行清洁、控制害虫和维修。为了避免灰尘积累，电缆架最好是直立的圆形支架。良好的照明也是必不可少的，生产区的照明水平不低于500 lx。进料或输送区域的照明低于500 lx，检验、灌装或包装区域的照明高于500 lx。所有水系统的设计都要防止水停滞。为了限制水系统中的军团杆菌属繁殖，所有水箱和加热器都需密封、隔离。用于生产蒸汽、制冷或防火的非饮用水，不得通过加工区。非饮用水必须用单独的管道，以特定的管道颜色来区分，且不能与饮用水系统有交叉连接。

在多数情况下，因为自然风难以控制而应尽量避免使用自然通风。抽取系统是抽出热的或不新鲜空气和水蒸气的相对廉价的方法，但该方法过度使用会导致负压积聚，除非供应一个相应的新鲜空气来平衡大气。最好和最有效的系统是将供应和抽取系统结合，利用光压提供一个平衡和可控系统。生产区内的空气应该有一个小的正压（最小25Pa），以防止外部污染物进入。压缩空气管道内的空气必须保持干燥，以防止微生物生长，若用于和食品接触，则需经过微生物灭菌（紫外线照射）。通风系统应根据该区域的使用量而每小时提供一定量的空气更换。空气流动必须是从洁净或高风险区流向不洁、低风险区。清洁、无污染的环境需要通过通风、空气过滤、湿度和温度控制及压力变化等组合手段来实现。一般生产的相对湿度控制在50%~60%。风扇和冷凝器需放置在生产区域外。

（八）洗手消毒设施

对食品企业而言，洗手消毒设施必须包括：洗手池、消毒设施、干手设施、纸篓。此外，为了保证洗手、消毒的时间，还应在洗手消毒处放置钟表；钟表应固定牢固。为了保证洗手效果和员工易于洗手，还应配备冷热水混合器，以便于调节水温。

1. 洗手池

洗手池组成包括水池、非手动式水龙头、洗手液、指甲刷。要配备冷热水混合器，其开关应采用非手动式，龙头设置为每班人数在200人以内者按每10人1个、200人以上者每增加20人增设1个。

水池材料可以是不锈钢或瓷。非手动式水龙头可以采用感应式、脚踏式、膝顶式、肘动式，应根据企业具体情况选用。洗手液应按照使用说明书使用。指甲刷用于刷去指甲内的灰垢。

2. 消毒设施

最常见的消毒设施是消毒池，即盛有有效浓度消毒液的水池。通过浸泡手部到达消毒效果。消毒液应定期更换，以保持有效浓度。消毒液主要为氯类、碘类、季胺类消毒液。此三类消毒液的浓度可用试纸快速检测。也可使用喷雾式的手部消毒器。通过感应，消毒液自动喷洒于手心、手背，通过双手涂抹达到手部消毒。消毒液一般为酒精类。

3. 干手设施

可以采用烘手器、消毒纸巾、消毒干毛巾等。一般的喷气式烘手器，热风来自未消毒的空气，因此在保证手部卫生方面并不比消毒纸巾、消毒干毛巾效果好。

4. 纸篓

用以盛放使用后的纸巾、毛巾等，应为密闭、脚踏式。

（九）库房

食品企业一般设原料库、辅料库、包材库、半成品库、周转库、成品库、危险品库、工具和器材库等。原料库、辅料库、成品库内不得存放有碍卫生的物品；同一库内不得存放可能造成相互污染或者串味的食品。危险物品（有毒有害物质、易腐、易燃品等）和五金要设置专门的危险物品库和五金库。

库房门口应设置挡鼠板，挡鼠板一般贴墙壁安在门口，与地面及与墙壁接触处不能有缝隙，要有一定的高度，防止老鼠跳入。有的库房还要设置防鸟设施（如鸟网等）。库房照明灯具应安装防爆装置。有搬运车辆进出的库房还应设置防止车辆碰撞墙壁的设施。各类冷库，应根据不同要求，按规定的温度和湿度贮存。冷库应配备自动温度显示、记录装置及湿度计，并定期校准。冷库设计可参照 GB 50072—2021《冷库设计标准》和 GB/T 30134—2013《冷库管理规范》。冷库内的照明灯具宜选用外壳防护等级为 IP54 级并带有保护罩的防潮型白炽灯具，灯具的布置应避开吊顶式空气冷却器（冷风机）和顶排管。

原辅料、成品码放应配置垫仓板，所有物品均不得直接放置在地面，应保持适当的墙距和垛距。《出口速冻果蔬生产企业注册卫生规范》规定，成品码放与墙壁距离至少 30cm，与地面距离至少 15cm，与顶棚距离至少 60cm。《肉类屠宰加工企业卫生注册规范》《水产品生产企业卫生注册规范》规定，成品码放与墙壁距离不少于 30cm，与地面距离不少于 10cm，与天花板保持一定的距离。垛位之间应有适当的间隔，一般至少能使工人通过。根据批次，及时调整码放位置，先入库的原辅料应先使用，先入库的成品应先出库。库房出入应建有台账；不同批次的原辅料、成品应分别码放，并建有标识卡。出入台账、标识卡与库房物资三者应相符。

（十）废弃物处理设施

废弃物处理设施主要指生产过程中废弃物、报废品、废弃的杂物或危险物质的收集暂存容器以及转运容器，他们的设计和使用以不污染食品为原则。

1. 合适的地点

不同清洁区应分设废弃物处理设施，废弃物产生的区域和废弃物处理设施的地点也不应相距太远，以避免废物转运过程中产生污染。

2. 明确的标识

无论是转运废弃物的容器还是盛装废弃物的容器，应具有特殊的可辨认性，都应该与盛装产品的容器有明显区别，可以通过颜色、标志、标识加以区分。

3. 防止外溢

废弃物处理容器应采用合适的材料制作，防止液体等流出，必要时可内衬塑料袋。垃圾桶或废物收集容器应加盖。用来装危险物质的容器应当有明显标识，而且适当情况下，可以上锁以防止蓄意或偶发性食品污染。

4. 及时清理

废弃物应及时清理，并对容器和工具清洗消毒。

二、食品设备卫生设计

（一）设备卫生设计的目的

通过卫生设计，能够给产品最大的保护；对所有与产品接触的表面进行一些必要的处理，使其便于检查和机械清洗；尽可能地减少或消除清洗死角，避免化学污染和微生物污染；提供设备清洗、消毒、检查的方法。其达到的目的如下。

1. 保障安全

良好的卫生设计可以防止产品被污染，保护消费者的健康。食品污染源可能有微生物（如致病菌）、化学物（如润滑剂、清洗剂）和机械物（如玻璃、螺母）等。由于设备设计的缺陷，可能导致产品召回、产量下降甚至停工停产的后果。

2. 便于清洗

清洁的本质就是防止污染。如果产品残滓积累，微生物能以此为营养迅速繁殖，使本来就难清洗的设备不得不提高清洁的频率、使用更加高效的清洗剂和更多的清洁时间，结果导致费用增加、合格产品减少、设备寿命缩短和产生更多的废水。为了更有效地清洗设备，设备的表面必须保持光滑，没有裂痕、尖角、突出的部分。

因此，设备的设计必须考虑易于清洗。所有与产品接触的表面应便于检查和机械清洗；各部件要便于拆开，以达到彻底清洗的要求。所有设备在首次使用之前，先进行清洗和钝化（对能与产品表面反应进行灭活处理），在某些情况下，由于设备某部分的变化需要进行再钝化。

3. 便于检查

实践证明，检查、测试和检验卫生的质量是非常重要的。在设备的维护保养以及生产过程中，经常需要检查清洁度，因此，设备设计师必须确保设备中的相关区域便于检查。

（二）设备材料

在正常或可预见的情况下，直接接触食品的材料不可将其组分转移至与之接触或可能接触的食品中，以致对人体健康造成威胁或使食品的感官性质遭到破坏，或使食品本身性质、品质发生无法接受的改变。食品直接接触材料必须满足一系列要求，在工作条件下（包括不同的温度、压力、清洗剂和消毒剂），保持惰性，且耐腐蚀、无毒、机械稳定、光滑和易于清洗。食品非直接接触的材料则应机械稳定、光滑和易于清洗。选用食品接触材料时，需考虑两个方面：一方面是无毒，所有应用于食品加工的材料必须证明其安全后才可实际应用；另一方面是材料表面应足够光滑以便于清洗，表面粗糙度参数轮廓算术平均偏差 $R_a=0.8\mu m$。

1. 金属

食品加工中可供使用的金属种类非常有限，主要使用不锈钢。在某些设备的结构材料中会使用奥氏体不锈钢，因其具有良好的抗腐蚀性和易于清洗消毒。

食品加工中常见的奥氏体不锈钢为 AISI—304（18%Cr、10%Ni）和 AISI—316（17%Cr、12%Ni、2.5%Mo）。当选择易切割的不锈钢时，应确保这种不锈钢中不含铅和硒。实际上，食品加工设备的供应商大多采用 316 型的不锈钢，但是某些特殊的设备如板式热交换器，会使用多种材料。

铝合金的抗腐蚀性不佳，通常应避免其作为与食品直接接触的材料。当使用铸镍或铸铁的设备时，镀层必须可靠且完整。在使用条件下，镀层不能污染食品，且对食品级消毒剂有耐腐蚀性。

不锈钢具有抗腐蚀的性能是因为在其表面有一层既薄又不易损伤的铬氧化膜，使不锈钢具有“不锈”的特性。钝化是不锈钢的重要表面处理过程，有助于有效地保证不锈钢产品表面抵抗腐蚀。不锈钢表面的钝化膜是由铁、铬和一些钼的氧化物混合组成的。

钝化过程包括机械清洗、脱脂、去油、检查、钝化（浸泡或喷雾）、漂洗。清洁和脱脂能除去表面的污染物，并在钝化前的检查阶段来验证清洁度。局部钝化可采用硝酸浸泡或喷雾（根据钝化面积）。使用氧化性酸（如硝酸）进行钝化的目的有两个：一是酸能溶解高碳钢；二是氧化性酸能保证得到一个均匀清洁的表面且使得惰性的铬氧化膜稳定。

2. 塑料

塑料应用于众多领域，经常被用作保护工具，又因其可塑性和耐腐蚀性，可作为软管，实现金属管道之间的连接。但值得注意的是，某些塑料具有多孔性，可能吸收产品的组分并藏匿微生物。在食品工业中应用的塑料，必须经过食品有关部门批准，且要求提供批准的认证细节和展示在适当情况下的正确使用的协定。

常用的易于清洗、可应用于卫生设计的塑料包括聚丙烯、不加增塑剂的聚氯乙烯、聚乙缩醛、聚碳酸酯、高密度聚乙烯等。

如果使用聚四氟乙烯应当特别注意，因为它具有渗透性并很难清洗。任何暴露的塑料添加物（如玻璃、碳纤维和玻璃珠）不应该接触到产品，除非添加物和塑料之间的黏合物无法渗透到产品中去。

3. 合成橡胶

橡胶是食品材料和设备中应用最广泛的材料之一。橡胶具有高弹性，去除压力可以恢复到原形的能力，使得橡胶材料广泛应用于垫圈、盖、软管制造等。合成橡胶有许多成分，如弹性体（橡胶）、矿物填料、增塑剂、活性剂、抗氧化剂、催化剂、硫化剂。橡胶的性能主要来源于弹性体，弹性体由不同来源的重复结构形成的长分子链组成，如天然橡胶、三元乙丙橡胶、氯化丁基橡胶、丁腈橡胶、丁苯橡胶。

4. 其他材料

陶瓷通常只用于高度专业化的领域，如用作旋转设备的机械密封元件等。通常不使用玻璃，因为玻璃易破损；但如果已经使用了玻璃，则必须在其表面用塑料涂层进行保护。

木材只在极少数的情况下使用，如在相对湿度调节或微生物生态（如干酪催熟，酒、醋的生产等）发挥有利作用的情况下采用。木制品表面必须进行有效的清洁和消毒，因为其表面会残留微生物，且微生物会在产品的养分下生长繁殖。木屑还可能导致外来物污染。

（三）卫生设备的结构

设备转角必须很好地打磨成圆角，以便于清洗。圆角的最适宜半径应不小于6mm，最小半径为3mm。必须避免锐角转角（<90°）。对于特殊设备，其锐角转角必须不断清扫，如凸轮泵。如果由于技术原因，锐角转角不能避免，那么角的半径必须小于3mm，这种设计用于补偿损失的清洗性能。如果用作衬垫角，这个角必须是锐角，用以在与产品和垫圈界面最接近的部位形成一个足够紧的衬垫。边缘需要去除毛刺。图 4-6 所示为无锐角转角焊接的方法。

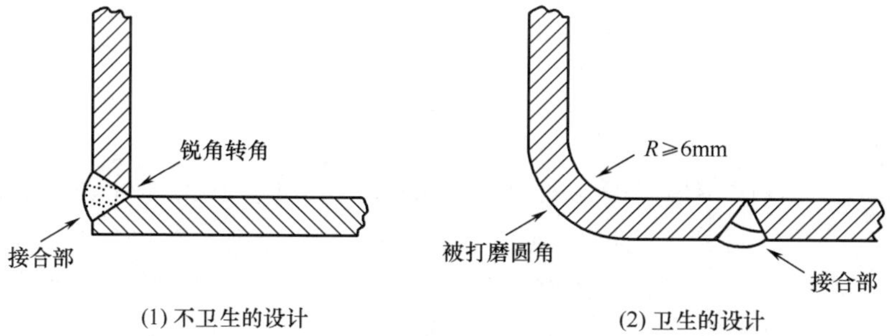

图 4-6　不卫生焊接的转角和卫生焊接的转角

最常见的失败的卫生设计之一就是用不合适的紧固件，如螺母、螺栓和螺丝钉。紧固件的使用存在两个问题：首先是安全性低，他们可能在使用过程中逐渐松动，最终掉入产品中；其次是在与金属接触的过程中，会增加磨损，造成更多裂缝，导致产品残留。如果必须使用螺帽或螺丝钉，最理想的方式是将它们安装于产品的背面。

软管经常用来连接工艺管线（如填料机的可动装料头）的移动和静止部分。安装时注意不要产生不可清洁缝隙。

搅拌器、均质器、混合器或铣刀等设备可能会产生相当大的卫生风险。必须防止由金属对金属的触点产生的裂隙和凹槽内的死角。

轴承应该尽可能设计在产品接触区域的外面，这样可以防止润滑油对产品造成污染（除非润滑油是可食用的），也能防止因产品进入轴承而造成的故障。轴封必须设计得易于清洁。当轴承位于产品接触区域内部时（如容器搅拌轴的底部轴承）应该可以拆卸，从而方便清洁。

门、盖和面板的设计应注意防止污垢的进入和积累。它们的外面应该是斜面，而且容易拆下清洁。如果使用铰链盖子，铰链必须可拆除或者易于清洗，并且要求能够防止积累产品、灰尘和异物（包括昆虫）。透过或附加在盖子上的管道、工具应该焊接在盖子上，或者仔细地封口。

产品设备的外缘设计（即容器、滑道盒子）必须避免产品有可能产生聚集，或者是难以清洗的地方。开放的顶部外缘必须设计成圆形的或是倾斜的，以便避免液体残留。

（四）设备连接系统

在食品加工设备中，管路系统对于每个加工单元中流体的运输是必需的，比如原材料的接收，在搅拌槽中的储存、发酵、热处理、装罐等。管路系统中典型的部件是管道（管子、弯管、T 形构件）、管道连接件、阀门和泵。食品工业中管路系统的卫生设计需要和常规的设计综合起来，以保证食品加工过程的安全性，这与一贯的工厂设计不同。卫生设计和加工的基本方面包括材料和表面的卫生、排水能力、清洁度、避免死角。

管路系统应具有倾斜度 1∶100 的排水能力，管道组必须有足够的支撑，以防管道下沉变形。建议每隔 3~4m 安装一个支柱。在关键点设置微生物检测点也非常重要，尤其是在难清洗的部位。

管路系统的卫生设计，必须保证在清洗过程中产品接触到的区域都能够被清洗到。在加工线安装阀门和设备时使用 T 形部件仍然是较常见的。另外，凹槽、圆顶盖、润滑油槽、小凹痕、裂缝、缺口、尖角或螺纹都会影响清洗的效率。

1. 管道连接

管道连接是设计的一个重要方面，要求易于维修保养、装拆方便、有较大的韧性。卫生管道连接的基本要求应包括：可靠的严密性，避免细菌进入；易清洗；机械强度高；方便操作保养。

典型的管道连接是两块金属部分被焊接在管道上，中间有一个聚合物垫圈。两个金属部分主要是通过法兰螺丝钉、V 形夹钳或螺纹项圈螺母连接在一起。

2. 密封件

对于零件间的紧密连接，密封件是不可缺少的。对于密封件的一般要求是：

能承受处理时的温度和压力；能承受蒸汽灭菌；与制造的原材料兼容以及能抵御产品和清洁、消毒所用的化学药品；在上面提及的所有温度和压力情况下对细菌的密封性；能有大约 1 年的有效寿命。

3. 阀门

每个加工设备都需安装阀门。根据系统的大小，一个运输液体的管道设备能有数百甚至数以千计的阀门。在加工设备或车间中阀门具有许多功能：关闭、打开管道、切换、控制和在压力过度或不足或管道交叉点处不兼容介质情况出现时起保护作用。

阀门的一般卫生条件如下。

（1）清洁度　所有与产品接触的表面必须清理，特别注意支座和密封件。

（2）表面　表面粗糙度对清洁度有很大影响。表面粗糙度越高，所需的清洁时间也越长。原则上，产品接触面的处理会导致粗糙度 $R_a \leqslant 0.8\mu m$。一个较粗糙的表面在某些情况下可被接受，但是必须清楚地详细说明偏离的表面粗糙度（例如，在饮料产业中，表面粗糙度 $R_a = 1.6\mu m$ 通常是可以接受的）。

（3）材料　阀门（包括那些静态和动态的密封件）的材料，必须符合已实施的工序。

（4）几何结构　阀门设计必须确保在与产品接触的所有空间中都有充足的液体交换。除了在生产和清洁处理时的液体交换外，液体流过时气泡不留在阀门中也是很重要的。因此，在产品区域、凹点、裂缝和间隙处，应该避免有锐利的边缘、螺线和死角。如果不能够避免死角，则需尽可能地将其缩短，并使之可以被清洗到。如果清洁度取决于某个特定的程序（如就地清洗的流程方向），则必须清楚地指出这个程序。

（5）排水能力　至少有一个安装部位（无须拆除的）中，有能够完全将污水排出沟外的阀门。

（6）密封件　一个阀门的密封件的数量应该尽可能的少。必须采取措施来确保在所有的情况下密封材料的变形特性是可控制的。密封件变形太少同变形过多一样，都是不利的。

（7）弹簧　应该避免弹簧与产品接触。当弹簧与产品接触时，它们必须是最小范围的表面接触。

（8）泄漏检查　阀门的设计应该提供内部泄漏的快速外观检测，如通过隔膜阀和防混阀。除此之外，泄漏的液体一定要流回到产品区域。

（9）外表面　阀门的外表面应易于清洗。

（10）说明书　应该注释关于阀门的安装、操作、清洁和维护的全面资料和建议。

（11）微生物的不透性　对于无菌性应用，与产品接触的动态密封的移动轴必须包括一个环境和产品之间的屏障，以避免微生物的入侵。密封件的双重配置最好设计为两个密封件的距离超过轴的冲程。如果不是这种情形，必须证明能够防止微生物入侵。对于无菌性应用，阀门的移动轴最好通过隔膜或波纹管与产品分离。

（五）卫生设计的验证

食品生产加工设备的设计在卫生方面常常需要验证。这是因为：一是证明其符合食品卫生方面的法律、法规或规范的要求；二是设备制造者用于检查设计的质量及其制造过程；三是确保满足购买合同要求；四是确定新的或改良后的设计不会与卫生学的设计标准相冲突。

食品企业中，最常见的卫生效果的验证有 4 种：巴氏杀菌效果的验证；高温杀菌效果的验证；防止微生物污染的能力验证；清洗效果的验证。

1. 巴氏杀菌效果和高温杀菌效果的验证

在测试设备巴氏杀菌效果和高温杀菌效果时，试验用微生物通常用梭状产芽孢杆菌 PA3679 芽孢（设备用于生产低酸性食品时）、巴氏固氮梭状芽孢杆菌或凝结芽孢杆菌芽孢（设备用于生产 pH3. 7 以下酸性食品时）、乳酸菌和酵母（设备用于生产高酸性食品时）。当设备经过巴氏杀菌（90℃水经 30min）或高温杀菌（120℃饱和水蒸气经 30min）后，在无菌条件下装入营养培养基进行再培养，以检查是否仍有微生物存活。如果有，这些微生物将在适宜的培养基和条件下繁殖，最终被检出。

2. 防止微生物污染的能力验证

防止微生物污染的能力验证，即设备屏蔽微生物的能力或密闭性，所采用的指示菌是黏质沙雷菌，这是一种很小、活力很强的微生物，它能穿透很小的洞以及很难用其他的物理方法测试出的裂缝。将指示菌接入无菌肉汤蛋白胨培养液（TSB）中培养到一定数量后，在设备的可疑之处注射此培养液；同时，将无菌 TSB 加入设备中，然后在适宜指示菌生长的条件下运行设备。

3. 清洗效果的验证

每个食品加工企业都需要一套清洗体系或卫生操作规范，以避免食品被灰尘、原辅料残渣和微生物污染。为了确认企业为员工提供的清洗方法是否有效，需要进行测试，以验证清洗效果。目前，清洗效果的验证方法很多，没有一个统一的标准。因为，设备的表面是否能清洗干净不仅取决于设备的设计，也取决于生产环境的污染程度。例如，即使采用相同且完美的卫生设计的设备，矿泉水生产线的清洗要比生产巧克力生产线的清洗更加简单。所以，要评价清洗效果，首先要设计验证清洗效果的方案。

验证食品加工设备清洗效果的方法有许多步骤，包括：保证设备在测试前是清洁的；将有机土与指示菌混合，然后用其污染设备；清洗；清洗后检测表面是否有指示菌残留。

（六）设备卫生要求

1. 生产设备

应配备与生产能力相适应的生产设备，并按工艺流程有序排列，避免引起交叉污染。与原料、半成品、成品接触的设备与用具，应使用无毒、无味、抗腐蚀、不易脱落的材料制作，并应易于清洁和保养。设备、工器具等与食品接触的表面应使用光滑、无吸收性、易于清洁保养和消毒的材料制成，在正常生产条件下不会与食品、清洁剂和消毒剂发生反应，并应保持完好无损。所有生产设备应从设计和结构上避免零件、金属碎屑、润滑油或其他污染因素混入食品，并应易于清洁消毒、易于检查和维护。设备应不留空隙地固定在墙壁或地板上，或在安装时与地面和墙壁间保留足够的空间，以便清洁和维护。

2. 监控设备

用于监测、控制、记录的设备，如压力表、温度计、记录仪等，应定期校准和维护。

3. 设备保养和维修

应建立设备保养和维修制度，加强设备的日常维护和保养，定期检修，及时记录。

三、食品生产卫生要求

食品生产卫生是指生产过程中所采取的各种防止微生物污染、化学污染和物理危害的措施。食品的质量是生产出来的，而不是靠最后的分析检验出来的。在食品生产全过程中，必须采取各种措施，严格控制可能影响食品安全与卫生的因素，为生产安全、高质量的产品提供一个卫生的生产环境。食品生产卫生主要包括三个方面的内容：生产环境卫生、生产人员卫生和生产工艺卫生。

（一）生产环境卫生要求

1. 不同生产区域的卫生要求

对于食品生产过程而言，生产环境包括两个重要区域，即外环境和内环境。首先，由于外环境可能影响内环境的卫生质量，外环境应该与对内环境有卫生或洁净度要求的规范化厂房相适应；其次，内环境对食品的安全和卫生有直接的影响，为了充分保证食品的安全与卫生，必须尽量避免或减少食品在生产过程的各环节中被污染。在整个生产流程中，要求成品不得与原料或任何中间产品相接触。理想的生产流程是原料和辅料在接收货物附近便开始处理，然后依次进入预处理区、加工区、包装区，最后进入成品库。

美国宇航局（NASA）曾提出了各类食品工厂中主要操作工段的清洁度要求

(表4-2)。食品生产企业可以这些数值作为标准，针对各类食品加工状况采取相应的措施和对策来净化空气。

表4-2　　食品工厂主要操作工段的清洁度

种类	作业工段	总颗粒数/(个/m^3)
肉加工	火腿切片包装 汉堡包投料、冷却、包装	10000 1000~10000
鱼肉加工	鱼糕、鱼卷	1000~10000
啤酒	洗瓶、干燥、冷却、灌装、封盖	10000
酿酒	灌装、封盖	1000~10000
乳品	干酪制造操作、包装 牛乳灌装	10000 1000
糕点	西式糕点、冷却、包装和日式糕点制造操作包装	1000~10000
米和小麦制品	饼干制造操作、包装 面包冷却、包装 制面冷却、包装	1000~10000
副食品	快餐加工、包装	10000~100000
清凉饮料	果汁类饮料灌装	1000~10000

2. 生产区域的清洗与消毒

生产区域是清洗区，故对杀灭微生物的要求较高。由于食品的特殊性，清洗剂和消毒剂不能带入有毒有害物质和化学性污染物，这便要求选择一种高效但无毒的清洗消毒方式。同时，在使用高腐蚀性的清洗剂后，要求能将残余的清洗剂冲洗干净，不会污染下一批处理的食品。

(1) 空气消毒　食品企业对空气进行消毒常用的方法有紫外线、臭氧、化学消毒剂熏蒸或喷雾。

紫外线对空气消毒是紫外线消毒的最佳用途，也是空气消毒的最简单且廉价的方法。常用的方法是将普通直管热阴极低压汞紫外线灯管悬挂在天花板上，或固定在墙壁上。

臭氧消毒的优点是对空气效果好，消毒比较彻底，不留死角，且无残留。

化学消毒剂熏蒸或喷雾，如使用500~1500mg/L有效氯对空气喷雾消毒、使用0.2%~0.5%过氧乙酸20~30mL/m^3对空气喷雾消毒、乳酸熏蒸等。甲醛因有致癌作用禁止在食品生产车间使用。

(2) 工器具的消毒　工器具的消毒可以采用82℃热水浸泡或化学消毒剂浸泡。

例如：①含氯消毒剂，100~200mg/L 有效氯消毒液浸泡 20~30min；②二氧化氯，250mg/L 二氧化氯溶液浸泡 15~30min；③过氧乙酸，0.1%过氧乙酸溶液浸泡 15min。

餐具和饮具的消毒还可以采用干热灭菌箱消毒。

（3）表面消毒　高强度紫外线消毒器可以对近距离的光滑表面消毒。其紫外线灯管辐射 253.7nm 紫外线的强度要求：功率 30W 的灯管，不得低于 $70\mu W/cm^2$；功率 11W 的灯管，不得低于 $40\mu W/cm^2$。该法可用于聚乙烯类包装材料的消毒。

3. 废弃物和副产品卫生要求

废弃物指食品生产中废弃不用的物品；副产品指食品生产中相对于主要产品生产的产品。废弃物是废物，副产品是产品。废弃物的存放地点有两个，一个是车间内，一个是车间外。车间外的废弃物贮存处也会贮存生活垃圾。副产品的产品形式也有两个，一个是食品，一个是非食品。

（1）废弃物

①车间内废弃物：车间内废弃物的管理应做到集中收集、及时清理、达标排放、保持清洁。

集中收集指应配备废弃物专用容器，容器应有明显的标识并配置非手工开启的盖。

及时清理指废弃物应及时清理出车间，避免成为污染源或污染的滋生源，做到日产日清，清理时间不应超过 24h。

达标排放指废弃物的排放与处理应符合国家环境保护有关规定。

保持清洁指在收集、清理过程中避免污染食品、食品接触面，贮存容器清理完废弃物后要清洗消毒。废弃物暂存容器应选用便于清洗消毒的材料制成，结构严密。

②车间外废弃物：车间外废弃物的存放应有适当的管理措施，应与食品加工场所隔离，废弃物不允许堆积在食品处理、贮存和其他工作区域周围附近。除非不得已的情况，否则应离工作区越远越好。

废弃物暂存场地应定期冲洗。

废弃物应及时清运，避免污染原辅材料、水源、设备和厂区道路。

（2）副产品　副产品的处理应以不污染主要产品为前提，做好与主要产品的分类收集。同时，如果副产品的用途是食品，应按照食品生产的卫生要求进行处理。

4. 虫鼠害控制

（1）应保持建筑物完好、环境整洁，防止虫害侵入及滋生。

（2）应制定和执行虫害控制措施，并定期检查。生产车间及仓库应采取有效措施（如纱帘、纱网、防鼠板、防蝇灯、风幕等），防止鼠类昆虫等侵入。若发现有虫鼠害痕迹时，应追查来源，消除隐患。

（3）应准确绘制虫害控制平面图，标明捕鼠器、粘鼠板、灭蝇灯、室外诱饵投放点、生化信息素捕杀装置等放置的位置。

（4）厂区应定期进行除虫灭害工作。

（5）采用物理、化学或生物制剂进行处理时，不应影响食品安全和食品应有的品质，不应污染食品接触表面、设备、工器具及包装材料。除虫灭害工作应有相应的记录。

（6）使用各类杀虫剂或其他药剂前，应做好预防措施，避免对人身、食品、设备工具造成污染；不慎污染时，应及时将被污染的设备、工具彻底清洁，消除污染。

（二）生产人员卫生要求

1. 保持生产人员卫生的重要性

人是食品生产中引起产品污染的最大污染源之一。人的活动会影响生产环境。人的移动会产生气流甚至湍流，这会引起尘埃的飞扬，减慢粒子的沉淀。人的机体也会给微生物的生长繁殖创造一个良好的环境。人的体表、鼻孔、喉咙、口腔以及肠道里面生长着各类微生物，见表 4-3。

表 4-3　　人体各部位的微生物

部位	常见的微生物
皮肤	葡萄球菌、枯草杆菌、类白喉杆菌、大肠杆菌、非致病性抗酸杆菌、真菌
口腔	葡萄球菌、绿色链球菌、奈氏菌属、类白喉杆菌、乳酸杆菌、梭状杆菌、放线菌、拟杆菌、螺旋体、真菌
肠道	葡萄球菌、类链球菌、大肠杆菌、变形杆菌、绿脓杆菌、乳酸杆菌、产气荚膜杆菌、破伤风杆菌、拟杆菌、双歧杆菌、真菌、腺病毒
鼻咽腔	葡萄球菌、链球菌、肺炎球菌、奈氏菌属、绿脓杆菌、大肠杆菌、变形杆菌、真菌、腺病毒
外耳道	葡萄球菌、类白喉杆菌、绿脓杆菌
眼结膜	葡萄球菌、结膜干燥菌
尿道	男尿道口：葡萄球菌、大肠杆菌、拟杆菌、耻垢分枝杆菌 女尿道口：革兰氏阳性球菌、大肠杆菌、变形杆菌等
阴道	葡萄球菌、乳酸杆菌、阴道杆菌、拟杆菌、双歧杆菌、类白喉杆菌、大肠杆菌、白色念珠菌、支原体

由于人体带有微生物，因此在食品生产的各个阶段都可能发生由人造成的食品污染：有的通过未消毒的手直接接触食品使其污染；有的则经其他途径的接触

而引起食品的污染。通常，这样的污染对于我们的日常生活来说是无害的，但对于管理状态下生产的食品却是不能容许的，甚至有可能还是致命的。要防止这种风险，食品生产人员的身体健康状况一定要符合卫生要求。

2. 个人健康

食品企业的生产人员，尤其是与食品直接接触的人员，其健康状况如何，将直接或间接地影响食品质量。为此，有必要采取一定的措施以保证他们的身体状况维持在一定的健康水平。这主要从三个方面予以控制：①入厂前的体格检查；②定期的健康检查；③生病或皮肤表面有暴露伤口时的报告与处理。

食品企业在招收新职工时，一定要对所有求职人员进行健康检查，应检查的项目往往与工作岗位的性质有关，但至少应保证求职人员不得患有急性或慢性传染病。

食品企业的所有职工均应定期进行体格检查，检查的频率和项目要根据所从事的工作确定。为了便于管理，企业要制定书面的职工体格检查规程。

食品企业应建立疾病问询制度，对患病和受伤员工应进行必要的医疗检查并将其调离与食品直接接触的岗位。这些情况包括黄疸、腹泻、呕吐、发热、伴有发热的喉痛、可见性感染皮肤损伤（烫伤、割伤、碰伤等），以及耳、眼或鼻中有流出物。另外，食品从业人员有义务及时向企业有关部门报告患病和受伤情况。

只有当上述症状消失 48h 后，相应人员方可重新从事与食品接触的工作。

患有割伤、碰伤的工作人员，若允许他们继续工作，则应用防水的敷料或创可贴包扎伤口，同时戴上一次性手套。使用的创可贴应含有金属丝或颜色比较鲜明，以利于脱落后能够及时发现和拣除。

3. 个人清洁

满足健康要求的人员，在食品操作过程中应保持适当水平的个人清洁。表 4-4 所示为食品生产操作者的个人清洁要求。

表 4-4　食品生产操作者个人清洁要求

部位或物品	清洁要求
头发	洁净、整齐，无头屑，不染发，不做奇异发型；经常理发，男性不留长发，女性不留披肩发
眼睛	无眼屎，女性不画眼影，不用人造睫毛
耳朵	内外干净，无耳屎；女性不戴耳环
鼻子	鼻孔干净，不流鼻涕；鼻毛不外露
胡子	刮干净或修整齐，不留长胡子
嘴	不嚼口香糖等食物，女性不用口红
脸	洁净

续表

部位或物品	清洁要求
脖子	不戴项链或其他饰物
手	洁净；指甲整齐，不留长指甲；不涂指甲油，不戴戒指
工作帽	整洁，端正，头发不外露
工作服	整洁

4. 手和手的卫生

手是操作人员工作的最重要器官。手的表面创伤是微生物繁殖的良好场所，因而手的表面有伤口时不允许与产品直接接触。不要使用指甲油，也不能戴戒指和其他装饰品，因为它们均易积污。假如使用手套，要确认是无破损的；如果使用的是非一次性使用的手套，必须在清洁干燥以后方可再用，而且要注意手套内部的干燥。戴手套前一定要除去戒指，因为后者易于戳破手套。

在从事食品加工过程中，必须一直保持手的清洁，在下列情况之一时要洗手：①工作前；②饭前与饭后；③大小便后；④吸烟喝茶休息后；⑤打电话后；⑥接触生肉、蛋、蔬菜等以及不干净的餐具、容器之后。

美国疾病预防与控制中心指出，洗手和消毒是防止可能导致感染与食品滋生致病细菌和病毒的唯一最有效的手段。大约25%的食品污染可归因于不正确的洗手方式，洗手有利于切断细菌经手的传播路线，减少常居细菌。

洗手、消毒的程序、方法应基于标准指南或实验数据。我国《餐饮业和集体用餐配送单位卫生规范》规定了洗手程序、标准洗手方法和标准手消毒方法。

①洗手程序：

在水龙头下先用水（最好是温水）把双手弄湿；

双手涂上清洗剂；

双手互相搓擦20s（必要时，以干净卫生的指甲刷清洗指甲）；

用清水彻底冲洗双手，工作服为短袖的应洗到肘部；

用清洗纸巾、卷轴式清洗抹手布或干手机弄干双手；

关闭水龙头（手动式水龙头应用肘部或以纸巾包裹水龙头关闭）。

②标准洗手方法：六步洗手法，如图4-7所示。

③标准的手消毒方法：清洗后的双手在消毒剂水溶液中浸泡20~30s，或涂擦消毒剂后充分揉搓20~30s。

需要指出的是，上述手消毒方法中并未说明消毒剂的种类和浓度。食品企业应根据使用的消毒剂种类和浓度，通过消毒后的手部的涂抹试验，来确定消毒时间。

目前尚无标准规定手部的消毒后的微生物指标，食品企业可参考GB 14934—2016《食品安全国家标准　消毒餐（饮）具》。

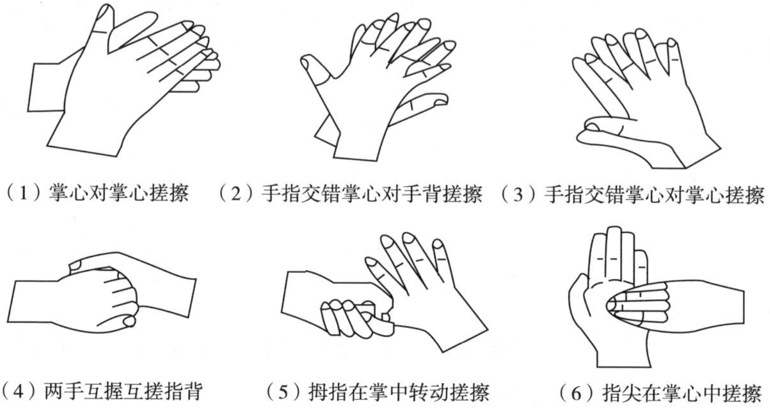

图 4-7　六步洗手法

洗手、消毒的程序、方法应在洗手消毒处标识（文字或图片），以便从业人员严格遵守，如图 4-8 所示。

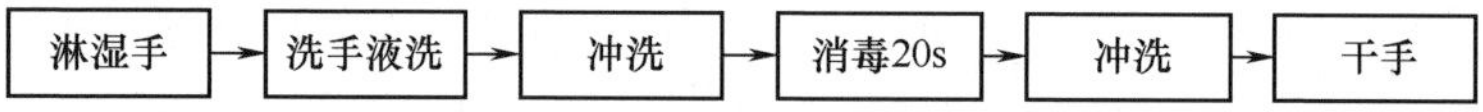

图 4-8　某食品企业的洗手消毒流程

《餐饮业和集体用餐配送单位卫生规范》规定接触直接入口食品的操作人员在有下列情形时应洗手：开始工作前；处理食物前；上厕后；处理生食物后；处理弄污的设备或饮食用具后；咳嗽、打喷嚏或擤鼻子后；处理动物或废物后；触摸耳朵、鼻子、头发、口腔或身体其他部位后；从事任何可能会污染双手活动（如处理货项、执行清洗任务）后。

5. 行为举止和工作方法

食品操作者应禁止那些可能导致食品污染的行为。例如，吸烟、吐痰、咀嚼或吃东西、在无保护食品前打喷嚏或咳嗽。

食品操作者不得将与生产无关的物品带入食品加工区。禁止食品操作者佩戴或携带个人佩戴物（如珠宝首饰、手表、饰针或其他类似物品）进入食品加工区内。

进入车间时应洗手、消毒并穿着工作服、帽、鞋，离开车间时换下工作服、帽、鞋。一次性手套应及时更换。

清洗区与非清洗区、质量检验等不同岗位的人员要穿戴不同颜色的工作服、帽或其他明显标志，以便区分。不同区域人员不准串岗。

6. 培训和检查

食品操作中的每个人都应认识到自己在防止食品污染和变质中的任务和责任。

如果没有对所有与食品活动相关的人员进行充分的卫生培训和（或）指导、监督，就可能对食品的安全性和消费的适宜性构成威胁。食品加工处理者应有必要的知识和技能，以保证食品的加工处理符合卫生要求。对于那些使用清洗用的化学药品或其他具有潜在危害的化学品的人员，还应在安全操作技术方面加以指导。

食品加工厂的管理人员和监督人员应具有必要的食品卫生原则和规范知识，以使他们在工作中能够对潜在的危害作出正确的判断并采取有效的措施修改缺陷。

对培训计划应进行常规性复查，必要时可作修订。培训制度应正常运作以保证食品操作者在工作中始终注意保证食品的安全性和适宜性所必需的操作程序。

7. 外来人员

进入食品生产、加工和操作处理区的参观人员，在适当的情况下应戴防护性工作服并满足卫生规范对健康状况、个人清洁、行为举止和工作方法、疾病和受伤等方面的要求。

食品企业可以通过健康问卷调查或外来人员的健康声明对上述个人卫生要求进行控制。

综上所述，对人员的卫生管理可以归纳为：准入管理——健康状况；日常动态管理——个人清洁、行为举止和工作方法、培训和检查；应急管理——疾病和受伤。

（三）生产工艺卫生要求

食品生产工艺就是将各种原材料加工成半成品或将原材料和半成品加工成食品的过程和方法，包括了从原材料到成品或将配料转变成最终消费品所需要的加工步骤或全部过程。除了生产环境、人员以外，食品生产中所使用的原材料、食品接触面、设施和设备以及生产工艺技术等均可能引起食品的污染。

1. 原辅料卫生要求

生产食品的原材料指原料及包装材料。原料指成品可食部分的构成材料，包括：主原料指构成成品的主要材料；配料指主原料和食品添加剂以外的构成成品的次要材料；食品添加剂指食品在制造、加工、调配、包装、运送、贮存等过程中，用以着色、调味、防腐、漂白、乳化、增加香味、安定品质、促进发酵、增加稠度（甚至凝固）、增加营养、防止氧化或其他用途而添加或接触于食品的物质；包装材料包括内外包装材料，内包装材料指与食品直接接触之食品容器如瓶、罐、盒、袋等及直接包裹或覆盖食品的包装材料，如箔、膜、纸、蜡纸等，其材质应符合卫生法令规定；外包装材料指未与食品直接接触的包装材料，包括卷标、纸箱、捆包材料等。

（1）食品原料、食品添加剂要求

①采购的食品原料、食品添加剂应当查验供货者的许可证和产品合格证明文件；对无法提供合格证明文件的食品原料、食品添加剂，应当依照食品安全标准

进行检验。

②食品原料必须经过验收合格后方可使用。经验收不合格的食品原料应在指定区域与合格品分开放置并明显标记，并应及时进行退换货等处理。

③加工前宜进行感官检验，必要时应进行实验室检验；检验发现涉及食品安全项目指标异常的，不得使用；只应使用确定适用的食品原料。

④食品原料、食品添加剂运输及贮存中应避免日光直射，备有防雨防尘设施；根据食品原料的特点和卫生需要，必要时还应具备保温、冷藏、保鲜等设施。

⑤食品原料、食品添加剂运输工具和容器应保持清洁、维护良好，必要时应进行消毒。

⑥食品原料、食品添加剂仓库应设专人管理，建立管理制度，定期检查质量和卫生情况，及时清理变质或超过保质期的食品原料、食品添加剂。仓库出货顺序应遵循先进先出的原则，必要时应根据不同食品原料的特性确定出货顺序。

（2）食品相关产品要求

①采购食品包装材料、容器、洗涤剂、消毒剂等食品相关产品应当查验产品的合格证明文件，实行许可管理的食品相关产品还应查验供货者的许可证。食品包装材料等食品相关产品必须经过验收合格后方可使用。

②运输食品相关产品的工具和容器应保持清洁、维护良好，并能提供必要的保护，避免污染食品原料和交叉污染。

③食品相关产品的贮藏应有专人管理，定期检查质量和卫生情况，及时清理变质或超过保质期的食品相关产品。仓库出货顺序应遵循先进先出的原则。

2. 食品接触表面卫生

食品接触面指直接或间接与食品接触的表面，包括器具及与食品接触之设备表面。间接的食品接触面，系指在正常作业情形下，由其流出的液体会与食品或食品直接接触面接触的表面。由于接触面是一种介质，必然会有一部分迁移进入食品中，故介质要求无毒无害。例如，长期放置食品的塑料盒中间会凹下一块，这就是因为迁移入食品的结果。因此，食品接触面的卫生将直接影响生产过程的卫生。

（1）食品接触面的材料　根据 GB 14881—2013《食品安全国家标准　食品生产通用卫生规范》规定，接触表面指设备、工器具、人体等可被接触到的表面。食品接触面的结构设计和安装应无粗糙焊缝、破裂、凹陷，要求表面光滑（包括缝、角和边在内）；无不良的关节连接、已腐蚀部件、暴露的螺丝螺帽或其他可以藏匿水或污物的地方，真正做到表里如一。其目的是便于卫生操作，拆洗、维护、保养符合卫生要求，以及能及时充分地进行清洗和消毒。

①不锈钢：应选择较高的等级，低等级的不锈钢容易被氧化剂腐蚀。

②塑料：选用无毒塑料，根据用途选择不同的颜色，如生区和熟区的塑料周转筐颜色不同。

③混凝土：初级食品加工时使用，也可作为蓄水池。应选择相应的混凝土配方以防腐蚀，并注意表面抛光，减少表面微孔。

④瓷砖：不应含有铅等有害成分，质量要高，防止腐蚀和开裂，贴瓷砖时应使用水泥浆，防止砖与砖之间留有缝隙。

⑤木材：许多国家的法规中已明令禁止在食品加工过程中使用竹木器具，因此，除了传统工艺必须使用木材外，一般不推荐使用木材。即使例外使用，木材中的防腐剂含量也应符合国家规定标准，并注意及时清洗消毒。

（2）食品接触面清洗消毒的方法和管理要求　食品接触面的清洗消毒的方法有物理方法和化学方法。

①物理方法：臭氧消毒、电子灭菌消毒、紫外线消毒等。肉类加工厂应首选82℃热水清洗消毒。

②化学方法：一般使用含氯消毒剂，如次氯酸钠100~150mg/kg。

清洗消毒时，若使用化学清洗剂，一般分6个步骤：清除、预冲洗、使用清洗剂、再冲洗、消毒、最后冲洗。

每次进车间前和加工过程中手被污染时，必须洗手消毒。要做到这一点，必须在车间的入口处、车间流水线和操作台附近设有足够的洗手消毒设施；在清洗区的车间入口处还应派专人检查手的清洗消毒情况，检查是否戴首饰、是否留着长指甲等。

手套比手更容易清洗和消毒，一般在一个班次结束或中间休息时应更换。手套不得使用线手套，所用材料应不易破损和脱落。肉类加工企业，特别是使用刀具的工序，推荐使用不锈钢丝编织的手套。手套清洗消毒后应贮存在清洗的密闭容器（包括塑料袋）中送往更衣室。

工作服包括淡色工作衣、裤、帽、鞋靴等，某些工序（种）还应配备口罩、手套、围裙、套袖等卫生防护用品。工作服应有清洗保洁制度，凡直接接触食品的工作人员必须每日更换清洗消毒过的工作服，其他人员也应定期更换（每周清洗两次以上），保持清洁。工作服应在专业的洗衣房进行集中清洗和消毒。洗衣设备、能力与实际需求相适应。不同清洗要求区域的工作服应分开清洗。工作服必须每天清洗消毒。一般每个工人至少配备两套工作服。

工作服清洗消毒方法：洗涤时应先去污、去油，然后进行消毒处理，可选择消毒液中浸泡2min或紫外线消毒。

值得提醒的是：工作服是用来保护产品，而不是用来保护加工人员自己的衣服的。因此，工人出车间、去卫生间，必须脱下工作服、帽和工作鞋。更衣室和卫生间的位置应设计合理。企业对此应加强监督管理。

工器具清洗消毒几点注意事项：要有固定的清洗消毒场所或区域；推荐使用82℃热水，但应注意水蒸气排放，防止产生冷凝水；要根据清洗对象的性质选择相应的清洗剂；在使用清洗剂、消毒剂时要考虑接触时间和温度，以求达到最佳效果。冲洗时要用流动的水，要注意排水问题，防止清洗、消毒水溅到产品上造成污染；要遵守科学的清洗消毒程序，防止清洗剂、消毒剂的残留。

(3) 食品接触面清洗状况的监测　监测目标包括食品接触面的状况（包括包装材料）；设备和工器的清洗和消毒；使用的消毒剂类型和浓度；可能接触食品的手套和外衣是否清洗卫生，且状态良好。监测方法如下。

①感官检查：表面状况良好，表面已清洗和消毒，手套和外衣清洗且保养良好。

②化学检测：消毒剂的浓度是否符合规定要求（试纸条或试剂盒，化学滴定）。

③表面微生物检测：检测方法主要包括接触平板、棉拭涂抹和发光法。棉拭涂抹：细菌总数少于 100 个/cm^2。发光法：是一种检查表面清洁度的快速检测方法，其机制为荧光虫光的酶反应原理。检测方法是用棉拭擦拭消毒后的食品接触面，将棉拭上的物质放置于仪器中测量其产生的光的亮度，光亮度和表面的细菌和食品残渣的数量成正比。在某些情况下，因为有食品残渣导致仪器的读数值较高，而表面微生物的数量却很低。

其中感官检查频率一般在每天加工前、加工过程中以及生产结束后进行。洗手消毒主要在员工进入车间时、从卫生间出来后和加工过程中检查。实验室检测频率是按照实验室制定的抽样计划，一般每周 1~2 次。

3. 设备和设施卫生

设备和设施的卫生要求，应该从设计、布局就开始了。在食品生产过程中，需要为设备和设施的定期清洗提供必要的条件，包括场地、清洗设备和工具，以保持设备和设施的卫生，尤其是那些直接与原材料或成品接触的表面。目前主要使用的是就地清洗系统、拆卸清洗系统和消毒系统。

(1) 就地清洗系统　就地清洗系统被广泛地用于饮料、乳品、果汁、酒类等机械化程度较高的食品生产企业中，是一种免拆清洗设备，是采用高温、高浓度洗净液对加工设备装置内表面加以强力作用，将与食品接触的设备表面清洗干净的一种设施。就地清洗系统具有清洗效率高、安全性好、节约时间、劳动强度低、节水节能、减少洗涤剂用量、生产设备可实现大型化、延长生产设备使用寿命、清洗自动化程度高的特点。

就地清洗系统的工作原理是将清洗剂的化学活性优势与机械去污效果充分结合起来，在合适的时间、温度、清洗剂和作用力下，将清洗液洒到污垢表面。若要达到最佳清洗效果，必须用大量清洗液清洗污垢，清洗时间少则 5min，多则 1h。因此循环使用清洗液对充分利用清洗剂、节水、节能和节约清洗剂是十分必要的。

①决定就地清洗系统去污效果的主要因素：决定就地清洗系统去污效果的 4 个主要因素是时间、温度、去污力和压力。

a. 时间。清洗时间过短会导致清洗效果不佳，清洗时间过长会影响有效产品的生产。最佳时间的长短要根据沉积焦结物的厚度以及清洗液温度来确定。如凝结有蛋白质的热交换器板要用碱液清洗，还需用酸液循环约 20min；而乳罐壁上的牛乳薄膜用碱液清洗 10min 就可达到要求。

b. 温度。清洗液的温度在很大程度上影响清洗效果。一般情况下，温度越高清洗效果越好。就地清洗系统的最适温度是 85~90℃，在对超高温瞬间杀菌设备清洗的过程中温度能达到 100~105℃，酸处理过程的清洗通常在 60~70℃。在特定情况下，如与酶结合，能增强清洗效果。在清洗的所有阶段，就地清洗系统应该将温度保持在一个特定的目标温度。

c. 去污力（清洗液浓度）。最佳的清洁效果需要有适宜的清洁液浓度，这取决于污染类型和使用的清洁液类型。浓度大小可以手动或自动控制。对于贮存罐、管道和发酵罐的清洗，NaOH 的浓度 1%就足够；对于多用罐和板式换热器，建议清洗液的浓度需 1%~2%；而对于超高温瞬时杀菌设备的清洗，则浓度需要达到 2%~3%。因此，控制清洗液的浓度对清洗效果十分重要，特别对循环使用和多用的系统尤其重要。但高浓度的清洗液成本高，所以多用于重度污染的设备。

d. 压力（流速）。就地清洗泵需要传输充足的液体供喷头和管道的清洗。其中管道需要至少 1.5m/s 的流速，贮存罐的流量则要达到 $10m^3/h$。

正确设计的就地清洗系统某些设备的能力与用手工将设备拆卸下来清洗的效果是一样的，因此在许多食品企业中，就地清洗已经完全或部分取代了手工清洗。表 4-5 所示为典型就地清洗系统的循环清洗过程。

表 4-5　典型就地清洗系统操作循环

操作	功能
预清洗（用热水或冷水）	除去大部分污垢
清洗剂清洗	除去残余污垢
清洗	除去清洗剂
杀菌	除去残余微生物
后清洗（根据消毒剂使用情况决定）	除去 CIP 清洗液及消毒剂

②就地清洗系统优点：与传统的手工拆卸机器零件的清洗方式相比，就地清洗系统的优点如下。

a. 节省人力。就地清洗系统能就地清洗设备及贮罐，从而减少人工清洗。随着工资成本的升高，以及越来越难以安排独立操作工人，这个优点变得更加重要。

b. 更加卫生。自动操作能更有效、更连贯地进行清洗和消毒。利用时间控制或电脑控制的设备，能更加准确控制清洗和消毒操作。

c. 节省清洗液。通过自动计量和重复使用，使水、清洗剂和消毒剂的消耗量最优化。

d. 提高设备和贮罐的利用率。由于具备自动清洗程序，使设备、贮存罐和管道在完成清洗任务后立即被清洗干净，迅速进入下一道清洗任务，设备重复利用率高。

e. 提高安全性。用就地清洗系统不需要工人进入容器，因此排除了工人在光滑内壁跌倒的危险。

③就地清洗系统缺点包括：设备费用高，多数就地清洗系统是定制的，因而设计和安装增加了投资费用；维护费用高，许多复杂设备和系统要进行更多的维护；灵活性不够。这种清洗系统的使用限制在能安装设备的地方，而移动式设备可在更大区域内使用，污垢重的设备不能用就地清洗设备进行有效清洗，也很难设计出适用于所有食品加工设备的就地清洗装置。

④就地清洗系统的清洗程序：为保证清洗的效果，就地清洗系统要执行一定的清洗程序。对于实际的污染情况，就地清洗系统的清洗程序应对清洗剂种类的配置、清洗液的浓度、清洗温度、清洗时间做相应的规定。例如，啤酒厂灌酒机的就地清洗系统的清洗程序：

第一步清水洗：水温 50℃、5~10min；

第二步碱洗：氢氧化钠 0.5%~1%、水温 60~80℃、20~30min；

第三步冲洗：清水冲洗残留的清洗剂至中性；

第四步消毒：效氯溶液 150~300mg/L、3~5min；

第五步冲洗：清水冲洗残留的消毒液。

（2）拆卸清洗系统　除了不拆卸设备的就地清洗系统，还有拆卸设备的拆卸清洗系统。拆卸清洗系统适用于需要分散和（或）搬离原来位置的设备清洗。

拆卸清洗系统设备又称再循环零件清洗机，能有效清洗设备和容器的许多小零件以及一些小容器。该设备与消毒管道清洗机一样，有一台循环泵和一只喷射清洗液的分布喷嘴。一台拆卸清洗系统设备也可作为就地清洗系统操作中的再循环装置。正常清洗的再循环时间为 30~40s，附加 5~10min 冷酸清洗或消毒清洗。

拆卸清洗系统设备通常由装有马达驱动刷的不锈钢双室洗涤槽组成，两只功率相同的马达将清洗液通过预先设定的管道送到刷子上，利用热偶控制加热器使清洗液维持在理想温度上（45~55℃）。第一个洗涤槽用于装清洗液，第二个洗涤槽用于喷淋清洗待洗的部件或器具。干燥过程通常利用拆卸清洗系统设备内或排水板、干燥架内的气流完成。

拆卸清洗系统设备的主要优点在于它能有效清洗分散的零件以及小型设备和器具，而且这种设备还能减少人力和改进卫生。购买和维护拆卸清洗系统设备所需的费用较为合理，它对规模操作的主要限制是最初投资费用较高、维护与装卸这些清洗机所需的劳动力较多。

（3）消毒系统

①消毒设备：使用消毒剂的设备从手工喷雾器（如用于杀虫剂和除草剂的设备）到壁挂设备和挂在加工设备上的喷嘴，有很多不同的型号。很多机械化清洗装置将消毒作为整个系统的功能之一。

集成高压低流清洗和泡沫清洗设备都具有消毒程序，利用软管和控制杆或通过加工设备特别是移动的传送带或输送装置上的喷淋嘴使用消毒剂消毒。后者的优点在于实现了消毒过程机械化，利用时间开关统一控制消毒过程。对消毒剂进行计量可以更精确地使用消毒剂。

壁挂消毒装置通过孔径控制高压清洗水的流量以及预先设定的流速。为了消毒，在高压水流过消毒剂注射器时定量注入消毒剂。在没有自动化装置的情况下，可利用注流消毒喷嘴将消毒剂有效喷洒到溶液中。

②消毒方法：有许多成熟的方法可将消毒剂送到指定的区域。在实际过程中要根据具体操作过程确定最佳方法。

化学消毒剂的有以下常用方法。

a. 喷淋消毒。将消毒剂溶于水中，并用喷淋设备把消毒剂喷洒到待消毒区域。

b. 喷雾消毒。利用细雾状消毒剂对室内的气体和表面进行消毒。

c. 注流消毒。将消毒剂溶于水中，大剂量冲洗以确保彻底消毒。越来越多企业采用这种方法消除单核细胞增生李斯特菌。该方法缺点是耗费大量消毒剂和水，导致环境湿度增加。

d. 浸泡消毒。这种技术是将设备、器具、部件浸在盛有消毒液的槽中进行消毒处理。

e. 就地清洗消毒。这种消毒技术主要通过消毒剂在管道内、设备内循环流动进行消毒。

4. 生产过程卫生

（1）防止交叉污染　交叉污染是指通过生的食品、食品加工者或食品加工环境把生物的或化学的污染物转移到食品上的过程。当致病菌或毒素被转移到即食食品时，通常意味着导致食源性疾病的发生。

防止交叉污染的目的主要是防止对高风险食品（如肉制品、乳制品、蛋制品等高蛋白食品）的污染。

防止交叉污染，必须保证生、熟食品分开贮藏，原材料、半成品和成品也要使用不同的冷库，对于不同的食品应提供有间隔的冰箱。冷藏可以是冰箱、冰柜，也可以是冷库，但无论什么情况其温度都应当在0~5℃范围内。所有冰箱和冷库都应备有温度计，温度计应设在冷藏间最温暖的地方。没有包装的原材料和半成品，应覆盖一次性无毒塑料保鲜膜，并粘贴生产日期标签。

为了防止环境对产品造成二次污染，每天应用紫外线消毒灯进行空气消毒，工作台、设备、器具等与食品接触的所有物品均应用消毒剂消毒。

生产设备、工具、容器、场地等在使用前后均应彻底清洗、消毒，维修、检查设备应在停止生产时进行，防止污染到食品。

防止交叉污染有以下基本原则。

①保持手和食品接触面的清洗；

②食品加工流程和方法的设计应减少交叉污染的可能性；

③不同区域和工序的工器具分开使用；

④确保生熟分开，原料、未加工食品与即食食品要有效地分离。

（2）防止异杂物污染　控制异杂物污染必须考虑两个问题：在生产环境、原材料、生产过程中存在哪些异杂物以及它们是怎样进入食品中的；在食品生产过程中，采取什么方法识别异杂物污染，同时消除被异杂物污染的食品。

食品中的异杂物通常指玻璃、金属、塑料等与食品不同的物质，也包括与食品相关的物质，如骨头渣以及食品本身的一部分（如被误认为玻璃碴的糖和盐的晶体）。

（3）工艺技术卫生　食品生产过程包括从原料到成品的整个过程。食品原料经过各种形式的加工工艺，如冷冻、热处理、脱水、发酵、煎炸、膨化、烘烤、盐渍、罐藏等处理，成品经过包装贮存等。由于生产过程环节多，污染的可能性大，这就要求整个生产过程应处在良好的运行状态，即从制定合理的工艺流程着手，根据不同食品的特点，建立严格的生产工艺和卫生管理制度，避免食品在加工过程中受到污染。

在实际生产过程中应针对上述几种情况，采取科学、合理的工艺技术参数（如温度、时间、pH 等）和工艺流程，防止污染物产生，同时还要注意消除生物性危害。

①温度和时间：控制食品的卫生，最主要的是控制食品中微生物的生长和繁殖。

加热是杀死微生物最有效，也是最安全的方式。为了确保加热效果，应当对食物加热的中心温度进行测量并记录。对于不同的原材料，根据其受污染的程度和所带菌相的不同，应加热到各自的安全核心温度。如禽、蛋类食品由于受污染程度普遍严重，且易受沙门菌污染，加热后其核心温度不能低于 72℃。使用针式温度计检测食品的核心温度时，应注意对温度探针进行消毒。

由于微生物在危险温度带（5~63℃）中会快速的生长和繁殖，因此热食在加热后要尽快地通过危险温度带。经过热处理后的食品温度要在 65℃以上，并及时将其推入速冷库，在 4h 之内使其温度降至 10℃以下，然后进行冷藏，2h 内必须保证食品的中心温度在 0~5℃。

②pH：微生物的生长有一定的最佳 pH 范围，在此范围之外微生物不能生长或生长缓慢，故调节 pH 也可以影响微生物的生长速率。同时，pH 的变化也会对其他的杀菌流程的效果产生一定的影响。如热杀菌，研究表明，许多高耐热性的微

生物，在中性时的耐热性最强，随着 pH 偏离中性的程度越大，耐热性越低，也就意味着死亡率越高。

总之，在有效控制生物性危害的同时，通过改进食品加工工艺和条件，是减少食品加工中形成有毒有害化学物质的可能途径。如防止亚硝胺污染食品的措施主要是改进食品加工方法——不用燃料木材熏制；在加工腌制肉或鱼类食品时，最好不用或少用硝酸盐，一定要用时须控制成品中的亚硝酸盐残留量不超过国家标准中的限值。

5. 成品贮存、运输和销售卫生

成品的贮存、运输是保证食品卫生质量的重要环节。生产出来的食品要经贮存、运输后送到经营部门，贮存过程不仅具有中转的作用，而且还起着检查产品稳定性的作用。食品的运输是联系生产者和经营者以及消费者之间的桥梁。因此成品的贮存、运输和其他生产环节一样，都应严格卫生管理，保证产品卫生质量不受影响。

（1）成品的卫生检验　食品厂应设立与生产能力相适应的卫生和质量检验室，并配备经专业培训、考核合格的检验人员从事卫生、质量的检验工作。卫生和质量检验室应具备所需的仪器、设备，并有健全的检验制度和检验方法。检验室应按国家规定的卫生标准和检验方法进行检验，要逐批次对出厂前的成品进行检验，并签发检验结果单。

对成品进行的微生物检验，通常一般检验细菌总数和大肠菌群等指示菌，有条件的可以根据产品的特点检验相应的致病菌，如沙门菌属、变形杆菌属、副溶血性弧菌属、致病性大肠杆菌、金黄色葡萄球菌、蜡状芽孢杆菌、肉毒杆菌、链球菌及志贺菌等。

试验过程中要详细记录样品名称、采样日期、采样地点及各项检验结果。操作人员、记录人员及审核人员必须签名。原始记录应齐全，并应妥善保存，以备查核。

（2）外界环境因素对贮运的影响　食品加工成型后仍受到多种环境因素的影响，促使其质量发生变化。

①光线的影响：光线对食品营养成分的影响是很大的，它会引发或加速食品中营养成分的分解，造成食品的腐变反应。

光线对食品油脂的影响主要反映在以下几方面：促进食品中油脂的氧化反应，导致食品中油溶性食品的酸败；引起光敏感受性维生素（如维生素 B_2、胡萝卜素和硫胺素等）的破坏和食品的褪色；引起食品中蛋白质的变性。

②温度的影响：温度对食品中微生物增殖的影响和对食品品质变化的影响是相当明显的。尤其是在一定的湿度和氧气等条件下，食品受温度的影响程度更值得重视。大体来说，食品在恒定水分含量的条件下，温度每升高 10℃，其变化反应速度将加快 4~6 倍。因此，现代食品冷藏和冷冻食品的温度分别控制在 0.5℃

和-18℃左右，防止食品组织的变化和细菌增殖（如冷藏冰淇淋）。

③湿度和水分的影响：一般的食品都含有不同程度的水分，这部分水分是食品维持其固有性质所必需的。

一类是食品中水分含量为1%~3%，其平衡相对湿度低于20%，甚至低于10%。这类食品是比较干燥的，其平衡相对湿度一般低于周围环境空气中的湿度，因此，很容易从空气中吸收水分。干燥的食品吸收水分以后，不但会改变和丧失它固有性质（如香性和酥脆性），甚至容易导致食品的氧化腐变反应，加速食品的腐败。

另一类是食品中水分含量在2%~8%，平衡相对湿度在25%~30%。例如，粉状调味品、脱水汤料和干燥乳粉等。它们也会因吸收潮湿水蒸气而引起食品变质。饼干和谷类等加工食品（如糕点、麦片等）属于这一类食品，它们往往包含脂肪和蛋白质等对氧化很敏感的成分，更容易因受潮而加速脂肪和蛋白质受氧破坏的速度。饼干的酥脆性对湿度也是非常敏感的，一旦吸收了水分，食品便失去了固有的性质。

第三类是食品中的含水量在6%~30%，属于这一类的食品有面粉、果脯等。在没有包装的条件下具有较长的贮存期，因为其本身的含水量与环境的相对湿度比较接近，但较长时间吸收水分，也会引起微生物的侵袭和增殖。如面粉贮存期的适当含水量为11%~13%，如果其含水量超过13%。真菌将迅速增殖，使面粉发生霉变。面包与糕点等焙烤食品刚加工后，其内部含水量可高达45%。在贮运过程中，水分会逐渐向表面转移，并散失到大气中去。面包的脱水过程也称陈化。面包陈化后，会变得坚硬，失去固有的柔软新鲜的本性，无法销售和食用。

（3）影响贮运期间食品卫生质量变化的原因　食品在贮存、运输中因外界条件的影响，卫生质量发生变化，其主要原因如下。

①脂质酸败：脂质的酸败以氧化酸败为主，氧化酸败主要是油脂中含有不饱和脂肪酸引起。如花生酥糖含有较高的不饱和脂肪酸，其双键很不稳定，经自动氧化产生过氧化物、氧化物和氢过氧化物。这些产物都不稳定，进一步分解成许多碳链较短的产物，如醛、酮等。这就是油脂酸败形成“哈喇味”的主要原因。

②淀粉老化：淀粉不溶于水，但其水悬液加热到一定温度时，淀粉粒会突然溶胀而破裂，形成均匀黏稠的胶体溶液，这一现象称为淀粉的糊化。处于这种糊化状态的淀粉，称为α-淀粉。在常温条件下，长期放置已经糊化的α-淀粉会逐渐变硬，这种现象称为淀粉的老化，也称为淀粉的凝沉。凝沉结块的淀粉，不能为水溶解，也不能被酸分解。在食品食用和保藏过程中，经常会碰到一些食味不可口的现象，如新鲜馒头和面包放置2d过后，就会出现硬化，颜色变暗、吸水力减小的现象，从而使食品原有的柔软度、可口性变差。这实际上就是淀粉老化的缘故。

③食品褐变：食品在保藏过程中往往发生变色，这种变化不仅改变了食品外

观，而且使其内部营养成分发生分解变化。食品褐变根据其发生机制可分为非酶褐变和酶促褐变两类。

a. 非酶褐变。这种褐变常在一定的温度和水分条件下发生，如大米变黄、脱脂乳粉变色等。非酶褐变反应实质上就是还原糖的羰基和氨基酸的氨基之间的反应，简称为羰氨反应，一般称为美拉德反应。反应的结果是产生类黑色素，从而导致食品的褐变。

b. 酶促褐变。食品在保藏和加工过程中，由于机械损伤或环境异常变化，如受热、受冻、受光时，影响代谢中氧化还原的平衡，发生氧化产物的积累，形成变色。这种变色作用是在与氧接触、酶催化下形成的，故称为酶促褐变，如青蚕豆变色、马铃薯和苹果切片及损伤部位变黑，糯米粉加水蒸煮变红等，都属于酶促褐变。

④微生物作用：引起食品变质的微生物有细菌、霉菌和酵母菌。水产食品、熟肉及家禽、果蔬类食品以细菌的作用最显著；米、面及粮食制品则以霉菌的作用最显著。微生物对食品的变质腐败作用与食品的种类、成分以及贮存环境有关，因为微生物的生长繁殖要求一定的温度、湿度和气体条件。

⑤食品中的生物化学反应：食品中含的酶所进行的生物化学反应也是促进食品变质腐败的一个原因。这些生化反应的结果，使食品中所含的营养成分被逐渐分解，使食品失去原有的色、香、味，甚至产生酸霉气味。例如，果实和蔬菜在贮存中的呼吸作用是限制其贮存和贮存时间长短的主要因素。食品中的生化反应速度也受到温度、湿度和气体成分等环境条件的影响。

（4）贮存的卫生要求　根据食品贮存所需温度的高低，可将仓库分为常温库、冷藏库和高温库。涉及食品贮存的卫生要求主要有以下两项内容。

①仓库的基本卫生要求：

a. 远离污染源。周围25m内没有污染源，包括垃圾场、厕所、猪圈以及粉尘、有害气体和其他扩散性污染源，不得有苍蝇等昆虫大量滋生的潜在污染源。

b. 仓库的容量应与生产规模、产品数量相适应。冷饮、糕点食品应存放在仓库中，经微生物检验合格后方可出厂，罐头食品灭菌后需在仓库存放1周观察有无胖听罐出现。因此，仓库容量应明显大于产品的班产量，以确保容纳产品和堆放有序。

c. 仓库的门窗配备防蝇、防尘、防鼠、防蟑螂等设施。保持仓库内无蝇、无鼠、无蟑螂、无有害昆虫，发现鼠害应及时采取灭鼠措施。保持库外的环境卫生，清除苍蝇滋生地。

d. 保持阴凉干燥。减少温度波动，装有遮光窗帘，避免阳光直接射入。

e. 尽量保持低湿。防止食品受潮或霉变。

f. 应辟设单间或隔离室。

g. 贮存成品油脂的容器，内壁涂料应符合卫生要求。定期清理或清洗，如发现油垢、水垢、异味，必须经认真清洗消毒，水冲干净后才能灌油。

②食品存放的卫生要求：

a. 贮存各类食品成品应与原料、半成品分库存放。

b. 对入库食品要做好验收工作，并有记录保证变质食品不入库。定期对库存食品进行卫生质量检验，发现问题及时处理。

c. 各类食品应标志明显，分类存放。干燥食品与含水量高的食品要分开堆放；糖果、糕点应存放在严禁防潮设施的库房内，以防吸湿发生溶化、霉变；有异味的食品与易于吸附气味的食品应分别堆放，以免相互串味；对库内卫生质量存在问题的食品与正常食品，以及短期存放与较长时间存放的食品也应做到分别堆放。

d. 堆放食品应做到隔离、离地。食品应分类、分架、离地离墙 10cm 存放。堆垛之间保持一定的距离，不能过分密集，以利于通风换气和检查。如使用托板，要做到一只托板仅放一个批次的产品。

e. 对库存食品做到先进先出，尽量缩短贮存期。

f. 需冷藏贮存的食品应分架堆放。一般冷藏食品不宜储存时间过长。如需长期冷藏，温度应保持在-18℃以下。贮存冷饮等食品应专库存放。

g. 严禁在存放食品的仓库内堆放农药、化肥和其他有毒物品，以防污染食品，引起中毒。

（5）产成品的运输要求

①运输工具（包括车厢、船舱和各种容器等）应符合卫生要求。要根据产品特点配备防雨、防尘、冷藏、保温等设施。

②运输作业应避免强烈的震荡、撞击，轻拿轻放，防止损伤成品外形；且不得与有毒有害物品混装、混运。作业终了，搬运人员应撤离工作地，防止污染食品。

③生鲜食品的运输，应根据产品的质量和卫生要求，另行制定办法，由专门的运输工具进行运输。

（6）成品销售的卫生要求

①产品在销售过程中，应根据产品的特点进行存放。

②货架应离墙离地，做到防潮、防霉、防尘和防虫害。

③易腐食品要在冰箱或冰柜内存放。

四、食品生产卫生管理

（一）卫生管理的关键职责与内容

1. 人员培训

食品卫生监控管理和执行队伍是食品生产经营企业中非常宝贵的人才队伍。

因为，良好的生产环境和生产过程，必须依靠人来完成，如果员工既无经验也没有经过良好的培训，就会使卫生操作规范失效或实施不健全。

关于食品卫生管理和实施人员的重要性，主要体现在以下几方面。

（1）人是生产要素，产品安全与卫生取决于全体人员的共同努力。因此，各级人员在食品安全与质量保证中的重要性无论怎样强调都不会过分。

（2）人员必须经过培训，以胜任各自的工作。

（3）所有人员都必须严格“照章办事”，不得擅自违背卫生操作规程。

（4）如实报告工作中的差错，不得隐瞒。

训练有素的员工队伍将有助于减少工厂卫生事故，减少产品回收，并能改善员工精神面貌，提升企业形象。培训为卫生管理人员提供了一个给员工强调卫生工作重要性及高质量完成工作必要性的有效渠道。通过培训使每个员工清楚地认识到，卫生、安全的食品是经过他们的努力生产出来的，以强化员工内心的责任感和动力。

2. 管理与监控

根据 GB 14881—2013《食品安全国家标准　食品生产通用卫生规范》规定，监控指按照预设的方式和参数进行观察或测定，以评估控制环节是否处于受控状态。用以评估卫生操作规范是否得到有效实施。因此，它是保障食品卫生的重要的管理措施之一。将监控纳入卫生管理体系中，能及时识别员工违反卫生操作的行为，以便及时采取纠正措施，防止不卫生的生产环境或生产过程生产出不安全的食品。

监控通常应该包括以下四项内容。

（1）监控对象　监控对象常常是针对卫生操作规范实施过程中某个可以观察或测量的特性。例如，监控人员卫生时，对其工作服的清洁度、手的卫生状况的检查；监控食品接触面的卫生状况时，对其表面进行涂抹实验，检测其菌落总数的多少。

（2）监控方法　选择的监控方法必须能够迅速识别违背卫生操作规范之处，因为监控结果是决定采取何种预防（控制）措施的基础。监控的方法有目测、物性测量、化学分析、微生物快速检测等。

（3）监控频率　监测的频率取决于食品的性质（是否高风险食品）以及食品加工区域的卫生级别。在卫生操作规范中，为每个重要的卫生环节确定合适的监控频率是非常重要的。

（4）监控人员　明确监控责任是保证卫生操作规范得到有效实施的重要手段。负责监控卫生规范执行情况的人员可以是流水线上的人员、设备操作者、监督员、维修人员、质量保证人员。一般而言，由流水线上的人员和设备操作者进行监控比较合适，因为这些人需要连续观察产品和设备，能比较容易地从一般情况中发现问题，甚至是微小的变化。

负责监控的人员必须经过培训，具备一定的知识和能力，充分理解保持卫生的重要性，能及时进行监控活动，准确报告每次监控结果，及时报告违反卫生标准操作规范的情况，以保证纠正措施的及时性。所有与清洁生产区有关的卫生记录和文件必须由实施监控的人员签章。

总之，监控是决定卫生操作规程成功与否的关键所在。在监控过程中，管理人员的任务包括审查卫生操作规程以确保正确执行各项规定。要求卫生操作规程能像黏合剂一样把卫生大厦的砖瓦连接起来。监控人员应时常保持警惕以识别那些可能在不知不觉中就发生了的不安全行为。同时，应不断加强与完善监控制度、连续培训程序，使员工时刻意识到自己的责任。

3. 内外部沟通

为了确保在食品生产的每个环节中所有与卫生相关的食品安全危害均得到识别和充分控制，食品生产经营者必须保持有效的内部沟通和外部沟通。这意味着企业内部各部门之间、企业相关部门与外部机构，如政府监督部门、相关高校与研究机构之间必须进行有效沟通。

（1）内部沟通　确保食品生产经营企业内部的各种卫生标准操作规范都能获得充分的相关信息和数据，不同部门和层次的人员应通过适当的方法及时沟通，以保证信息传递的正确性，有助于提高组织效率，及时弥补或解决相关问题。

食品生产经营企业要对卫生操作的有关信息进行程序化管理，保证内部与外部信息能够畅通有效的交流。对各种外部信息，应该做到有序的、文件化的接收、处理与答复。信息指与食品卫生因素及食品卫生管理有关的信息，如与食品卫生和安全因素有关的法律法规的变化、有关化学物质的毒性、安全数据；食品卫生管理人员的任免、食品卫生管理方案实施中的困难等都可成为食品卫生信息交流的内容。

内部信息的迅速交流是食品卫生管理中的一项重要内容，任何信息的停滞和不畅都可能给企业带来经济损失。清洁和卫生计划、人员资格水平和（或）职责和权限分配、法律法规要求、表明与产品有关的健康危害的投诉、突发或新的食品安全危害及其处理方法的新知识等均是内部交流的重要内容。

内部沟通的方式包括会议、传真、内部刊物、备忘录、电子邮件、纪要、口头或非口头的形式。沟通的正式化程度以及书面文件的需要程度均取决于组织的规模和活动的性质。

（2）外部沟通　为确保能够获得充分的食品安全卫生方面信息，食品生产经营者应制定、实施和保持有效的外部沟通方案，以确保相关知识的分享，便于有效识别、评定和控制卫生问题。

食品生产经营者应指定专门人员，作为与外部进行有关食品安全卫生沟通的途径，有利于信息的收集、传递和处置。外部沟通通常涉及的四个相关方如下。

①与供方和分包商的沟通：掌握共同关注的食品安全和卫生要求。

②与顾客沟通：针对客户意见或投诉，通过启动内部溯源程序，找出导致客户抱怨的原因，对与卫生相关的原因，要进行认真仔细分析，举一反三，预防相同事件的再次发生。

③与立法、监管部门沟通：确定食品安全卫生要求，并为食品生产经营者有能力达到该水平提供信息，如获取法律法规信息。

④其他相关方沟通：如获得食品卫生方面的技术支持等。

4. 验证

“验证才足以置信”，这句话表明了验证的核心所在。因此，验证的目的是通过严谨、科学、系统的方法确认卫生操作程序是否有效（即所采取的各项卫生措施能否控制加工过程中的卫生问题），是否被正确执行（因为有效的措施必须通过正确的实施过程才能发挥作用）。

利用验证过程，不但能确定卫生操作程序是否按预定计划执行，而且还可确定卫生操作程序是否需要修改和再确认。所以，验证是卫生操作程序实施过程中最复杂的程序之一，也是必不可少的程序之一。

正确制定并执行验证程序是确保卫生操作程序成功实施的基础。如对于卫生级别要求高的清洁区，需要对所有影响环境中微生物数量的因素进行研究并实施控制，并对生产环境和生产过程进行验证。

5. 食品卫生的持续改进

持续改进是所有食品生产经营者的永恒主题。

持续改进是指增强满足要求的能力的循环活动。因为，持续改进卫生标准操作程序的有效性，要求卫生管理人员不断寻求对卫生操作规范及其实施过程进行改进的机会，这些改进的机会或措施可以是日常渐进的改进活动，也可以是重大的改进活动。

持续改进是一个螺旋式提升的过程。

（1）持续改进的基础活动、步骤和方法包括：

①分析和评价现状，以识别改进区域。

②确定改进目标。

③寻找可能的解决方法，以实现这些目标。

④评价这些解决办法并做出选择。

⑤实施选定的解决方法。

⑥测量、验证、分析和评价实施的结果，以确定这些目标已经实现。

⑦正式采纳更改。

（2）持续改进的工作内容　为促进卫生标准操作程序有效性的持续改进，卫生管理人员应考虑下列活动：

①通过食品卫生目标的建立，设立改进方向和目标，营造一个激励改进的氛围与环境；

②通过分析找出不满足卫生要求、过程不稳定的原因;

③利用内部检查和验证,不断发现食品卫生管理的薄弱环节;

④利用纠正措施和预防措施,避免违反卫生操作程序行为的发生或再发生;

⑤通过管理评审和内部审核等活动,发现对食品卫生有效性的持续改进的机会。

(二)相关操作程序与管理规范

食品企业控制食品质量安全的主要管理体系有质量管理体系(ISO9000)、良好操作规范、危害分析及关键控制点、食品安全管理体系(ISO22000)、全面质量管理和卫生标准操作程序。

国家政府机构颁布的良好操作规范是政府强制性的有关食品生产、加工、包装贮存、运输和销售的卫生要求。目前,采用良好操作规范的行业主要有食品工业、制药业及医疗器械工业。食品良好操作规范是一种包括4M管理要素的质量保证制度,即选用符合规定要求的原料(Materials),以合乎标准的厂房设备(Machines),由胜任的人员(Man),按照既定的方法(Methods),制造出品质既稳定而又安全卫生的产品的一种质量保证制度。因此,食品良好操作规范是一种特别注重产品在整个制造过程中的品质与卫生的保证制度,其所规定的内容是食品生产加工企业必须达到的基本要求。良好操作规范的基本精神:降低食品制造过程中人为的错误;防止食品在制造过程中遭受污染或品质劣变;要求建立完善的质量管理体系。

全面质量管理是一种由顾客的需要和期望驱动的管理哲学。它通过全体员工的参与,改进流程、产品、服务和公司文化,以达到生产百分之百合格的产品,实现客户满意,从而获取竞争优势和长期成功。全面质量管理是一门成功的管理哲学,对已接受全面质量管理基本原理并实施全面质量管理原则的公共卫生学专家和企业而言,团队合作将是实施全面质量管理行之有效的手段。全面质量管理已成功地应用于食品制造业和服务业。

危害分析与关键控制点体系是为生产安全食品而采取的一种预防性措施,主要基于食品卫生中两个重要概念——预防和记录而建立的,其作用是判断影响食品安全的危害以何种方式、在哪道工序中存在以及应如何预防。这种积极的、以预防为主的体系致力于预防和控制三类食品安全危害:生物性危害、化学性危害和物理性危害。危害分析与关键控制点的目标是确保有效的卫生设备、卫生程序及其他操作因素在生产安全卫生食品过程中的应用,并为食品企业是否遵循安全卫生操作规程提供证据。

只要食品生产经营企业符合质量安全管理的要求,且执行各项规定,那么其生产的食品就应该符合食品安全的要求。如果在日常生产中,偏离或违反了质量安全管理体系的要求,但又没有制度或方法及时识别这些偏离,那么就有生产不符合食品安全要求的风险。也正是因为现实中偏离管理体系的情况时有发生，才很难杜绝与食品安全相关的投诉，甚至食品安全事件的发生。卫生标准操作程序就是在这种情况下应运而生的。

美国食品与药物管理局推荐的卫生标准操作程序应包括（但不限于）以下八个方面的内容：

①与食品接触或与食品接触物表面接触的水（冰）的安全；

②与食品接触的表面（包括设备、手套、工作服、工器具）的清洁度；

③防止发生交叉污染（食品与不洁物、食品与包装材料、人流与物流、高清洗区的食品与低清洗区的食品、生食与熟食）；

④手的清洗消毒设施以及卫生间设施的维护与卫生保持；

⑤防止食品、食品包装材料、食品接触面被污染物（润滑油、燃油、清洗剂、消毒剂、冷凝水、涂料、铁锈和其他生物性、化学性、物理性外来杂质）的污染；

⑥有毒有害化学物质的正确标记、储存和使用；

⑦雇员的健康与卫生控制；

⑧害虫的控制及去除（防虫、灭虫、防鼠、灭鼠）。

制定卫生标准操作程序的意义在于：指导食品生产经营企业在加工过程中有效实施清洗、消毒和卫生保持，同时监控整个卫生情况，及时消除偏离或违反食品质量安全管理体系要求的状况或风险，以确保达到食品质量安全管理体系所规定的要求。卫生标准操作程序是食品生产经营企业根据自身基础设施、产品特点与要求所制定的非常具体的卫生标准操作规范。因此，卫生标准操作程序补充和完善了食品质量安全管理体系在实际应用或操作方面的不足。卫生标准操作程序的设计因企业各异且必须形成文件，这是食品质量安全管理体系没有要求的。

项目小结

食品设施和建筑的卫生设计是保证卫生操作规范有效实施的基本条件。在卫生设计过程中，首先需要选择无环境污染（如空气污染、害虫污染和致病性微生物污染）的场所。工厂的设计必须具备合理的排水系统，尽量减少来自环境的污染。各种食品加工设备都必须具有光滑、无渗透性的表面以防止害虫侵入。在加工设计中应注意成品不得与原料或半成品接触。

清洗设备的主要功能是分配清洗剂和消毒剂以便清洗、消毒和灭菌。有效清洗系统可以节约50%的劳动力。就地清洗系统能有效清洗乳制品和饮料这类流体加工企业中的部分设备，且可以减少人工清洗。但这种设备造价昂贵，在污垢重的地方和存在不同加工系统的地方清洗效率低。复杂的就地清洗系统有控制操作参数的微处理控制装置。拆卸清洗系统能有效地清洗部件和小器具。利用机械化润滑设备，可以更卫生地润滑高速传送带和其他设备。

项目思考

1. 为什么说食品加工企业的厂址选择很重要?
2. 在选择食品加工企业的厂址时，必须考虑哪些问题?
3. 食品加工企业的墙壁应具有哪些性能?
4. 对食品加工企业而言，比较理想的屋顶结构是什么?
5. 为什么要安装风幕?
6. 为什么食品加工企业不主张用窗户?
7. 在食品加工企业中，为什么不推荐使用假天花板?
8. 加工设计的最佳流程是什么?
9. 为防害虫侵入应该怎样设计食品加工企业中的卫生设施?
10. 为什么采用不锈钢设施比其他金属好?
11. 清洗设备的主要功能和作用是什么?
12. 就地清洗系统的特点和用途是什么?
13. 如何保证管道和设备表面的自我排水能力?

知识巩固与拓展学习(视频)

4.1. 食品工厂(生产)卫生设计

4.2. 食品生产卫生要求与管理

4.3. 食品卫生控制与检测

项目五

食品安全性评价

知识目标

1. 掌握食品安全风险分析的基本概念和步骤。
2. 熟悉食品安全毒理学评价的基本内容。
3. 掌握安全限值的概念和应用。

必备知识

一、食品安全风险分析

（一）食品的风险与食品安全危害

1. 食品的风险

（1）风险　根据ISO9000:2015《质量管理体系　基础和术语》规定，风险指不确定的影响，不确定性指对事件及其后果或可能性的信息缺失或了解片面的状态。这种效应可由食品中的一种危害引起，或由几种危害复合暴露所致。危害与风险都是客观存在的，但风险对于任何物质及状态而言是发生概率大小和严重程度的问题，风险评估结果存在不确定性，正如天气预报中对出现状况的预测存在不可预见性一样，是以一定范围的概率表示的。食品安全保障不能消除危害，只能将风险降低到可接受程度。

（2）可接受风险　从理论而言，几乎所有化学物质、大多数微生物等都是危害物，但毒理学上讲“剂量决定毒性”，即只要接触剂量低于某阈值，其风险就可忽略。实际上，在多种因素的干扰下，人类认识危害的能力是有限的，如某些化学物阈值难以确定、微生物活体存在诸多变数等出现这样或那样的难题。尤其对于某种物质，其致癌性没有阈值可以衡量，由此提出的可接受风险的概念更具操作性。可接受风险是指公众和社会在精神、心理、经济及道德等各方面均能承受的风险。

食品安全风险是指食品中或者食品食用过程中存在有不利于健康的影响的可能性，以及影响的严重程度和食品危害所引起的后果。食品安全危害是指食品中会对健康形成潜在不利影响的生物因素、化学因素、物理因素，或食品状态。

习近平总书记强调，各级党委和政府及有关部门要全面做好食品安全工作，坚持最严谨的标准、最严格的监管、最严厉的处罚、最严肃的问责，增强食品安全监管统一性和专业性，切实提高食品安全监管水平和能力。要加强食品安全依法治理，加强基层基础工作，建设职业化检查员队伍，提高餐饮业质量安全水平，加强从“农田到餐桌”全过程食品安全工作，严防、严管、严控食品安全风险，保证广大人民群众吃得放心、安心。

2. 食品安全危害

根据ISO22000:2018《食品安全管理体系》规定，食品安全危害是食品中对健康有潜在不良影响的生物、化学或物理因素。食品安全危害主要包括毒性和损害作用。

（1）毒性　毒性是指外来化学物质能够造成机体损害的能力。描述一种化学物质的毒性总是和剂量相联系的。所谓毒性大的物质，是指使用较少的数量即可对机体造成损伤；而毒性较小的物质，是指需要较多的数量才可对机体造成损伤。从某种意义上说，只要达到一定的数量，任何物质都可能表现出毒性；反之，只要低于一定剂量，任何物质都不具有毒性。

衡量化学物质的毒性需要有一定的客观指标，包括生理、化学正常值的变化和免疫能力的改变等。随着科学技术的进步，毒性的观察指标越来越深入，目前已可观察到机体的受体、酶及其他大分子的变化。但死亡是最简单和最基本的指标，以死亡来描述物质毒性的概念主要有以下几个：

①绝对致死量（LD_{100}）：是指能造成一群机体全部死亡的最低剂量。由于个体差异，使群体间对化合物的耐受性不同，可能有个别或少数个体的耐受性过高或过低，并以此造成群体100%死亡的剂量变化，即在不同试验条件下的绝对致死量的不确定性。所以，一般情况下，很少使用绝对致死量来描述一种物质的毒性。

②半数致死量（LD_{50}）：是一个用统计学方法表示的，能预期引起一群机体中50%死亡所需要的剂量。

③最小致死量（MLD）：是指能引起一群机体中个别个体死亡的最小剂量。

④最大耐受量（MTD）：是指能引起一群机体全部发生严重的毒性反应但无一死亡的最大剂量。

（2）损害作用　化学物质引起机体的损伤，即它表现的毒性也和接触的剂量有关，在一定剂量下可对机体构成伤害，而在另一特定剂量下则也可对机体无伤害作用。所谓损害作用是指在间断或连续摄入一种化学物质的过程中，引起机体功能容量的损伤或对额外应激状态代偿能力的降低。还包括在摄入一种化学物质期间或停止摄入后，所出现的维持机体稳态能力的降低是不可逆的，并使机体对其他环境因素不利影响的易感性有所增加。而无损害作用是指不引起机体在形态、生长、发育和寿命方面的改变；不引起机体功能容量的降低和对额外应激状态代偿能力的改变，所引起的生物学改变一般都是可逆的，停止接触该化学物质后，不能查出机体维持稳态能力的降低，也不能使机体对其他环境因素不利影响的易感性有所增加。以损伤作用来描述物质毒性的概念主要有以下几个。

①最大无作用剂量：在一定时间内，一种外来化学物质按一定方式或途径与机体接触，根据目前认识水平，用最灵敏的试验方法和观察指标，未能观察到任何对机体的损害作用的最高剂量。最大无作用剂量是评定外来化学物质毒性的重要依据，是制定一种外来化学物质的每日允许摄入量和食品中最高容许限量的基础，具有十分重要的意义。根据 GB 31650—2019《食品安全国家标准　食品中兽药最大残留限量》规定，每日允许摄入量指人的一生中每日从食物或饮水中摄取某种物质而对其健康没有明显危害的量，以人体重为基础计算，单位是 μg/kg 体重。

②最小有作用剂量：即在一定时间内，一种外来化学物质按一定方式或途径与机体接触，能使某项观察指标开始出现异常变化或使机体开始出现损害作用所需的最低剂量，也可称为中毒阈剂量，或中毒阈值。理论上，最大无作用剂量和最小有作用剂量应该相差极微，但由于对损害作用的观察指标受此种指标观测方法灵敏度的限制，所以实际上最大无作用剂量和最小有作用剂量之间仍然有一定的差距。如果涉及外来化学物质在环境中的浓度，则称为最大无作用浓度或最小有作用浓度。

③耐受摄入量（TI）：是针对化学污染物和天然毒素设立，对一种物质终生摄入保证不发生健康风险的可耐受剂量，按每千克体重表示。

④最高允许浓度（MAC）：最高允许浓度是指某一外源化学物质可在环境中存在而不至于对人体造成任何损害作用的浓度。

⑤阈值：是指化学物质引起受试对象出现可指示最轻微的异常或改变所需要的最低剂量。阈值又分为急性阈值及慢性阈值，急性阈值为一次暴露所产生有害反应的剂量点，而慢性阈值是长期不断反复暴露所产生有害反应对应的剂量点。有阈值与无阈值是从毒理学角度划分风险评估范畴的一个重要分界点。

（二）风险分析框架

目前国际通用的食品安全性评价均采用“风险分析”的概念和框架。“风险分析”的概念首先出现在环境科学危害控制中，并在20世纪80年代出现在食品安全领域。食品安全风险分析的根本目标在于保护消费者的健康和促进公平的食品贸易。目前，食品安全风险分析的理念已经为许多国家和组织所采用，被认为是食品安全标准的制定基础，也是食品安全控制的科学基础。

风险分析是研究风险的产生、发展和对人们的危害以及如何进行预防、控制和规避风险的科学。风险分析是一个结构化的过程，主要包括风险评估、风险管理和风险交流三部分。在一个食品安全风险分析过程中，这三部分看似独立存在，其实三者是一个高度统一融合的整体。在这一过程中，包括风险管理者和风险评估者在内的各个利益相关方通过风险交流进行互动，由风险管理者根据风险评估的结果以及与利益相关方交流的结果制定出风险管理措施，并在执行风险管理措施的同时，对其进行监控和评估，随时对风险管理措施进行修正，从而达到对食品安全风险的有效管理。

1. 风险管理

风险管理与风险评估不同，是权衡不同管理策略并与相关机构商讨行政政策的决策过程，它在考虑风险评估结论基础上兼顾保护消费者及促进公平贸易，并在必要情况时选择与实施适当管理措施的过程。措施包括制定限量［最大残留限量或污染物限量（ML）］标准与控制规范，实施食品安全监控措施。当前，最佳的风险管理方式之一为应用HACCP体系来保证食品安全。

在食品法典委员会的定义中，风险管理是及时依据风险评估的结果，权衡管理决策方案，并在必要时选择并实施适当的管理措施（包括制定措施）的过程。风险管理的第一步是在风险概述的基础上，对需要进行风险评估的食品及危害物做出具体的风险评估的要求；第二步是依据风险评估的结果，权衡管理决策方案，并在必要时选择实施适当的控制措施的过程，其产生的结果就是制定食品安全标准、准则和其他建议性措施。

风险管理的主要内容包括四个方面：①风险评价（初步的风险管理活动）；②确定并选择风险管理方法；③风险管理决策的实施；④监控和评估风险管理决策的实施。风险评价是在风险概述的基础上，对需要进行风险评估的食品及危害物做出具体的风险评估的要求，基本内容包括确认食品安全问题、描述风险概况、就风险评估和风险管理的优先权对危害进行排序、为进行风险评估制定风险评估决策、提供风险评估的人力物力、决定是否需要进行风险评估以及风险评估结果的审议等；风险管理策略评估和最终决策包括确定可行的管理选项、选择最佳的管理选项（包括考虑一个合适的安全标准）以及最终的管理决定，包括适宜保护水平（ALOP）的确定、有效风险管理决策的确定、优先风险管理决策的选择、最终风险管理决策。由于保护人体健康应当是首先考虑的因素，同时可适当考虑其他因素（如经济费用、效益、技术可行性、对风险的认知程度等），可以进行费用-效益分析，及时启动风险预警机制；并对管理措施的有效性进行评估以及在必要时对风险管理和（或）风险评估进行审查，以确保食品安全目标的实现。

风险管理必须遵循如下原则：①风险管理应当选择最优管理方法，可在管理框架内根据具体情况选择管理项目；②风险管理在保障人体健康、生态平衡或动物福利等的基础上注重成本节约并达到效益显著；③风险管理的决策和执行应当透明；④风险管理在功能上应当与风险评估进行严格分离，确保风险评估过程的独立性和科学完整性，减少风险管理者对风险评估的干扰与利益冲突；⑤风险管理决策应当考虑风险评估结果的不确定性。最后风险管理过程根据需要，应当保证与所有利益相关方进行有效的风险交流。

2. 风险交流

风险交流是指在风险分析全过程中，就危害、风险、风险相关因素和风险认知在风险评估人员、风险管理人员、消费者、产业界和其他感兴趣各方对信息和看法的互动式交流，交流内容包括对风险评估结果的解释和风险管理决定的依据。在风险分析的三个组成部分中，风险交流是联系风险分析过程中利益相关方的纽带。从本质上讲，风险交流是一个双向过程，它涉及了风险管理者与风险评估者之间、风险分析小组成员和外部的利益相关方之间的信息共享。在这个双向信息交换过程中，一方面就食品安全风险和管理措施向公众提供清晰、及时的信息，主要是保证利益相关方和公众对食品安全风险信息和决策过程的知情权和对决策过程的参与权；另一方面通过风险交流，风险管理者和风险评估者可以获取关键信息、数据和观点，并从受到影响的利益相关方那里征求反馈意见，这样的参与过程有助于形成决策依据。而在实际的运行中，风险管理者和风险评估者经常处于一个相对封闭的过程中，而且他们也认为风险分析过程主要由政府管理者和专家来完成，其他利益相关方和普通大众参与的较少。因此，风险交流的目的就是要在整个风险分析的过程中，通过互动式双向风险信息交流和互换来保证利益各方都能参与到风险管理和风险评估过程中，提高大众对风险管理决策的知情权和参与权。

3. 风险评估

风险评估是系统地采用一切科学技术及信息来定量、定性或半定量/定性描述某危害或某环境对人体健康风险的方法。明确到食品安全风险评估就是对人体暴露于某危害时产生或将产生有害效应的严重程度及可能性进行的科学评价。食品安全风险评估应当运用科学方法，根据食品安全风险监测信息、科学数据以及其他有关信息进行。食品安全风险评估作为一个科学、客观的过程，必须遵循客观规律、运用科学方法，即食品安全风险评估结果作为权威、专业的科学依据需要科学独立性，原卫生部按《食品安全法》组建了由医学、农业、食品、营养等方面专家组成国家食品安全风险评估委员会。风险评估的过程包括危害识别、危害描述、暴露评估及风险特征描述。

风险评估是指对人体接触食源性危害而产生的已知或潜在的对健康不良影响的科学评估，是一种系统的组织科学技术信息及其不确定性信息，回答关于健康风险的具体问题的评估方法。风险评估要求对相关资料做评价，并选择合适模型对资料做出判断。同时，要明确地认识其中的不确定性，并在某些情况下承认根据现有资料可以推导出科学上合理的不同结论。

二、食品安全风险评估

食品安全风险评估，即是指对食品、食品添加剂中生物性、化学性和物理性危害对人体健康可能造成的不良影响所进行的科学评估。科学原理的风险评估通常包含危害识别、危害特征描述、暴露评估和风险特征描述四个步骤。

（一）危害识别

危害识别是指为确定某种物质的毒性（即科学家鉴定产生的有害效应）的过程，在可能时对该物质导致有害效应的特性进行鉴定。对于化学因素，包括食品添加剂、农药和兽药残留、污染物和天然毒素，可采取动物实验、志愿者实验、定量的结构-活性关系或流行病学调查研究等方式，也可采用“证据力”方法采用已证实的科学结论来获取危害程度的依据。所用方法可以是定性的，也可以是定量的，但定量方法目前更适合于化学危害的风险评估。

1. 流行病学研究

由于流行病学资料与人的健康危害直接相关，如果能够获得阳性的流行病学研究数据和临床研究数据，则应充分将之用于危害识别及其他步骤。阴性的流行病学资料难以在风险评估方面进行解释，因为大部分流行病学研究的统计学效力不足以发现人群中低暴露水平的毒性作用。

风险评估采用的流行病学研究必须采用公认的标准程序进行，并充分考虑遗传易感性、与年龄和性别有关的易感性、社会经济和营养状况等因素及其他潜在混杂因素的影响。

2. 动物实验

所有动物实验必须在良好实验室操作规范（GLP）和标准化质量保证或质量控制条件下实施，并保证资料真实可信。

长期（慢性）动物实验数据至关重要，并必须针对主要的毒理学作用终点，包括肿瘤、生殖或发育、神经毒性、免疫毒性等毒性效应，这样可保证长期终身食用对健康危害的风险可忽略。短期（急性）毒理学实验资料也非常有用。动物实验有助于毒理学作用范围、终点的确定，其设计应考虑到找出观察到有害作用水平（LOAEL）、未观察到有害作用水平（NOAEL）。并应选择较高剂量以尽可能减少产生假阳性。

在可能的情况下，动物实验不仅要确定人体可能引起的不良效应，而且提供这些不良效应对人类健康风险的相关资料，包括阐明作用机制、给药剂量及其剂量-反应关系以及药物代谢动力学和毒效学研究结果。后续将重点介绍毒理学实验的具体内容。

3. 体外实验

相对于体内实验（*In vivo* test），体外实验（*In vitro* test）可作为作用机制的补充资料，如遗传毒性实验。这些实验必须遵循良好实验室操作规范或其他广泛接受的程序。但是，体外实验的数据不能作为预测对人体危害的唯一资料来源。

体内和体外实验的结果可以促进对作用机制和毒物代谢动力学、毒效学的认识。但在许多情况下无法取得这些资料，因而风险评估进程不能因为等待作用机制和毒物代谢动力学、毒效学资料而延误。给药剂量和药物作用剂量的资料有助于评价作用机制和毒物代谢动力学数据，评估时间尚需考虑化学物特性（给予剂量）和代谢物毒性（作用剂量）。

4. 结构-活性关系

结构-活性关系对于识别人类健康的加权分析有用。在对成组化学物作为一类（如多氯联苯类和四氯苯并二噁英）进行评价时，此类化学物的一种或多种有足够的毒理学资料，可采用毒性当量的方法来预测人类摄入该类化学物中其他化学物对健康的危害。

一般化学物结构活性关系具有一个定量关系，主要反映其化学物结构与其对生物体效应的因果关系和量变规律。化学物质包括其物理化学特性，如溶解性、熔点、沸点等；立体化学特性，如原子质量、电子密度等；量子化学特性，如分子容积、表面积等。其危害严重程度与其中的物理化学特性具有非常大的相关性，尤其是水溶性，根据—COOH、—CO、—OH、—NH_2、—CN 化学键，其毒性有增加的趋势。结构-活性关系对于暴露评估过程中了解化学物与度量终点之间关系效应也非常重要。

根据流行病学、动物试验、体外试验、结构-活性关系等科学数据和文献信息确定人体暴露于某种危害后是否会对健康造成不良影响、造成不良影响的可能性，以及可能处于风险之中的人群和范围。其目的在于确定人体摄入危害物的潜在不良作用、这种不良作用产生的可能性以及产生这种不良作用的确定性和不确定性。危害识别不是对暴露人群的风险性进行定量的外推，而是对暴露人群发生不良作用的可能性做定性评价。由于化学危害物危害识别的数据不足，因此可以借助一些权威机构已发表的和未发表的文献，查阅有关数据库资料等，同时也可以根据一些急性和慢性的化学危害物流行病学数据进行评议。此方法对不同研究的重视程度按如下顺序：流行病学研究、动物毒理学研究、体外实验，以及最后的量-效及构-效关系。由于流行病学研究所需费用昂贵，而且能够提供类似的研究数据非常有限，危害识别一般以动物和体外试验的资料数据为依据。其中构-效关系的研究对于提高人类健康危害识别的可靠性具有一定的作用。很多化学物质结构相似，起毒性作用的结构一致（如多环芳香烃、多氯联苯和二噁英），在同一级别的一种或多种物质有足够的毒理学数据，可以采用毒物当量预测人类暴露在同一级别其他化合物下的健康状况。

（二）危害特征描述

危害特征描述是对存在于食品中可能对健康产生不良影响的生物、化学和物理危害因子的定性和定量评价。

化学物质对机体的损害效应的性质和强度，直接取决于其在靶器官中的剂量。一般而言，暴露量越大，靶器官内的剂量也越大。通常暴露量以单位体重暴露于外源化学物质的量（如 mg/kg 体重）或环境中浓度（如 mg/kg 空气或 mg/L 空气）来表示。任何有害物质的效应首先取决于剂量。

在危害特征描述这一过程中需要回答如下问题，诸如多大的剂量会使人感到不适，人们会有怎样的不良反应等问题。量-效评估是该过程中的一个重要手段，量-效关系的数学模型可以预测在给定剂量下产生不良影响的概率。

（三）暴露评估

一个化学物质的毒性及其在人群中暴露状况之间的基本关系是潜在的有毒化学物质现代风险评估的基石。换言之，只有进行暴露评估才能定量风险评估，也只有暴露评估才能最终评定一个化学物质是否对公众健康危害构成不可接受的风险（图 5-1）。

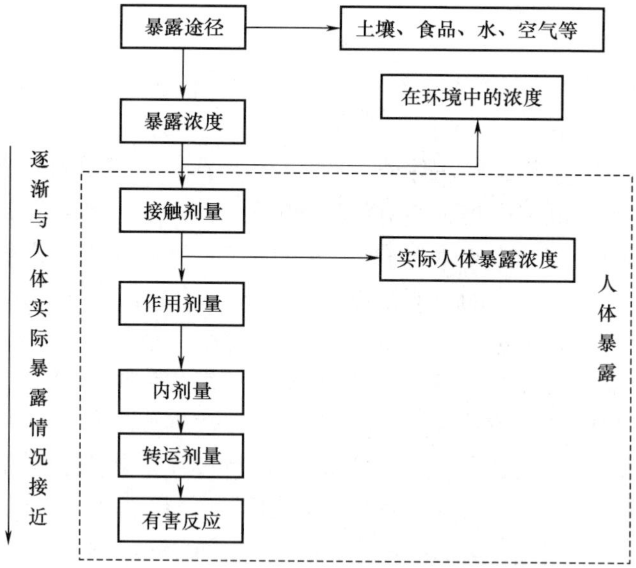

图 5-1　环境对健康暴露评估假设框架（IPCS）

1. 基本概念

在大多情况下，化学物质是通过空气、水、土壤及某种产品或其他某种媒介携带，并给人类带来危害（表5-1）。关于暴露评估有几个概念需要明确。

表5-1　　暴露评估基本定义释义

项目	释义
危害	生物危害、化学危害、物理危害、单一危害、多重危害、多因素危害
危害来源	人类起源的/非人类起源的、区域性/局部性、不固定/固定、室内/户外
传播媒介	空气、水、土壤、垃圾、食品等
暴露途径	摄取被污染的食物，呼吸被污染的空气，触摸被污染的表面等
暴露浓度	mg/kg（食品）、mg/L（水）、$\mu g/m^3$（空气）、$\mu g/m^2$（接触表面），与 m（质量）、m^3（空气）进行比较便可获得浓度
暴露途径	吸入、皮肤接触、饮食及多途径同时兼有
暴露时间	秒、分钟、小时、天、周、月、年、一生
暴露频率	连续、间断、循环、偶然、极少
暴露人群	普通人群、敏感人群及个体
暴露区域	实验室设计区域、地区、国家、国际、全球
时效性	过去、现在、将来及一直处于暴露状态

暴露评估是对可能经过食品摄入的及其他相关途径暴露的生物、化学和物理因素进行定性和定量评估的过程。对于农药和兽药残留、食品添加剂以及污染物、天然毒素等化学危害物暴露评估的目的在于求得某危害物对人体的暴露剂量、暴露频率、时间长短、路径及范围。

潜在剂量指被人体摄取、呼吸或通过皮肤接触到，未经过体内代谢的真实剂量，该剂量类似暴露评估设计实验中所采用的剂量浓度。该剂量比较容易通过直接测定的方式获取。

接触剂量指外源化学物质与机体（如人、指示生物、生态系统）的接触剂量，可以是单次接触或某浓度下一定时间的持续接触。如皮肤接触、呼吸及消化道吸收过程，并非直接入口或经过皮肤接触后就直接作用于人体，还必须经过一定的作用途径和时间。

吸收剂量又称内剂量，是指外源化学物质穿过一种或多种生物屏障，吸收进入体内的剂量。内剂量指的是某有害化学物质通过皮肤、消化道或呼吸作用等，经过一定代谢途径，如新陈代谢、体液转移及部分体表排除等过程后，作用于靶器官的实际有效浓度。实际上，内剂量是作用剂量的一部分。

靶器官剂量即是指吸收后到达靶器官（如组织、细胞）的外源化学物质和（或）其代谢产物的剂量，是生物有效剂量，是表征人体真正毒理效应的作用剂量。

暴露评估是评价并鉴定评估终点的暴露情况。对于食品安全风险评估中的暴露评估是针对人群开展的。

在膳食暴露评估中需要考虑到的是，由于人类膳食中存在的化学物质很多，存在两种或两种以上化学物质之间的计量可加或效应可加。计量可加指化学物质以相同的机制作用于同一生物靶位，只是毒性高低不同。通常认为剂量可加的化学物质间量-效曲线平行，但也允许特例存在。效应可加是指化学物质产生的效应相同，且彼此间独立、无相互干扰。交互作用是化学物质相互间由于改变了本身或其药动学和药效学过程，使化学物质间的联合作用出现了比效应可加更强的协同作用或更弱的拮抗作用。需要指出，低暴露水平很难预测化学物质的交互毒性，当前化学物质联合效应的研究通常基于远高于实际暴露水平（如食物污染物含量）的浓度，而高浓度下的交互作用并不能说明低浓度下也存在交互作用。

多种化学物质暴露包括累积暴露和整合暴露。累积暴露是指具有相同毒性机制（CMG）的多种化学物质经某一特定途径（如食物）同时暴露的总量，而整合暴露指一种或多种化学物质经多种暴露来源（如食物、水）或途径（如消化道、呼吸道、皮肤接触等）的暴露总量。目前美国环境保护署已完成四组 CMGs 的评价，包括有机磷杀虫剂、氨基甲酸酯类化合物、三嗪类杀虫剂和氯乙酰替苯胺类杀虫剂，欧洲食品安全局（EFSA）也完成了一组包括 25 种化学物质的三唑类的评估，但是目前还没有一套国际上广泛认可的完善的评价方法。

2. 暴露评估的方法

暴露评估的具体方法可以对食品直接或间接进行监测，对产地环境进行监测，对人群个体与群体进行暴露生物监测等。人类暴露于许多化学物质及潜在危害当中，但通常毒理学实验及监管措施常常注重某一类危害，该危害由于食品加工不当或不良农业操作方式带来，存在于食品中、空气中、水中及土壤中。

暴露评估不确定因素很多，主要来自个体差异。即使同样一个暴露个体，其每天暴露也许会存在差异；不同人群在同一天中也会存在暴露的差异；暴露时间改变会带来差异，如季节变换；地域差异，如暴露地区热带、寒带、亚热带之间存在差异性等。另外，还存在诸多不确定因素给暴露评估带来不准确模拟真实的情况，如缺乏足够的具有代表性数据，则不能构建完整的数学暴露模型。

在实行食品安全风险评估过程中暴露评估是重要环节，尤其在制定最大残留限量或污染物限量标准时显得更为重要。急性和慢性的膳食暴露评估的一般表达式如下：

$$\text{膳食暴露} = \sum(\text{食品中化合物浓度} \times \text{食物消费量})/\text{体重}$$

式中，膳食暴露单位通常是 mg/kg（以体重计），食品中化合物浓度的单位是 mg/kg 体重。

原则上，国际膳食暴露评估需要对饮食中所有确定有风险的化学品进行评估检测，同样的原则也适用于食物中污染物、农药与兽药残留、营养素、适当的添加剂（包括香精香料）、加工助剂和其他化学物质的暴露评估。理想的暴露评估是在最小的花费下确认有安全问题的物质。因此，大多数暴露评估框架采用逐步递进式步骤的一组方法，最开始使用保守的筛选手段。如果没有发现风险相关的问题，那么就没有必要做额外的评估；如果有风险问题出现，那么风险评估接下来的步骤可以提供更详细的数据（当然需要更多的资源）。

在第一步中，膳食暴露可以使用基于保守假设的筛选方法进行评估。如果给定化合物的膳食暴露估计值超过其毒理阈值（如 ADI 或 TI）或者没有达到营养阈值［适宜摄入量（AI）、推荐摄入量（RDI）］，那么应该使用更精确的膳食暴露评估方法。方法分为单个的点估计和可充分表征消费者暴露统计分布的方法。

（1）总膳食研究　摄入量是通过测定市场上采集经过烹调、加工的食物样品中化学污染物含量，结合研究本身膳食调查得到的食物消费量数据计算得到的。考虑了烹调、加工的损失和污染，所得摄入量数据接近人的实际摄入，比较准确，适合于一个国家或地区大面积的人群研究，要求有严格的质量控制和先进可靠的分析方法。

（2）个别食品的选择性研究　摄入量是通过测定市场上采集未经过烹调、加工的食物样品中化学污染物含量，结合食物消费量数据计算得到的。没有考虑烹调、加工的损失和污染，所得数据不够准确。

（3）双份饭研究　摄入量是通过测定采集实验者本人实际消费的、经过烹调、加工的食物样品中化学污染物含量，结合实际称量得到的膳食消费量数据计算得到的。考虑了烹调、加工的损失和污染，所得摄入量数据接近人的实际摄入，不过由于实验费用高，所以双份饭研究不适合大面积的人群研究。

（4）点评估　点评估是简单地描述消费者膳食暴露的某个参数值的单点估计。例如，消费者暴露的均数，就是通过对关注的食物的平均消费量和这些食物中某种化学物质的平均浓度水平的乘积进行计算得到的。所得到的暴露评估结果还可以通过适当的系数（如食物加工因子）来修正。此外，高端暴露消费者的点评估，如高于 90 百分位数（P_{90}）的消费者，只要有相应的合适数据也可以计算。

点评估方法主要包括：①筛选方法；②基于消费暴露粗略估计的方法（基于生理参数限量、食品生产数据或使用或摄入值数据等默认因素）。例如，理论上最高每日摄入量（TAMDI）和其他模式膳食（兽药残留和包装材料）；③基于实际食物消费量数据和化学物浓度数据开展更精确的暴露评估，如总膳食研究（TDSs）、选择性食品监测研究和双份饭研究。

（四）风险特征描述

风险特征描述是在危害识别、危害特征描述和暴露评估的基础上，对特定人群中产生已知或潜在不良健康影响的可能性及严重性进行定性和定量的估计，包括相关的不确定性。在对化学危害物的风险评估过程中，风险特征描述的结果是提供人体摄入化学物质对健康产生不良作用的可能性的估计，它是危害识别、危害描述和暴露评估的综合结果。

上述风险评估四步法（危害鉴定、量-效评价、暴露评估和危害特征描述）常局限于单种物质的单一途径暴露，对于建立某化合物暴露的“可接受水平”具有重要意义。但在实际生活中，人们每天都通过多种途径暴露于多种低水平的天然或合成的化学物质下，现已有研究证实，某些暴露会通过多种毒理学交互作用对人类健康产生危害。化学物质联合作用分无交叉和有交叉作用两种，前者又可分为剂量可加与效应可加，后者包括协同与拮抗两种形式。

三、食品毒理学评价

食品安全风险评估的大部分毒理学数据来源于试验动物研究。进行动物试验时，应遵循科学界广泛承认的标准化试验程序，如联合国经济合作发展组织（OECD）、美国环境保护署（EPA）等，无论采用哪种程序，所有研究都应当遵循良好实验操作规范和标准化质量保证或控制系统。

毒理学评价是根据一定的程序对食品所含的某种外来化合物进行毒性实验和人群调查，确定其卫生标准，并以此标准对含有这些外来化合物的食品做出能否商业化的判断过程。主要分四个阶段，分别如下。

第一阶段：急性毒性试验。经口急性毒性，LD_{50} 联合急性毒性。

第二阶段：遗传毒性试验、传统致畸试验、短期喂养试验。

第三阶段：亚慢性毒性试验——90d 喂养试验、繁殖试验、代谢试验。

第四阶段：慢性毒性试验（包括致癌试验）。

（一）一般毒性评价

化学物质在一定剂量、一定的接触时间和一定的接触方式下对试验动物产生的综合毒效应称为一般毒性作用，又称基础毒性作用。一般毒性作用根据接触毒物的时间长短又分为急性毒性、亚慢性毒性和慢性毒性。相应的试验称为急性毒性试验、亚慢性毒性试验和慢性毒性试验。

一般毒性试验的方法包括急性毒性、蓄积性毒性试验、亚急性毒性和慢性毒性试验。各试验的试验周期和目的见图 5-2。

1. 急性毒性试验

急性毒性是指机体（人或试验动物）1 次接触或 24h 多次接触化学物质后在短期（最长 14d）内所发生的毒性效应，包括一般行为、外观改变、大体形态改变及死亡效应。急性毒性试验是经口一次性给予或 24h 内多次给予受试物后，短时间内动物所产生的毒性反应，包括致死的和非致死的指标参数，致死剂量通常用半数

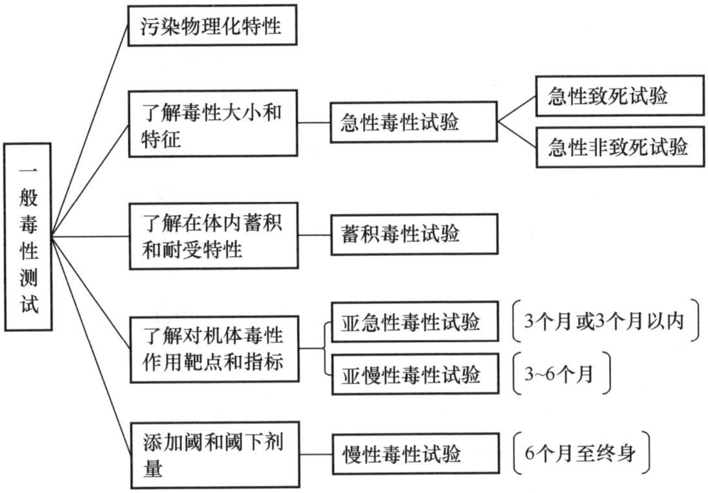

图 5-2　一般毒性测试

致死量 LD_{50} 来表示，其单位是每千克体重所摄入受试物质的毫克数，即 mg/kg 体重。

为了评价被检物的急性毒性强弱，国际上（FAO/WHO）提出了外来化合物的急性毒性分级。我国食品安全性毒理学评价借用国际的 6 级标准（表 5-2）。

表 5-2　　外来化合物的急性毒性分级

毒性分级	小鼠一次经口半数致死量/(mg/kg)	大约相当体重 70kg 人的致死剂量
6 级，极毒	<1	稍尝，<7 滴
5 级，剧毒	1~50	7 滴~1 茶匙
4 级，中等毒	51~500	1 茶匙~35g
3 级，低毒	501~5000	35~350g
2 级，实际无毒	5001~15000	350~1050g
1 级，无毒	>15000	>1050g

2. 蓄积毒性试验

蓄积毒性是指机体反复多次接触化学物质后，当化学物质进入机体的速度（或总量）超过代谢转化的速度和排泄的速度（或总量）时，其原形或代谢产物可能在体内逐步增加并储留，这种现象称为化学毒物的蓄积作用。蓄积系数法试验原理：受试物按一定时间间隔分次给予试验动物，如果受试物在体内全部蓄积，理论上其毒效应相当于一次染毒剂量所产生的毒效应。如果受试物的蓄积性小，则多次给予后产生毒效应的剂量与一次染毒产生相同毒效应所需剂量之间的比值就大，根据比值可以判断受试物蓄积性的大小。

事实上，外来化合物在体内的蓄积应包括两种概念。一种是量的蓄积，即化合物进入机体后，其从体内消除的数量少于输入的数量，以致化学物质在体内储留的量逐渐增加，此种量的蓄积也可理解为物质的蓄积。另一种概念是外来化合物进入机体后将引起一定的功能容量的降低与结构形态的变化，如果是一种不可逆的变化，或在机体修复过程尚未完成前，化学物质第二次又已进入机体，并再次造成损害，则这种功能或形态变化也可逐渐累积，即功能蓄积。

3. 亚急性毒性试验

亚急性毒性试验也称亚慢性毒性试验，是指试验动物连续多日接触较大剂量的外来化合物出现中毒效应的试验，其中较大剂量是小于半数致死量的剂量，亚急性毒性试验一般指 28d 或 90d 喂养试验。其目的是探讨在较长时期，喂饱不同剂量受试物对动物引起有害效应的剂量、毒作用性质和靶器官，估计亚急性摄入的危害性。90d 喂养试验所确定的最大未观察到有害作用剂量，可为慢性试验的剂量选择和观察指标提供依据。当最大未观察到有害作用剂量达到人体可能摄入量的一定倍数时，则可以此为依据外推到人，为确定人食用的安全剂量提供依据。

4. 慢性毒性试验

慢性毒性是指人或试验动物长期（甚至终生）反复接触低剂量的化学毒物所产生的毒性效应。食品毒理学一般要求试验动物接触外来化合物的期限为 2 年。

慢性毒性试验的目的是确定长期接触化学毒物造成机体损害的最小作用剂量和对机体无害的最大无作用剂量，阐明毒作用的性质、靶器官和中毒机制，为制定人安全限量标准提供毒理学依据。了解经长期接触受试物后出现的毒性作用，尤其是进行性或不可逆的毒性作用以及致癌作用，最后确定最大无作用剂量，为受试物能否应用于食品最终评价提供依据。

（二）特殊毒性评价

特殊毒性包括致畸、致癌和致突变作用和生殖毒性。

致突变性、致癌性、致畸性、生殖系统毒性不易察觉，需要经过较长潜伏期或在特殊条件下才会暴露出来，虽发生率较低，但造成后果较严重而且难以弥补。这几种毒性试验常统称为特殊毒性试验。致突变试验：微生物回复突变试验、哺乳动物培养细胞染色体畸变试验和整体试验（常选用微核试验）。作用于生殖系统的药物，需进行动物显性致死试验；致癌试验：短期致癌试验和长期致癌试验；致畸胎试验：于孕鼠或孕兔胚胎的器官形成期给药，观察对子代的影响。

1. 致癌试验

致癌试验是检测受试物是否具有诱发肿瘤形成能力的试验。分为体外试验、短期致癌试验和长期致癌试验 3 类。由于致癌是一种后果严重的毒性效应，因此致癌性评定是一项极其重要、慎重而又复杂的工作。只有长期的、终生试验才被公认为可得到确切证据，说明对动物有无致癌性。但长期动物试验费时、费力并耗费大量经费，所以提出在进行长期动物试验前，先进行致突变试验。据此可对受试物的致癌性进行初步推测。但这些试验对非遗传毒性致癌物必然呈现阴性结果。因此需要进行体外恶性转化试验和短期动物致癌试验。

需注意的是，某些致癌化学物质没有直接的致癌作用，但在体内代谢后可转变为致癌物，称之为前致癌物；与此相对，直接具有致癌作用的物质称为终末致癌物。在进行体外致癌试验时，应考虑到受试物为前致癌物的可能，采取必要的措施，尽量模拟体内情况，如加入大鼠肝细胞 S_9 等。

2. 致畸试验

致畸试验是检测受试物生殖发育毒性的试验。化合物的生殖发育毒性分为两个方面：一是对生殖过程的影响即生殖毒性，二是对发育过程的影响即发育毒性。生殖毒性包括生殖细胞的发生、卵细胞受精、胚胎形成、妊娠、分娩和哺乳等过程的损害，表现为性冷淡、性无能和各种形式的性功能减退；发育毒性包括胚胎发育、胎仔发育、幼仔发育等方面的损伤，表现为胚胎生长迟缓、胚胎畸形、胚胎功能不全或异常、胚胎或胎仔死亡。

致畸试验有传统常规致畸试验、致畸物体内筛检试验法及致畸作用和发育毒性的体外试验法。其中，传统常规致畸试验应用最为普遍。

传统常规致畸试验即为母体在孕期受到可通过胎盘屏障的某种有害物质作用，影响胚胎的器官分化与发育，导致结构和功能的缺陷，出现胎仔畸形。因此，在受孕动物胚胎着床后，并已开始进入细胞及器官分化期时给予受试物，可检测该受试物对胎仔的致畸作用。

3. 致突变试验

致突变作用是外来因素引起细胞核中的遗传物质发生改变的能力，而且这种改变可随同细胞分裂过程而传递。在毒理学范畴主要涉及 3 类突变类型，即基因突变、染色体畸变和染色体数目改变。

检验化学致突变作用，常用的试验主要有哺乳动物红细胞微核试验、骨髓细胞染色体畸变试验、鼠伤寒沙门菌回复突变试验（Ames 试验）等。

动物毒理学研究用于揭示其主要的生物体系，通常包括急性毒性、慢性毒性、遗传毒性、生殖和发育、致癌性和器官毒性，有时也包括神经毒性、免疫毒性的作用终点。动物实验的设计应考虑找出观察到有害作用水平、未观察到有害作用水平或最大耐受量（MTD），即根据这些终点来选择剂量。实验动物研究不仅要确定潜在不良作用，还要确定其风险性和作用机制等。在安全评价时，假设人体至少和最敏感的动物一样。在有些情况下，动物试验不大适合推测对人体的作用，可以用体外试验来研究一般毒性和反应机制。可以用体外试验资料补充作用机制的资料，如遗传毒性试验。但体外试验的数据不能作为预测对人体风险的唯一资料来源。

四、食品安全限值的制定

根据风险评估结果，食品安全性可采用定性和定量两种方式进行描述。当缺乏必要的用于评估的信息和材料，不可知因素太多时，可以采用定性风险评估。定性风险评估是根据危害识别、危害描述以及暴露评估的结果，依靠先例、经验进行主观估计和判断，可提供给决策者低风险、中风险和高风险的定性判断。定量风险评估的目标是建立一个数学模型来阐明暴露于那些可造成健康损伤的因素所产生对健康不良作用的概率。

（一）有阈值化学物 ADI 值的获得方法

1. ADI 值的获得方法

无显著风险水平是指即使终生暴露在此条件下，该危险物都不会对人体产生伤害。获得其 ADI 的传统方法是依靠 NOAEL 来获取 ADI，而采用更为接近真实情况来模拟剂量-反应关系是最近的趋势，它利用统计学方法更有效利用剂量数据，目前最为广泛的是基准剂量（BMD）法。下面仅介绍基于 NOAEL 获取 ADI 的方法。

对于有阈值的物质，NOEL 或 NOAEL 值除以合适的安全系数（UF）等于 ADI，即

$$\text{ADI（mg/kg 体重）} = \frac{\text{NOAEL（mg/kg 动物体量）}}{\text{UF}}$$

这种计算方式的理论依据是人体和实验动物存在合理的可比较剂量的阈值。食品中的各种化学危害物的含量通常很低，一般在 mg/kg 级或更低水平。在进行动物毒性试验时依据药物内在的毒力通常采用高剂量甚至采用几千个 mg/kg，通常在动物中产生的高剂量的不良反应来推测人群暴露的量-效关系。剂量-反应关系是建立食品中化学物质安全性的基础。通过动物实验首先要确定对靶器官的毒性以及导致毒理反应的化学机制；其次要估计 NOAEL，低于这个剂量，无毒性反应发生。

把实验动物研究的结果外推到人所采用的基本方法有三种：安全系数法、药物动力学推论法（在药品的安全评价中广泛使用）或线性低剂量推论模型法。FAO/WHO 的农药残留联合专家会议（JMPR）一般采用第一种方法，即安全系数法，也称商值法。该方法必须通过一定安全系数加以修正后才能获取 ADI，有的研究不能直接获得 NOAEL，所以在获得真正意义上的 NOAEL 时，必须考虑到不确定系数，当前安全系数有 6 个。

UF_1——种内差异，主要为人类之间差异，这时数据直接来自人体实验，合理结果采取外推 UF 设定为 10。

UF_2——种间差异，主要是试验动物外推到人类之间差异，对于基准剂量而言，当人群暴露研究不能直接采纳时，从试验动物外推到人类时，采用 UF 为 10；对呼吸暴露，人相对浓度 NOAEL 作为获取 ADI 方法时，该 UF 为 3，因为此时已考虑到了毒代动力学的差异。

UF_3——长期、中期及短期暴露差异，当从慢性（成本及可操作性等因素决定在动物试验中不会采纳）、亚慢性及急性动物试验推导时，采用 UF 为 10。

UF_4——由 LOAEL 推导出 NOAEL 时带来的差异，采用 UF 为 10。

UF_5——当资料不完善或可信度不是相当高时，如数据是否来自 GLP 实验室，采用 UF 为 10。

UF_6——修正系数（MF），该系数在 0~10，数据可信度差异（不同对比实验分析），数据是否经过不同实验室重复实验，数据是否全面等。

经过这些不确定系数一系列复杂计算修正后的 NOAEL 才能采用，不确定系数一般基数为 10。目前一般选定的不确定系数 UF 为前两项，即 UF_1 与 UF_2，分别为种间差异和种内差异，每项取 10，所以不确定系数为 100。

在下列情况下，不对受试物提出 ADI：①安全性资料不充足；②认为在食品中应用是不安全的；③未制定特性鉴别及纯度检测的方法和规格说明。

2. 安全限值

对于有阈值的化学物，则对人群风险可以将摄入量与 ADI 值（或其他测量值）比较作为风险描述。如果所评价的物质的摄入量比 ADI 值小，则对人体健康产生不良作用的可能性为零。

$$\text{安全限值（MOS）} = \frac{\text{ADI}}{\text{暴露量}}$$

MOS<1，该危害物对食品安全影响的风险是可以接受的；

MOS>1，该危害物对食品安全影响的风险超过了可以接受的限度，应当采取适当的风险管理措施。

（二）无阈值化学物的剂量-反应评估

无阈值是指在任何低的暴露水平下，仍然存在不良反应情况，换而言之，在任何情况下，只要有剂量存在有害反应即发生。这类物质包括具有遗传性毒性的致癌物质和性细胞致突变物质。

无阈值物质风险评估主要在低剂量长期暴露的条件下发生，在进行动物试验时，需要在终身暴露条件下的研究，即长期致癌试验研究，所需试验动物样本量非常大。更具价值的资料来自流行病学调查的方法，但真正能确定因果关系的数据多来自职业暴露，而对正常人群而言，这仍属于高剂量暴露。所以一般采取模型合理假设、风险管理目标推理等方法对无阈值物质实施剂量-反应评估。

对于遗传毒性致癌物，一般不能采用“NOAEL-安全系数”法来制定允许摄入量，因为即使在最低的摄入量时，仍然有致癌的风险存在。该类物质对人类的风

险是摄入量和危害程度的综合结果。即

化学危害物风险=摄入量×危害程度

因此，对无阈值物质的管理办法有两种：①禁止商业化地使用该种化学物品；②建立一个足够小的被认为是可以忽略的、对健康影响甚微的或社会能够接受的风险水平。在应用后者的过程中要对致癌物进行定量风险评估。

对于化学危害物采用一个固定的风险水平是比较切合实际的，如果预期的风险超过了可接受的风险水平，这种物质就可以被禁止使用。但那些已经使用并在环境中有一定积累的农药和兽药，尽管已经禁用，还是很容易超过规定的可接受水平。例如，在美国四氯代二噁英（TCDD）风险的最坏估计高达万分之一（10^{-4}），对于普遍存在的遗传毒性致癌污染物如多环芳香烃和亚硝胺，常常超过百万分之一（10^{-6}）的风险水平。

（三）化学性危害限量标准的制定

食品安全风险评估最根本的意义便是对污染物限量和农药及兽药最大残留限量的确定。根据 GB 31650—2019《食品安全国家标准　食品中兽药最大残留限量》规定，最大残留限量指对食品动物用药后，允许存在于食物表面或内部的该兽药残留的最高量/浓度（以鲜重计，表示为 μg/kg）。国际水平污染物限量、最大残留限量标准与国家水平标准可以不同。制定国家层次的污染物限量、最大残留限量标准时，可以在国际水平的污染物限量、最大残留限量标准的基础上，结合本国的膳食结构进行暴露评估，通过等同采纳、等效采纳或不采纳国际标准的方法进行制定。对所有食品中所有危害都制定限量标准显然不科学、没必要，同时也不具备可操作性。因此，重点对存在高风险的食品如占 ADI 超过 5%贡献率的食品进行风险管理制定限量可以更大限度节约资源（图 5-3）。

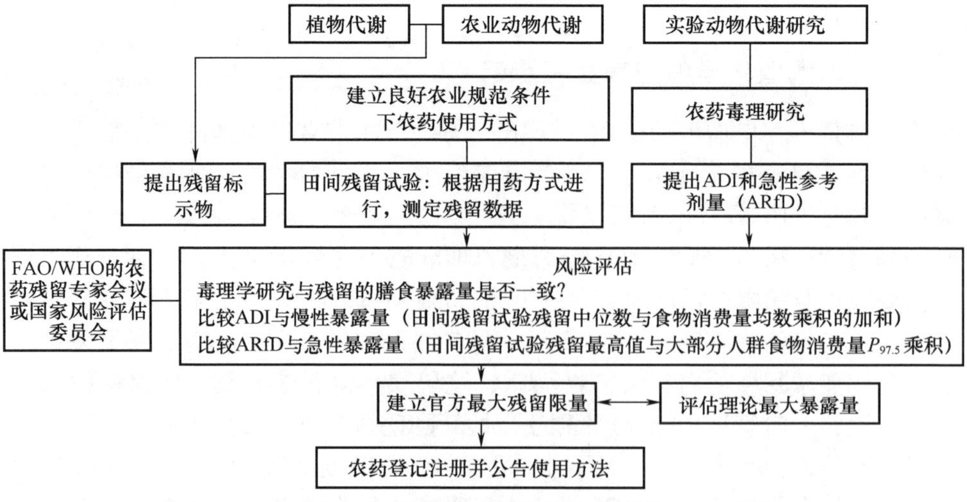

图 5-3　农药残留制定的基本原则

1. 国际水平污染物限量/最大残留限量标准的制定原则

（1）具备 TI 或 ADI 和（或）ARfD　TI 或 ADI 是基于人类健康考虑的安全阈值，是由 JECFA 或 JMPR 根据化学物质的毒理试验数据或其他权威资料而制定的。原则上而言，如果 ADI 及大量毒理学试验数据暂不可得（如遗传致癌性化学物）或未积累到可实施评估条件时，不能为该物质建立最大残留限量。一方面有待于对该物质致癌性及其他毒性方面的信息，更多的了解和掌握，另一方面积累该类物质更为充分的毒理数据。对于非遗传致癌性物质，现在提出了实际安全剂量概念，即认为低于此剂量能以 99%可信限的水平使超额癌症发生率低于 10，即 100 万人中癌症超额发生低于 1 人。该概念的提出对于致癌物质的限量制定提供了风险评估依据。

在 TI 或 ADI 不可获取情况下，基于风险评估原则，原则上选择不制定该农业投入品的最大残留限量。在不能设定最大残留限量情况下，国际惯例所采取的做法是不予以登记，也就是禁止该农业投入品使用，规定临时性最大残留限量为“不得检出”，目的是尽最大可能使安全性得到极大保障。

（2）具有足够的食品残留量监控数据　只有 TI 或 ADI 而没有食品中残留监控数据，不能直接获得最大残留限量。这是因为它一方面不能真实反映食品实际残留量，另一方面也不具备与 TI 或 ADI 比较提出最大残留限量的科学依据。国际水平的最大残留限量制定中，非常重要的是获取国际每日摄入量估计值（IEDI）及田间残留试验中位数值（STMR）等，并基于 GEMS/Food 计划对全球食品消费量及对食品残留监控获取所需参数，食物消费量是按食物消费模式聚类获得，最大范围内具有全球代表性。所制定出的标准也适合于全球共享（图 5-4）。但对某些特定食品存在消费过大的情况没有充分考虑，需要成员国根据自己的膳食结构进行国内每日摄入量估计值（NEDI）。

2. 国家食品安全标准最大残留限量的制定原则

对国家食品安全标准最大残留限量而言，首先必须具备国际水平框架中两个条件，只是暴露评估数据不来自 GEMS/Food，而是来自试图制定标准国家的食物消费量数据，并结合可得到的残留监控数据。此外，国家水平的最大残留限量还必须具备如下条件。

（1）CAC 的法规框架　对于国家水平的最大残留限量制定需要基于国际食品法典委员会的原则，对于加入 WTO 的成员而言，更要注重此基本条件。

一般而言，如果 CAC 没有制定该化学物标准，其一，如果尚未确定 ADI，则不能制定相应最大残留限量。需要采取严格的管理措施，不允许使用该类农业投入品，规定为“不得检出”。其二，如果已经满足上述制定标准基本条件，但尚未确定 ADI 时，则可以根据 CAC 标准及其他国家（尤其是贸易国）制定的相关最大残留限量标准进一步确定本国的最大残留限量。但总的原则是必须首先考虑本国暴露量在安全水平。

(2) 其他国家的相关标准　考虑及采纳国外最大残留限量标准时，当许多国家都对该食品中某农业投入品建立了最大残留限量，但根据进出口贸易等诸多原因都需综合考虑时，可采取加权平均的方法采纳国外标准。当这些标准之间存在的差异性极大，则取其中最为合理的标准，并使其在加权平均时所占的比重较大。当一个国家或组织制定的标准中存在两种或两种以上不同数据选择时，必须确定科学方法选择其中一项或对此首先进行一次加权平均筛选（表5-3）。

表5-3　采纳不同国家或地区标准加权平均法

食品	临时最大残留限量（CAC）	美国	澳大利亚	加拿大	欧盟	新西兰
橘子	3.3 更正为 3.0	1		6	3	
中国甘蓝	0.036 更正为 0.04	0.02	0.04			0.05

3. 最大残留限量的计算

食品中最高残留量可按下式进行计算：

食品中最大残留量限量=ADI（mg/kg）×平均体重（kg）÷每人每日食物总量（kg）×食物系数（%）

食品容许限量标准的制定可依据以下程序进行：确定动物最大无作用剂量→确定人体每日容许摄入量→确定每日总膳食中的容许含量→确定每种食物的最大容许量→制定食品容许限量标准。

人体每日容许摄入量的确定已如前述，每日总膳食中的容许含量的确定由人体每日容许摄入量推断。由于人体每日接触的有毒物质不仅来源于食品，而且通过空气、饮水等也能摄入人体，因此，总膳食中容许含量要低于ADI。一般来说，通过食物摄入的有害物质占总摄入量的80%~85%，为保证消费者安全，可以80%计算。如某化合物ADI为10mg/kg体重，则总膳食容许含量为8mg。

每种食物的最大容许量的确定，是通过膳食调查确定每一种食物的摄入量，根据此摄入量计算该食物中最大容许量。如每日摄入大米400g，蔬菜500g，水果200g，肉、蛋100g，则每种食物中的最大容许含量为：

$$大米=[400\div(400+500+200+100)]\times 8=2.7\ (mg)$$

其余的食品依此法计算获得。

危害物的最高容许限量可由它们的使用情况而定。例如，一定水平的残留量直到消费时都很稳定，这样最高残留值才与实际摄入量相当。但是很多情况下，我们关心的残留在消费前已经发生变化。如某些物质在食品储存过程中就可能降解或与其他物质发生反应。未加工食品在加工过程中可以降解，也可能累积放大。

制定最高残留限量时，必须考虑到食品在进入市场及其在一定条件下使用时残留的变化情况。如果农药残留物在食品中并没有涉及特殊的技术方面的问题，其限量的制定应在合理的范围内尽可能降低。

（四）微生物的安全限值

1. 食品安全目标

国际食品法典委员会认为，确保食品安全的工具是 GHP 和 HACCP 系统。若要使企业明白在 HACCP 体系中什么是可接受的水平，则必须用“食品中可接受的危害水平”来表示国家适当保护水平 ALOP。因此，国际食品微生物标准委员会（ICMSF）提出了食品安全目标（FSO）的概念，ICMSF 推荐企业及管理机构采纳 FSO 概念。这个概念将“风险”定位为建立融合 GHP 和 HACCP 原则的食品安全管理体系的可定义目标。

微生物性食品安全目标是消费者可以耐受的食品中一种微生物性危害的最大频率和浓度。理想上，食品安全目标应当基于食品中某种致病菌不会致病的频率或浓度。这等同于寻找无作用剂量，无作用剂量是用来为急性毒性化学物质设定每日暴露耐受水平的值。显然，某些食源性致病菌有已定的阈值水平，低于该水平不会对消费者产生风险。一般而言，假定某种产毒型食源性致病菌（即通过产生毒素导致疾病的微生物）有某个阈值浓度，那么低于这个浓度微生物就不会产生足以导致不良效应的毒素。例如，通常认为食品中低水平（即小于 10^4CFU/g）的金黄色葡萄球菌不代表对人类的直接风险，而较高水平（即小于 10^5CFU/g）将通过产生可能导致葡萄球菌-肠毒素病水平的内毒素而对人类有直接风险。例如目前已制定的食品安全目标有：

①干酪中葡萄球菌肠毒素的量不得超过 1μg/100g；

②花生中黄曲霉毒素的浓度不得超过 15μg/kg；

③即食食品在食用时，单核细胞增生李斯特菌的水平不得超过 100CFU/g；

④乳粉中沙门菌的浓度必须低于 1CFU/100kg。

我国 GB 29921—2021《食品安全国家标准　预包装食品中致病菌限量》，规定了各类食品中允许存在的致病菌及其限量要求。

有效的食品安全管理体系应达到管理当局通过风险管理程序建立的食品安全目标，或达到食品生产者在建立 HACCP 计划过程中设定的目标。这些目标可以通过执行控制措施来实现，旨在预防、消除或者减少微生物危害。控制措施是指为预防、消除或者减少食品安全危害到可容许水平而采取的行动。一般可分为控制初始水平、预防危害水平增加和降低污染水平这三类。其中，控制初始水平，包括避免曾被污染或引起中毒的食品（如生乳、特定条件下收获的生软体贝壳类）、选择原料（如巴氏杀菌液态蛋或乳）和使用微生物检验和标准去除不能被接受的原料或产品；预防危害水平增加，包括预防污染，如采用良好卫生规范来减少屠宰过程的污染，将生的食品和煮熟的即食食品分开，实施员工操作规范以减少污染，使用无菌填充技术。预防病原体生长（如适当的冷冻和保存温度、pH、A_w、防腐剂)；降低污染水平，包括杀灭病原体（如冷冻杀死某些寄生虫、消毒、巴氏杀菌、辐照）和消除病原体（如清洗、超滤、离心）。

为达到界定的食品安全目标，就有必要在食品链的一个或多个环节实行一项或多项控制措施。在这些环节中，可预防、消除或减少危害；如果在这些步骤中没有实行适当的控制措施，则危害可能增加。因此，将这些控制措施的结果定义为执行标准。

虽然食品安全目标看起来类似于微生物标准，但它们在许多方面是不同的。食品安全目标不应用于个别批次或者货物，不指明采样计划、分析单位的量等。食品安全目标定义了良好操作期望的控制水平，可以通过良好卫生规范和 HACCP 系统以及实施操作标准、处理或产品标准和（或）接受标准来达到。

食品安全目标的概念为管理部门和工业界提供了许多益处，因为它们可被用于：

①将公共卫生目标转变为可测量的控制水平，基于此可以设计食品的加工，并得到可接收的食品；

②证实食品加工操作来确保它们将满足期望的控制水平；

③通过管理部门或其他方评估一个食品操作的可接受性；

④突出食品安全关注，将其与质量和其他关注区分开；

⑤推动食品的改变并提高其安全性；

⑥当工业界的资源或状况不确定时，作为制定个别批次或者食品货物微生物标准的基础。

2. 菌落总数

根据 GB 4789.2—2022《食品安全国家标准　食品卫生学检验　菌落总数测定》规定，菌落总数是指食品检样经过处理，在一定条件下（如培养基、培养温度和培养时间等）培养后，所得每 g（mL）检样中形成的微生物菌落总数。

食品的菌落总数虽然不一定代表食品对人体健康的危害程度，却反映了食品的卫生质量，是食品清洁状态的标志。食品中的细菌在生长繁殖过程中可分解食品成分，造成食品的腐败变质，理论上食品中的细菌越多，对食品的分解越快，食品腐败变质也越快，因此可以利用菌落总数预测食品的货架期。当然，有时细菌数量虽少，但若菌群内腐败菌呈优势时，反倒比具有更多细菌数量的食品腐败更快。

3. 大肠菌群

肠杆菌科的埃希菌属、柠檬酸杆菌属、肠杆菌属和克雷伯菌属统称为大肠菌群。它们均来自人或温血动物的肠道，为革兰氏阴性杆菌，需氧与兼性厌氧，不形成芽孢，在 35~37℃能发酵乳糖产酸产气。由于与其他肠道菌相比具有以下特点：①大肠菌群数量多，是温血动物肠道的优势菌，检出率高；②在外界的存活时间与肠道致病菌基本一致；③对杀菌剂的抵抗力与肠道致病菌一致；④操作简单，不需要复杂的设备；⑤灵敏度高，食品中的粪便污染量只要达到0.001mg/kg即可检出大肠菌群。因此许多国家把大肠菌值作为食品卫生质量的鉴定指标，用于判断食品是否受温血动物粪便的污染和肠道致病菌污染的可能性。一般采用乳糖发酵法进行检验，检验结果用相当100g或100mL食品中大肠菌群的近似数来表示，简称大肠菌群近似数（MPN）或大肠菌值。

大肠菌群在排出体外后，开始为典型大肠杆菌占优势，但两周后受外界环境因素的影响发生变异，因此，若在食品中检出典型大肠杆菌，表示食品近期受粪便的污染，若检出非典型大肠杆菌，说明食品受粪便的陈旧污染。

大肠菌群为嗜中温菌，在5℃以下基本不能生长，因此不适于作低温水产品，尤其是速冻食品的污染指示菌。近年来，有研究提出将肠球菌也作为反映粪便污染的指示菌，其准确性还有待于进一步研究。

项目小结

本项目主要阐述了食品污染物的安全危害、安全性评价的基本内容、安全限值指标和制定原则。

食品安全风险评估本身就是一个科学的过程，但风险管理的决策过程则是一个考虑多方因素的过程，虽然利用了风险评估的科学结果，但决策本身并不是一个完全科学的过程，某种程度上是一个多方博弈的结果。因此，就风险管理决策的过程来讲，单纯考虑风险评估的结果显然是不够的，一个决策过程的作出往往还要考虑社会、经济和道德伦理等方面的评价结果。目前，食品安全风险分析机制的具体运行中，往往偏重于自然科学的评估结果，而社会科学，特别是对风险管理措施有影响的社会经济因素的评估较少。如对新的食品原料和成分的安全评估，也应就其对社会和人类的益处以及风险管理措施的成本等方面进行评估，这才有助于对风险做出全面的衡量和认识。对于突发食品安全风险，就其暴发原因而言非常复杂，但总体可分为两类：第一类是以前已经出现过的食品安全风险，而且人们已经对其形成机制较为清楚，主要是由于风险管理者或食品生产者对其评估、预警以及风险管理措施不到位而导致的风险暴发，如食品中已知的致病菌；第二类是以前从未出现过，或者是已经出现过，但风险形成的外界条件发生了变化，由于科学发展水平或人类的认知程度还不能掌握或不能完全掌握其形成机制，无法进行防控，从而导致风险的暴发，如疯牛病、二噁英以及非法添加非食品成分等欺诈行为。

案例

我国《国民营养计划（2017—2030年）》《健康中国行动（2019—2030年）》《中国防治慢性病中长期规划（2017—2025年）》等重要政策文件，都将

“减糖”作为一项重要内容。然而，我国目前尚缺乏系统的糖摄入风险评估。为了支持上述重要健康政策的实施，以及当前“三减”行动的深入开展和为科普宣教提供科学信息，2018年国家食品安全风险评估专家委员会开展中国居民糖摄入水平及其风险评估工作（在本次评估中，糖的定义与WHO游离糖的定义相同，是指食品生产加工、食品餐饮制作或消费者在家烹调过程中添加到食品和饮料中的单糖和二糖，以及天然存在于蜂蜜、糖浆、果汁和果汁浓缩物中的糖类）。

本次评估的目的：①了解我国市售主要含糖食品中糖含量水平（饮料、焙烤食品、糖果、巧克力、乳类及制品）；②评估我国城市居民膳食糖摄入量及其供能比，并分析主要含糖食品对糖摄入的贡献；③为我国各类人群膳食糖摄入以及“减糖”行动提出针对性建议。

糖摄入评估数据来源及方法：本次评估主要基于两部分数据，即各类含糖食品中糖含量和中国3岁及以上城市居民含糖食品和膳食中其他食物的消费量。采用简单分布模型计算糖摄入量、其所提供的能量以及占膳食摄入总能量之比（供能比），以世界卫生组织建议的糖供能不超过膳食总能量的10%为基准，评估3岁及以上城市居民及各年龄组、性别组的糖摄入情况。同时，也将各人群组糖摄入量与《中国居民膳食指南》推荐的每人每日50g或25g糖摄入上限进行比较。

结论与建议：我国3岁及以上城市居民糖平均摄入量为9.1g/人日，平均供能比为1.9%，低于《中国居民膳食指南》推荐的每人每天50g（或25g）上限，也远低于WHO推荐的摄入糖提供的能量占膳食总能量（供能比）的上限，即10%。同时，我国居民糖摄入的供能比远低于世界上其他国家。然而，我们不能盲目乐观，因为近20年来，我国食糖人均消耗量从16g/d增至35g/d。需要指出的是我国3~29岁居民的糖摄入量高于平均摄入量（以供能比计），特别是3~17岁的儿童和青少年中有4.1%~4.8%的个体供能比超过10%，而且这个年龄组人群的糖消费量还在逐年增长。这些结果提示，需要重点关注我国青少年的糖摄入量情况。建议有关部门和全社会采取以青少年为重点的有效措施，制定基于科学和切合实际的“减糖”策略和措施，作为实施国家相关健康政策的具体行动。

儿童和青少年糖摄入量高的原因是含糖食品的消费量偏高，包括含糖饮料、含糖酸乳、焙烤类食品。因此，需要重点关注儿童和青少年，并采取有针对性的相应措施，包括卫生和教育系统的科普宣传、食品行业的减糖措施等。

对我国城市居民糖摄入贡献率较大的食品类别，依次为食糖（烹调用）、含糖乳制品、含糖饮料和焙烤类食品。对上述食品，建议有关部门加强其中糖的营养标签标示管理，广泛宣传减少烹调用糖的重要性。同时基于含糖酸奶对我国居民的糖摄入贡献率高达21.9%的评估结果，建议乳品生产企业采取切实措施，加大减糖力度。

根据各类食品中各大类/亚类含糖食品对糖能量摄入的贡献率，以及食品中糖含量，我们建议将以下食品作为“减糖”的重点：饮料中的碳酸饮料、果蔬汁类饮料、茶饮料、含乳饮料；酸奶；糕点类的熟粉糕点、冷加工糕点、沙琪玛；面包中的起酥面包、调理面包、其他面包；饼干中的蛋卷、煎饼、夹心饼干，以及威化饼干、蛋圆饼干、曲奇饼干。

减少膳食中糖的摄入，既要基于科学评估结果，循序渐进，又要动员全社会，各司其职。一方面，各利益相关方（政府、行业、科学家、媒体）要加强可持续的科普宣传教育，通过提高认识来改变食物消费行为，包括口味。另一方面，食品相关行业（生产加工、餐饮）要加强研究开发能力，既逐步减少产品中糖的用量，又能为广大消费者接受。

项目思考

1. 食品安全危害与食品安全风险的区别是什么？
2. 食品安全风险分析三大部分之间的相互关系是什么？
3. 化学物质联合作用的评估方法是什么？
4. 遗传性致癌污染物的安全限值是如何设定的？
5. 如果要制定某一食品添加剂的 ADI 值，请简述其基本程序。
6. 如何制定产毒素致病菌的限量？

知识巩固与拓展学习（视频）

5.1. 食品安全风险分析与评估

5.2. 食品毒理学评价

5.3. 食品安全限值的制定

项目六

食品生产过程的质量安全控制

知识目标

1. 掌握良好农业规范、安全食品（绿色食品和有机食品）的概念、特点及操作规程。

2. 掌握良好操作规范、危害分析与关键控制点、ISO22000 和 ISO9000 质量保证体系的概念、特点和基本原理，并了解其主要内容和在食品工业中的应用。

3. 了解食品在流通和服务环节的安全质量控制操作规程。

必备知识

一、原料生产过程的安全质量保证

食品原料的生产过程安全质量保证，重点在于保证农产品原料及其初级加工品的质量安全，实施从“农田到餐桌”的全程监管，即执行良好农业规范（GAP）和各类安全食品（绿色食品和有机食品）生产操作规范和标准。

（一）良好农业规范

1. 良好农业规范产生的背景

近三四十年农业的繁荣得益于化肥、农药、良种、拖拉机等增产要素的产生，而随着整个农业生产水平的提高和各种农业生产要素的日益完善，这些要素对增产的贡献率却呈现趋减态势。农业生产经营不当导致的生态灾难，以及大量化学物质和能源投入对环境的严重破坏，导致土壤板结、土壤肥力下降、农产品农药残留超标等不良现象大量出现。

1991 年联合国粮农组织召开了部长级的“农业与环境会议”，发表了著名的“博斯登宣言”，提出了“可持续农业和农村发展（SARD）”的概念，得到联合国和各国的广泛回响和积极支持。“可持续”已成为世界农业发展的时代召唤。“自然农业”“生态农业”和“再生农业”，也已经成为当今世界农业生产无可替代的新方向。在保证农产品产量的同时，要合理地配置资源，寻求农业生产和环境保护之间的平衡点，而良好农业规范是可持续农业发展的关键。

2. 良好农业规范的概念

根据联合国粮农组织的定义，GAP 是指应用现有的知识来处理农场生产和产后过程的环境、经济和社会可持续性，从而获得安全而健康的食物和非食用农产品。GAP 以科学为基础，自愿采用。目前，部分发达国家和部分发展中国家已通过病虫害综合防治、养分综合管理和保护性农业等可持续农作方法来应用 GAP 规范。

3. 国际良好农业规范的发展概况

为满足农民的需要和食物链的特定需求，一些政府、非政府组织、民间社会组织和私营部门制定了 GAP 相关规范，同时发展了 GAP 规范的应用方式，但其发展方式不完全是整体的或协调一致的。

（1）美国 GAP　1998 年，美国食品药品监督管理局和美国农业部联合发布了《关于降低新鲜水果与蔬菜微生物危害的企业指南》。在该指南中，首次提出 GAP 概念。

美国 GAP 阐述了针对未加工或最简单加工（生的）出售给消费者的，或加工企业的大多数果蔬的种植、采收、分类、清洗、摆放、包装、运输和销售过程中，常见微生物危害控制及其相关的科学依据和降低微生物污染的农业管理规范。这关注的是新鲜果蔬的生产和包装，却不仅仅限于农场，还包含从农场到餐桌的整个食品链的所有步骤。

《关于降低新鲜水果与蔬菜微生物危害的企业指南》（以下简称《指南》）关注的焦点是新鲜农产品的微生物危害，而且《指南》并没有提及相关食品供应或环境的其他领域（如杀虫剂残留、化学污染）的明确表述。在评估《指南》中的降低微生物危害建议的适用性时，种植者、包装者、运输者在其各自领域内都应致力于建立规范，防止无意地增加食品供应和环境的其他风险（如多余包装、不适当的使用抗菌化学药品的处置）。《指南》中列出了微生物污染的风险分析，包括 5 个主要领域方面的评估，分别是：水质；肥料/生物固体废弃物；人员卫生；农田、设施和运输卫生；可追溯性。

使用《指南》中通常的建议去选择最合适的良好农业规范来指导各个环节的操作，其基本原则主要有：

原则 1：对鲜农产品的微生物污染，其预防措施优于污染发生后采取的纠偏措施（即防范优于纠偏）；

原则 2：种植者、包装者或运输者应在他们各自控制范围内采用良好农业规范；

原则 3：新鲜农产品在沿着农场到餐桌食品链中的任何一点，都有可能受到生物污染，主要控制人类活动或动物粪便的生物污染；

原则 4：应减少来自水的微生物污染；

原则 5：农家肥应认真处理以降低对新鲜农产品的潜在污染；

原则 6：在生产、采收、包装和运输中，应控制工人的个人卫生和操作卫生，以降低微生物潜在污染；

原则 7：良好农业规范应建立在遵守所有法律法规和标准的基础上；

原则 8：应明确农产品生产、储运、销售各环节的责任，并配备有资格的人员实施有效的监控，以确保食品安全计划所有程序的正常运转。

（2）EUREPGAP　1997 年由欧洲零售商协会（EUREP：Euro-Retailer Produce Working Group）发起，旨在促进良好农业规范的发展，并组织零售商、农产品供应商和生产者制定了良好农业规范标准。

EUREPGAP 所建立的良好农业规范框架（图 6-1），采用危害分析与关键控制点方法，从生产者到零售商的供应链的各个环节中，确定了良好农业规范的控制点和符合性规范。EUREPGAP 的主要功能在于填补现有的食品安全的网络漏洞，增强消费者对 EUREPGAP 产品的信心，另外从环境保护上最大限度地减少农产品生产对环境所造成的负面影响，同时考虑到职业健康、安全、员工福利和动物福利。EUREPGAP 不仅在控制食品安全的危害，而且还兼顾了可持续发展的要求，以及区域文化和法律法规的要求。其覆盖产品种类较全，标准体系较为完整、成熟。标准的实施与国际通行的认证要求融合较好。

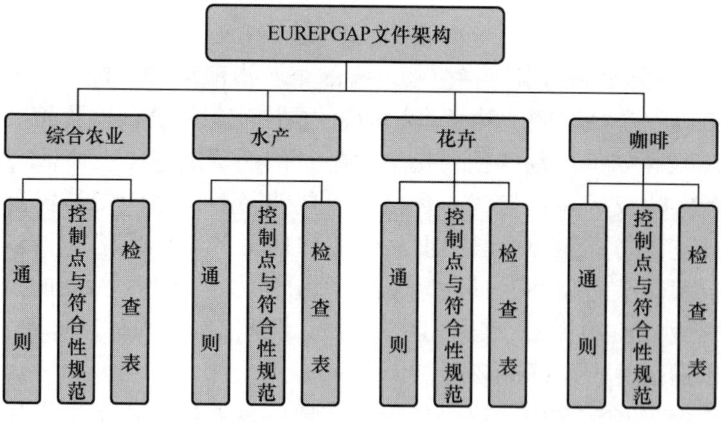

图 6-1　EUREPGAP 文件框架

EUREPGAP 标准包括执行危害分析与关键点控制和良好农业规范标准。GAP 的基准体系也包括农产品生产框架下的有害物综合治理（IPM）和农作物综合管理（ICM）体系。

EUREPGAP 已经制定了综合农场保证（IFA——包括作物、果蔬、畜禽）、综合水产养殖保证（IAA）和花卉及咖啡的技术规范，其中综合农场保证包括农场基础模块、作物基础模块、大田作物模块、果蔬模块、畜禽基础模块、牛羊模块、奶牛模块、生猪模块、家禽模块、畜禽运输模块，2005 年 3 月 EUREP 已经对除了畜禽运输模块的其他 9 个模块做了修改，正式发布实施第 2 版。每类技术规范包括相应的认证通则和检查表，通则规定了执行标准的总原则，检查表则规定了认证机构对企业进行外部检查的依据，也是农户对企业每年进行内审的依据。

EUREPGAP 自诞生以来，一直保持着强劲的发展势头，到 2005 年 11 月，通过 EUREPGAP 认证的面积达到 745503hm^2，已有 62 个国家和地区的 34586 多家农产品生产者获得认证。

（3）澳大利亚 GAP　针对田间食品安全技术方面存在着诸多的不确定性和模糊概念，2000 年 5 月，澳大利亚农林水产部（AFFA）实施和审核了园艺食品安全项目，提出“为获得等同性建立的示范模型而进行的案例研究”中首次为获得更一致的意见而编制澳大利亚 GAP 的需求，并决定以《指南》形式出现。

该《指南》有助于评估新鲜农产品田间生产中所产生的食品安全危害的风险，并提供在良好农业规范中需预防、减少和消除危害的信息。这些规范的确定基于危害分析与关键控制点原理并为食品加工企业提供了食品安全计划。《指南》中食品安全危害是指导致农产品对消费者产生难以接受的健康风险的生物、化学或物理的物质或特性。《指南》中的新鲜农产品包括水果、蔬菜、药草和坚果等，而生产则覆盖了种植、收获、包装、储藏及农产品的分销，其中不包括苗芽的生产和对农产品进行最简单的加工（如新鲜切削）。

（4）加拿大 GAP　在加拿大农田商业管理委员会的资助下，由加拿大农业联盟会同国内畜禽协会及农业和农产品官员等共同协作，通过采用 HACCP 方法而建立的农田食品安全操守。目前，加拿大食品检验局的食品植物产地分局发布了初加工的即食蔬菜的操作规范。该规范主要是利用危害分析方法，对蔬菜种植土壤的使用、天然肥料使用管理、农业用水管理、农业化学物质管理、员工卫生管理、收获管理和运输及贮存管理等过程危害进行识别和控制，以降低即食蔬菜的安全危害和确保蔬菜食品的安全。

（5）FAO《农业管理规范框单》　2003 年 3 月，FAO 在意大利罗马召开的农业委员会第 17 届会议上，提出了良好农业规范应遵循的 4 项原则和基本内容要求，指导各国和相关组织良好农业规范的制定和实施。

以下是 4 项原则的内容：

①经济而有效地生产充足、安全而富有营养的食物；

②保持和加强自然资源基础；

③保持有活力的农业企业和促进可持续生计；

④满足社会的文化和物质需求。

基本内容要求包括：

①与土壤有关的良好规范；

②与水有关的良好规范；

③与作物和饲料生产有关的良好规范；

④与作物保护有关的良好规范；

⑤与家畜生产有关的良好规范；

⑥与家畜健康和福利有关的良好规范；

⑦与收获和农场加工及储存有关的良好规范；

⑧与能源和废物管理有关的良好规范；

⑨与人的福利、健康和安全有关的良好规范；

⑩与野生生物和地貌有关的良好规范。

4. 中国良好农业规范（ChinaGAP）介绍

中国良好农业规范于 2005 年 12 月 31 日发布，2006 年 5 月 1 日起正式实施，目前为止共包括 27 部分。

（1）标准制定的基本原则　为改善我国目前农产品生产现状，增强消费者信心，提高农产品安全质量水平，促进农产品出口，填补我国在控制食品生产源头的农作物和畜禽生产领域中 GAP 的空白，受国家标准化管理委员会委托，国家认证认可监督管理委员会于 2003 年起，组织质检、农业、认证认可行业专家，开展制定良好农业规范国家系列标准的研究工作。基本原则的内容如下：

①以国际相关 GAP 标准为基础（参照 EUREPGAP—2005 年 2.0 版）；

②遵循 FAO 确定的基本原则；

③与国际接轨，符合中国国情和法律法规。

（2）中国 GAP 国家标准基本内容

①生产用水与农业用水的良好规范：在农作物生产中使用大量的水。水对农产品的污染程度取决于水的质量、用水时间和方式、农作物特性和生长条件、收割与处理时间以及收割后的操作。因此，应采用不同方式、针对不同用途选择生产用水，保证水质以降低风险。高水平的灌溉技术和科学的管理将有效减少浪费，避免过度淋洗和盐渍化。农业负有对水资源进行数量和质量管理的高度责任。

与水有关的良好规范包括：

a. 尽量增加小流域地表水的渗透率和减少无效外流；

b. 适当利用并避免排水来管理地下水和土壤水分；

c. 改善土壤结构，增加土壤有机质含量；

d. 利用避免水资源污染的方法如使用生产投入物，包括有机、无机和人造废物或循环产品；

e. 采用监测作物和土壤水分状况的方法精确地安排灌溉，通过采用节水措施或进行水再循环来防止土壤盐渍化；

f. 通过建立永久性植被或需要时保持或恢复湿地来加强水文循环的功能；

g. 管理水位以防止抽水或积水过多，以及为牲畜提供充足、安全、清洁的饮水点。

②肥料使用的良好规范：土壤的物理和化学特性及功能、有机质及有益生物活动，是维持农业生产的根本，其综合作用是形成土壤肥力和生产率的基础。

与肥料有关的良好规范包括：

a. 利用适当的作物轮作、施用肥料、牧草管理和其他土地利用方法以及合理的机械、保护性耕作方法，通过利用调整碳氮比的方法，保持或增加土壤有机质；

b. 保持土层以便为土壤生物提供有利的生存环境，尽量减少因风或水造成的土壤侵蚀流失；

c. 使有机肥和矿物肥料以及其他农用化学物的施用量、时间和方法应适合农学、环境和人体健康的需要。

合理处理的农家肥是有效和安全的肥料，未经处理或不正确处理的再污染农家肥，可能携带影响公共健康的病原菌并导致农产品污染。因此，生产者应根据农作物特点、农时、收割时间间隔、气候特点，制定适合自己操作的处理、保管、运输和使用农家肥的规范，尽可能减少粪肥与农产品的直接或间接接触，以降低微生物危害。

③农药使用的良好操作规范：按照病虫害综合防治的原则，利用对病害和有害生物具有抗性的作物，进行作物和牧草轮作、预防疾病暴发，谨慎使用防治杂草、有害生物和疾病的农用化学品，制定长期的风险管理战略。任何作物的保护措施，尤其是采用对人体或环境有害物质的措施，必须考虑到潜在的不利影响，并配备充分的技术支持和适当的设备。

与作物保护有关的良好规范包括：

a. 采用具有抗性的栽培品种、作物种植顺序和栽培方法，加强对有害生物和疾病进行生物防治；

b. 对有害生物和疾病与所有受益作物之间的平衡状况定期进行定量评价；

c. 适时适地采用有机防治方法；

d. 可能时使用有害生物和疾病预报方法；

e. 在考虑到所有可能的方法及其对农场生产率的短期和长期影响以及环境影响之后再确定其处理策略，以便尽量减少农用化学物使用量，特别是促进病虫害综合防治；

f. 按照法规要求储存农用化学物并按照用量和时间以及收获前的停用期规定使用农用化学物；

g. 使用者须受过专门训练并掌握有关知识；

h. 确保施用设备符合确定的安全和保养标准；

i. 对农用化学物的使用保持准确的记录。

在采用化学防治措施防治作物病虫害时，正确选择合适的农药品种是非常重要的关键控制点：

第一，必须选择国家正式注册的农药，不得使用国家有关规定禁止使用的农药；

第二，尽可能地选用那些专门作用于目标害虫和病原体、对有益生物种群影响最小、对环境没有破坏作用的农药；

第三，通过植物保护预测预报技术的支持，在最佳防治适期用药，提高防治效果；

第四，在重复使用某种农药时，必须考虑避免目标害虫和病原体产生抗药性。

在使用农药时，生产人员必须按照标签或使用说明书规定的条件和方法，用合适的器械施药。商品化的农药，在标签和说明书上，都标明了有效成分及其含量，说明农药性质的同时，一般都规定了稀释倍数、单位面积用量、施药后到采收前的安全间隔期等重要参数。按照这些条件标准化使用农药，就可以将该种农药在作物产品中的残留控制在安全水平之下。

④作物和饲料生产的良好规范：作物和饲料生产涉及一年生和多年生作物、不同栽培的品种等，应充分考虑作物和品种对当地条件的适应性，以及因管理土壤肥力和病虫害防治而进行的轮作。

与作物和饲料生产有关的良好规范包括：

a. 根据对栽培品种的特性安排生产，这些特性包括对播种和栽种时间的反应、生产率、质量、市场可接收性和营养价值、疾病及抗逆性、土壤和气候适应性，以及对化肥和农用化学物的反应等；

b. 设计作物种植制度以优化劳力和设备的使用，利用机械、生物和除草剂备选办法、提供非寄主作物以尽量减少疾病，如利用豆类作物进行生物固氮等；

c. 利用适当的方法和设备，按照适当的时间间隔，平衡施用有机和无机肥料，以补充收获所提取的或生产过程中失去的养分；利用作物和其他有机残茬的循环维持土壤、养分稳定存在和提高；

d. 将畜禽养殖纳入农业种养计划，利用放牧或家养牲畜提供的养分循环提高整个农场的生产率；

e. 轮换牲畜牧场以便牧草健康再生，坚持安全条例，遵守作物、饲料生产设备和机械使用安全标准。

⑤畜禽生产良好规范：畜禽需要足够的空间、饲料和水才能保证其健康和生产率。放养方式必须调整，除放牧的草场或牧场之外，应根据需要提供补充饲料。畜饲料应避免化学和生物污染物，保持畜禽健康，以防止污染物进入食物链。肥

料管理应尽量减少养分流失，并促进对环境所起的积极作用。应评价土地需要以确保为饲料生产和废物处理提供足够的土地。

与畜禽生产有关的良好规范包括：

a. 牲畜饲养选址适当，以避免对环境和畜禽健康的不利影响；

b. 避免对牧草、饲料、水和大气的生物、化学和物理污染；

c. 经常监测牲畜的状况并相应调整放养率、喂养方式和供水；

d. 设计、建造、挑选、使用和保养设备、结构以及处理设施；

e. 防止兽药和饲料添加剂的残留物进入食物链；

f. 尽量减少抗生素的非治疗使用；

g. 实现畜牧业和农业相结合，通过养分的有效循环避免废物残留、养分流失和温室气体释放等问题；

h. 坚持安全条例，遵守为畜禽设置的装置、设备和机械确定的安全操作标准；

i. 保持牲畜购买、育种、损失以及销售记录，实施饲养计划、饲料采购和销售等记录。

畜禽生产需要合理管理和配备畜舍、接种疫苗等预防处理，定期检查、识别和治疗疾病，以及需要时利用兽医服务来保持畜禽健康。

与畜禽健康有关的良好规范包括：

a. 通过良好的牧场管理、安全饲养、适宜放养率和良好的畜舍条件，尽量减少疾病感染风险；

b. 保持牲畜、畜舍和饲养设施清洁，并为饲养牲畜的畜棚提供足够清洁的草垫；

c. 确保工作人员在处理和对待牲畜方面受过适当的培训；

d. 得到兽医咨询以避免疾病和健康问题；

e. 通过适当的清洗和消毒确保畜舍的良好卫生标准；

f. 与兽医协商及时处理病畜和受伤的牲畜；

g. 按照规定和说明购买、储存和使用得到批准的兽医物品包括停药期；

h. 坚持提供足够和适当的饲料和清洁水；

i. 避免非治疗性切割肢体、手术或侵入性程序，如剪去尾巴或切去嘴尖等；

j. 尽量减少活畜运输（步行、铁路或公路运输）；

k. 处理牲畜时应谨慎，避免使用电棍等工具；

l. 如可能保持牲畜的适当社会群体；

m. 除非牲畜受伤或生病，否则不要隔离牲畜；

n. 符合最小空间允许量和最大放养密度要求等。

⑥收获、加工及储存良好规范：农产品的质量也取决于实施适当的农产品收获和储存方式，也包括加工方式。收获必须符合与农用化学物停用期和兽药停药期有关的规定。产品应储存在所设计的适宜温度和湿度条件下专用的空间中。涉

及动物的操作活动如剪毛和屠宰必须坚持畜禽健康和福利标准。

与收获、加工及储存有关的良好规范包括：

a. 按照有关的收获前停用期和停药期收获产品；

b. 为产品的加工规定清洁安全处理方式；

c. 清洗使用清洁剂和清洁水；

d. 在卫生和适宜的环境条件下储存产品；

e. 使用清洁和适宜的容器包装产品以便运出农场；

f. 使用人道和适当的屠宰前处理和屠宰方法；

g. 重视监督、人员培训和设备的正常保养。

⑦工人健康和卫生良好规范：确保所有人员，包括非直接参与操作的人员，如设备操作工、潜在的买主和害虫控制作业人员都能符合卫生规范。生产者应建立培训计划以使所有相关人员遵守良好卫生规范，了解良好卫生控制的重要性和技巧，以及使用厕所设施的重要性等相关的清洁卫生方面的知识。

⑧卫生设施良好规范：人类活动和其他废弃物的处理或包装设施操作管理不当，可能会增加农产品污染的风险。厕所、洗手设施的位置应适当，配备应齐全并保持清洁，确保易于使用和方便使用。

⑨田地卫生良好规范：田地内人类活动和其他废弃物的不良管理可能显著增加农产品污染的风险，采收应使用清洁的采收储藏设备，保持装运储存设备卫生，放弃那些无法清洁的容器，以尽可能地减少新鲜农产品的微生物污染。在农产品被运离田地之前，应尽可能地去除农产品表面的泥土。建立设备的维修保养制度，指派专人负责设备的管理，适当使用设备并尽可能地保持清洁，防止农产品的交叉污染。

⑩包装设备卫生良好规范：保持包装区域的厂房、设备和其他设施以及地面等处于良好状态，以减少微生物污染农产品的概率。制定包装工人的良好卫生操作程序，以维持对包装操作过程的控制。在包装设施或包装区域外应尽可能地去除农产品泥土，修补或弃用损坏的包装容器，用于运输农产品的工器具使用前必须清洗，在储存中防止未使用的干净的和新的包装容器被污染。包装和储存设施应保持清洁状态，这些用于存放、分级和包装鲜农产品的设备必须用易于清洗的材料制成，它们的设计、制造、使用和一般清洁能降低产品交叉污染的风险。

⑪运输良好规范：应制定运输规范，以确保在运输的每个环节，包括从田地到冷却器、包装设备、分发至批发市场或零售中心的运输卫生，保证操作者和其他与农产品运输相关的员工无误、细心操作。无论在什么情况下运输和处理农产品，都应进行卫生状态的评估。运输者应把农产品与其他的食品或非食品的病原菌源相隔离，以预防运输操作对农产品的污染。

⑫溯源良好规范：要求生产者建立有效的溯源系统，包括相关的种植者、运

输者和其他人员所提供的资料，产品的采收时间、农场、从种植者到接收者的管理人员档案和标识等，追踪从农场到包装者、配送者和零售商等所有环节，以便准确地识别和有效地减少危害，防止食品安全事故的发生。一个有效的追踪系统至少应包括能说明产品来源的文件记录、标识和鉴别产品的机制。

（3）良好农业规范认证　《良好农业规范认证实施规则（试行）》规定了获得和保持良好农业规范综合农场保证认证所应遵守的原则、程序和要求。

①获得良好农业规范认证的意义：由于良好农业操作规范受到寻求满足食品保障、食品安全、质量、生产效率和中长期环境受益等相关方，包括政府、食品加工业、食品零售业、种植和养殖业以及消费者的关注和准许，越来越受到各国的重视，并在各国以政府和行业规范的形式得到建立和发展。在欧洲，随着食品安全问题被关注程度的增加，欧盟对进口农产品的要求越来越严格，没有通过EUREPGAP 的供货商将缩减在欧洲市场上占有的市场份额，甚至有可能被逐渐淘汰。

为改善我国目前农产品生产现状，增强消费者信心，提高农产品安全质量水平，促进农产品出口，填补我国在控制食品生产源头的农作物和畜禽生产领域中GAP 的空白，国家认证认可监督管理委员会会同有关部委研究制定了《良好农业规范系列国家标准》和《良好农业规范认证实施规则（试行）》，作为当前China-GAP 认证试点和建立良好农业规范认证示范基地的依据，并通过第三方认证的方式来推广实施 ChinaGAP。

2005 年 5 月，国家认监委与 EUREPGAP/FOODFULS 正式签署《中国国家认证认可监督管理委员会与 EUREPGAP/FOODPLUS 技术合作备忘录》。根据备忘录的规定，ChinaGAP 与 EUREPGAP 经过基准性比较后，良好农业规范一级认证等同于EUREPGAP 认证，ChinaGAP 认证结果将得到国际组织和国际零售商的承认。我国农产品生产经营者获得 ChinaGAP 认证后，可以把其农产品供应的信誉转化为得到ChinaGAP 认可的资源。因为 ChinaGAP 认证是对农产品安全生产的一种商业保证，这样就等同于获得了更多进入国际市场的机会。

②我国良好农业规范认证模式特征：良好农业规范认证是指，经认证机构依据相关要求认证，以认证证书的形式予以确认的某一种类（作物、果蔬、牛羊、生猪、奶牛、家禽）的种植或养殖对相关控制点要求的符合性。这分为农业生产经营者认证和农业生产经营者组织认证两种方式。认证级别分为两级，分别是一级认证和二级认证，其认证标志如图 6-2 所示。

该认证以过程检查为基础，包括现场检查、质量保证体系的检查（适用于农场业主联合组织）和必要时对产品检测及场所管理情况进行风险评估。ChinaGAP产品的生产和运输应依据 ChinaGAP 认证实施规范，而 ChinaGAP 认证实施规范只规定如何控制产品生产、运输的全过程。所以 ChinaGAP 认证不可能像其他工业产品认证一样，应用典型的第 5 种模式，而是对过程进行的一种检查。它通过对质量

(1) 中国良好农业规范一级认证标志　　(2) 中国良好农业规范二级认证标志

图 6-2　中国良好农业规范认证标志

管理体系（适用于农场业主联合组织）、生产过程控制体系、记录追踪体系等过程进行检查来评价其是否符合 ChinaGAP 控制点的要求。

（4）良好农业规范 ChinaGAP 认证实施规则　国家认证认可监督管理委员会联合国家质量监督检验检疫总局发布了《良好农业规范认证实施规则（试行）》。实施规则规定了获得和保持良好农业规范综合农业保证认证所应遵守的程序和要求。实施规则的发布，为认证机构在我国开展 ChinaGAP 认证提供了明确的依据，为进一步提高农产品安全控制、动植物疫病防治、生态和环境保护、动物福利、职业健康等方面的保障能力，优化我国农业生产组织形式，提高农产品生产企业的管理水平，实施农业可持续发展战略，为农业生产者规范和提高农业生产水平，提供了技术参考。而且，当 ChinaGAP（中国良好农业规范）与 EUREPGAP（欧洲良好农业规范）完成基准性比较后，ChinaGAP 认证与 EUREPGAP 认证之间将实现互认。

《良好农业规范认证实施规则（试行）》是对认证机构在我国开展 ChinaGAP 认证程序的统一要求，分别对认证申请、认证级别、认证方式及要求、申请人/认证证书持有人的权利和义务、认证程序、认证证书的保持、认证证书和标志的使用、申诉和投诉、认证收费等作出了具体规定。

用于认证的良好农业规范 GB/T 20014 系列国家标准为：

第 1 部分　术语；

第 2 部分　农场基础控制点与符合性规范；

第 3 部分　作物基础控制点与符合性规范；

第 4 部分　大田作物控制点与符合性规范；

第 5 部分　水果和蔬菜控制点与符合性规范；

第 6 部分　畜禽基础控制点与符合性规范；

第 7 部分　牛羊控制点与符合性规范；

第 8 部分　奶牛控制点与符合性规范；

第 9 部分　生猪控制点与符合性规范；
第 10 部分　家禽控制点与符合性规范；
第 11 部分　畜禽公路运输控制点与符合性规范。
第 12 部分　茶叶控制点与符合性规范
第 13 部分　水产养殖基础控制点与符合性规范
第 14 部分　水产池塘养殖基础控制点与符合性规范
第 15 部分　水产工厂化养殖基础控制点与符合性规范
第 16 部分　水产网箱养殖基础控制点与符合性规范
第 17 部分　水产围拦养殖基础控制点与符合性规范
第 18 部分　水产滩涂、吊养、底播养殖基础控制点与符合性规范
第 19 部分　罗非鱼池塘养殖控制点与符合性规范
第 20 部分　鳗鲡池塘养殖控制点与符合性规范
第 21 部分　对虾池塘养殖控制点与符合性规范
第 22 部分　鲆鲽工厂化养殖控制点与符合性规范
第 23 部分　大黄鱼网箱养殖控制点与符合性规范
第 24 部分　中华绒螯蟹围拦养殖控制点与符合性规范
第 25 部分　花卉和观赏植物控制点与符合性规范
第 26 部分　烟叶控制点与符合性规范
第 27 部分　蜂蜜控制点与符合性规范

良好农业规范综合农业保证中的模块按种类（作物、果蔬、肉牛、肉羊、生猪、奶牛、家禽）和基地（所有农场基地、所有作物基地和畜禽基地）划分为种类模块和基地模块。种类模块明确了申请认证的范围。基地模块与种类模块配合使用——例如，对生猪养殖生产认证就包含对所有农场基地、畜禽基础要求、生猪养殖模块方面的审核，当申请奶牛这个种类模块时，牛羊模块必须也要检查。

（二）安全食品(绿色食品和有机食品)的生产操作规范和标准

1. 绿色食品

（1）绿色食品概述　20 世纪 90 年代初，农业部中国绿色食品发展中心在国内率先提出了“出自最佳环境、带来活力”“安全、健康、营养”的绿色食品概念。绿色食品是遵循可持续发展原则，按照特定的生产方式生产，经专门机构认定、许可使用绿色食品标志的无污染的安全、优质、营养类食品。无污染指在绿色食品生产、加工过程中，通过严密监测、控制，防范农药残留、放射性物质、重金属、有害细菌等对食品生产各个环节的污染，以确保绿色食品的洁净；优质特性不仅包括产品的外表包装水平高，而且包括内在品质优良、营养价值和卫生安全指标高。

（2）绿色食品特征　绿色食品与普通食品相比有以下显著特征。

①强调产品必须出自最佳的生态环境：绿色食品生产从原料生产地的生态环境入手，由法定的环境监测部门对产品原料产地及其周围的生态环境因子经过定点采样监测，判定其是否具备生产绿色食品的基础条件，而不是简单地禁止生产过程中化学合成物质的使用。

②对产品实行全程质量控制：绿色食品生产实施“从土地到餐桌”的全程质量控制。通过产前环节的环境监测和原料检测，产中环节的具体生产、加工操作规程的落实，产后环节的产品质量、卫生指标、包装、保鲜、运输、储藏、销售控制，确保绿色食品的整体产品质量，并提高整个生产过程的技术含量，而不是简单地对最终产品的有害成分含量和卫生指标进行测定。

③对产品依法实行标志管理：绿色食品标志是一个质量证明商标，属知识产权范畴，受《中华人民共和国商标法》保护。绿色食品文字、英文以及标志与文字组合图形，在核定使用商品 1、2、3、5、29、30、31、32、33 共九类食品及相关食品方面的产品进行了注册。

（3）绿色食品标准的技术分级　绿色食品标准分为 2 个技术等级，即 AA 级绿色食品标准和 A 级绿色食品标准。AA 级绿色食品标准要求，生产地的环境质量符合《绿色食品产地环境质量标准》，生产过程中不使用化学合成的农药、肥料、食品添加剂、饲料添加剂、兽药及有害于环境和人体健康的生产资料，而是通过使用有机肥、种植绿肥、作物轮作、生物或物理方法等技术，培肥土壤、控制病虫草害、保护或提高产品品质，从而保证产品质量符合绿色食品产品标准要求。A 级绿色食品标准要求，生产地的环境质量符合《绿色食品产地环境质量标准》，生产过程中严格按绿色食品生产资料使用准则和生产操作规程要求，限量使用限定的化学合成生产资料，并积极采用生物学技术和物理方法，保证产品质量符合绿色食品产品标准要求。

绿色食品标志（图 6-3）是经中国绿色食品发展中心注册的质量证明商标，按国家商标类别划分的第 29、30、31、32、33 类中的大多数产品均可申报绿色食品标志，如第 29 类的肉、家禽、水产品、乳及乳制品、食用油脂等，第 30 类的食盐、酱油、醋、米、面粉及其他谷物类制品、豆制品、调味用香料等，第 31 类的新鲜蔬菜、水果、干果、种子、活生物等，第 32 类的啤酒、矿泉水、水果饮料及果汁、固体饮料等，第 33 类的含酒精饮料。

图 6-3　绿色食品标志

（4）绿色食品技术类标准构成　绿色食品标准以“从土地到餐桌”全程质量控制理念为核心，由以下四个部分构成：

①绿色食品产地环境标准：即 NY/T 391—2021《绿色食品　产地环境质量》。该标准规定了绿色食品生产的产地生态环境基本要求、隔离保护要求、产地环境质量通用要求、环境可持续发展要求等。同时在 NY/T 1054—2021《绿色食品　产地环境调查、监测与评价规范》中规定了调查、检测与评价规范。

②绿色食品生产技术标准：绿色食品生产过程的控制是绿色食品质量控制的关键环节。绿色食品生产技术标准是绿色食品标准体系的核心，它包括绿色食品生产资料使用准则和绿色食品生产技术操作规程两个部分。绿色食品生产资料使用准则是对生产绿色食品过程中物质投入的一个原则性规定，它包括生产绿色食品的农药、肥料、食品添加剂、饲料添加剂、兽药和水产养殖药的使用准则，对允许、限制和禁止使用的生产资料及其使用方法、使用剂量、使用次数和休药期等作出了明确规定。绿色食品生产技术操作规程是以上述准则为依据，按作为种类、畜牧种类和不同农业区域的生产特性分别制定的，用于指导绿色食品生产活动，规范绿色食品生产技术的规定，包括农产品种植、畜禽饲养、水产养殖和食品加工等技术操作规程。

③绿色食品产品标准：该标准是衡量绿色食品最终产品质量的指标尺度。它虽然也跟普通食品的国家标准一样，规定了食品的外观品质、营养品质和卫生品质等内容，但其卫生品质要求高于国家现行标准，主要表现在对农药残留和重金属的检测项目种类多、指标严。而且使用的主要原料必须是来自绿色食品产地的、按绿色食品生产技术操作规程生产出来的产品。绿色食品产品标准反映了绿色食品生产、管理和质量控制的先进水平，突出了绿色食品产品无污染、安全的卫生品质。

④绿色食品包装、贮藏、运输标准：包装标准规定了进行绿色食品产品包装时应遵循的原则，包装材料选用的范围、种类，包装上的标识内容等。要求产品包装从原料、产品制造、使用、回收和废弃的整个过程都应有利于食品安全和环境保护，包括包装材料的安全、牢固性，节省资源、能源，减少或避免废弃物产生，易回收循环利用，可降解等具体要求和内容。贮藏运输标准对绿色食品贮运的条件、方法、时间做出规定。以保证绿色食品在贮运过程中不遭受污染、不改变品质，并有利于环保、节能。

⑤标签标准：除要求符合国家《预包装食品标签通则》外，还要求符合《中国绿色食品商标标志设计使用规范手册》规定，该手册对绿色食品的标准图形、标准字形、图形和字体的规范组合、标准色、广告用语以及在产品包装标签上的规范应用均作了具体规定。

（5）绿色食品生产操作规程　绿色食品生产过程控制是绿色食品质量控制的关键环节，绿色食品生产过程标准是绿色食品标准体系的核心。绿色食品生产标准包括两个部分：生产资料使用准则和生产技术操作规程。具体内容见表 6-1。

表 6-1　　绿色食品生产标准

标准类型	标准名称
生产资料使用准则	NY/T 393《绿色食品　农药使用准则》 NY/T 394《绿色食品　肥料使用准则》 NY/T 472《绿色食品　兽药使用准则》 NY/T 392《绿色食品　添加剂使用准则》 NY/T 471《绿色食品　饲料及饲料添加剂使用准则》 NY/T 755《绿色食品　渔药使用准则》
生产技术操作规程	《种植业生产技术操作规程》 《畜牧兽生产技术操作规程》 《水产养殖绿色食品　生产技术操作规程》 《绿色食品加工　生产技术操作规程》

（6）绿色食品标准的作用和意义　绿色食品标准对绿色食品产业发展所起的作用表现在以下几个方面。

①绿色食品标准是绿色食品认证工作的技术基础：绿色食品认证实行产前、产中、产后全过程质量控制，同时包含了质量认证和质量体系认证内容。

②绿色食品标准是进行绿色食品生产活动的技术、行为规范：绿色食品标准不仅是对绿色食品产品质量、产地环境质量、生产资料毒负效应的指标规定，更重要的是对绿色食品生产者、管理者的行为的规范，是评定、监督和纠正绿色食品生产者、管理者技术行为的尺度，具有规范绿色食品生产活动的功能。

③绿色食品标准是指导农业及食品加工业提高生产水平的技术文件：绿色食品产品标准设置的质量安全指标比较严格，绿色食品标准体系则为企业如何生产出符合要求的产品提供了先进的生产方式、工艺和生产技术指导。

④绿色食品标准是维护绿色食品生产者和消费者利益的技术和法律依据：绿色食品标准作为认证和管理的依据，对接受认证的生产企业属强制执行标准，企业采用的生产技术及生产出的产品都必须符合绿色食品标准要求。国家有关行政主管部门对绿色食品实行监督抽查、打击假冒产品的行动时，绿色食品标准就是保护生产者和消费者利益的技术和法律依据。

⑤绿色食品标准是提高我国农产品和食品质量，促进出口创汇的技术手段：绿色食品标准是以我国国家标准为基础，参照国际先进标准制定的，既符合我国国情，又具有国际先进水平的标准。企业通过实施绿色食品标准，能够有效地促使技术改造，加强生产过程的质量控制，改善经营管理，提高员工素质。绿色食品标准也为我国加入 WTO 后，开展可持续农产品及有机农产品平等贸易提供了技

术保障，为我国农业，特别是生态农业、可持续发展农业在对外开放过程中提高自我保护、自我发展能力创造了条件。

（7）绿色食品的申报认证与标志管理

①申报认证：绿色食品标志是经中国绿色食品发展中心（以下简称中心）注册的质量证明商标，如需在其生产的产品上使用绿色食品标志，必须按以下程序提出申报：

a. 申请人向中心或所在省绿色食品办公室领取申请表及有关资料；

b. 申请人按要求填写《绿色食品标志使用申请书》《企业及生产情况调查表》，并连同“产品注册商标文本复印件”及省级以上质量监测部门出具的当年产品质量检测报告一并报所在省绿色食品办公室；

c. 由各省绿色食品办公室派专人赴申报企业及原料产地调查核实其产品生产过程的质量控制情况，写出正式报告；

d. 绿色食品办公室确定省内一家较权威的环境监测单位（通过省级以上计量认证），委托其对申请企业进行农业环境质量评价；

e. 以上材料一式两份，由各省绿色食品办公室初审后报送中心审核；

f. 由中心通知，对申请材料合格的企业接受指定的绿色食品监测中心对其产品进行质量、卫生检测，同时企业需按《中国绿色食品标志设计标准手册》要求，将带有绿色食品标志的包装方案报中心审核；

g. 由中心对申请企业及产品进行终审后，与符合绿色食品标准的产品生产企业签订《绿色食品标志使用协议书》，然后向企业颁发绿色食品标志使用证书，并向社会发布通知；

h. 绿色食品标志使用证书有效期为 3 年。在此期间，绿色食品生产企业需接受中心委托的监测机构对其产品进行抽测，并履行绿色食品标志使用协议。期满后若想继续使用绿色食品标志，需于期满前半年办理重新申请手续。

②绿色食品标志及管理：

a. 绿色食品标志。为了区别于一般的普通食品，绿色食品由统一的标志来标识。绿色食品标志由特定的图形来表示。绿色食品标志图形由三部分构成：上方为太阳，下方为叶片和蓓蕾。标志图形为正圆形，意为保护、安全。整个图形描绘了一派明媚阳光照耀下的和谐生机，告诉人们绿色食品是出自纯净、良好生态环境的安全、无污染食品，能给人们带来蓬勃的生命力。绿色食品标志还提醒人们要保护环境和防止污染，通过改善人与环境的关系，创造自然界新的和谐。

绿色食品标志商标作为特定的产品质量证明商标，已由中国绿色食品发展中心在原国家工商行政管理局注册，从而使绿色食品标志商标专用权受《中华人民共和国商标法》保护，这样既有利于约束和规范企业的经济行为，也有利于保护广大消费者的利益。绿色食品商标分别为四种形式：一是绿色食品标志图形；二是中文“绿色食品”；三是英文“Greenfood”；四是上述中英文与图形的组合形式

(图 6-3、图 6-4)。

图 6-4　绿色食品标志图形组合形式

b. 绿色食品标志的管理。绿色食品标志管理包括技术管理和法律管理。

技术管理是指按照绿色食品标准体系对绿色食品产地环境、生产过程及产品质量进行认证，只在符合标准要求的企业和产品上使用绿色食品标志商标。

法律管理是指使用绿色食品标志的和产品实行商标管理。

2. 有机食品

(1) 有机食品的概念　有机食品一词是从英文 Organic Food 直译过来的，其他语言中也有称作生态或生物食品等。有机食品指来自有机农业生产体系，根据有机农业生产要求和相应标准生产加工，并且通过合法的、独立的有机食品认证机构认证的农副产品及其加工品。

国家有机农业运动起源于 20 世纪 20 年代，在 70 年代以后获得迅速发展，在国际有机农业运动联盟与 1980 年首次制定有机农业生产和加工基本标准以后，西方发达国家纷纷制定有机食品标准。有机食品在我国是从 20 世纪 90 年代初开始起步的，因此，我国的有机食品标准制定起步也比较晚。原国家环境保护局于 1994 年建立了有机食品发展中心，从事有机食品法规、标准的研究制定工作。通过多年的探索有机食品标准成为一种生产体系控制标准。

有机食品标准是一种质量认证标准，要求在有机食品的原料生产（包括作物种植、畜禽养殖、水产养殖等加工、贮藏、运输、包装、标识、销售）等过程中不违背有机生产原则，保持有机完整性，从而生产出合格的有机产品。在动植物生产过程中，不使用化学合成的农药、化肥、生长调节剂、饲料添加剂等物质，以及基因工程生物及其产物，而是遵循自然规律和生态学原理，采取一系列可持续发展的农业技术，使种植业和养殖业平衡，维持农业生态系统持续稳定的一种农业生产方式。

(2) 有机食品标准制定的原则　该原则包括以下几项：

①为消费者提供营养均衡、安全的食品；

②加强整个系统内的生物多样性；

③增加土壤生物活性，维持土壤长效肥力；

④在农业生产系统中依靠可更新资源，通过循环利用植物和动物性废料，向土地归还养分，并因此尽量减少不可更新资源的使用；

⑤促进土壤、水及空气的健康使用，并最大限度地降低农业生产可能对其造成的各种污染；

⑥采用谨慎的方法处理农产品，以便在各个环节保持产品的有机完整性和主要品质；

⑦生产可完全生物降解的有机产品，使各种形式的污染最小化；

⑧提高生产者和加工者的收入，满足他们的基本需求，努力使整个生产、加工和销售链都能向公正、公平和生态合理的方向发展。

（3）有机食品应具备条件

①有机食品在生产和加工过程中必须严格遵循有机食品生产、采集、加工、包装、贮藏、运输标准，禁止使用化学合成的农药、化肥、激素、抗生素、食品添加剂等，禁止使用基因工程技术及该技术的产物及其衍生物；

②有机食品生产和加工过程中必须建立严格的质量管理体系、生产过程控制体系和追踪体系，因此一般需要有转换期；

③有机食品必须通过合法的有机食品认证机构的认证，张贴有机食品标志（图 6–5）。

（4）有机食品标准的构成　有机食品标准内容涵盖有机食品的原料生产、加工、贮藏、运输、包装、标识、销售等过程、而它的核心是有机农业生产，包括有机作物生产、有机动物养殖。

图 6–5　有机食品标志

①农作物有机生产的标准：

a. 有机食品标准中的基本概念。有机食品标准中基本概念包括农业生产单元的认证范围和对象，有机田块的缓冲隔离带，有机产品和常规产品的平行生产，作物轮作生产，土壤培肥管理的农场生态保护计划，内部质量控制。

b. 有机种植标准基本要求如下。

作物及品种选择：应优先选择获得有机认证的种子和作物。所选择的作物种类及品种应适应当地的土壤和气候特点，对病虫害有抗性。

作物生产的多样性：作物生产的基础是土壤及周围生态系统的结构和肥力，以及在营养损失最小化的情况下，提供物种多样性。包括豆科作物在内的多种作物轮作；在一年中要尽量通过种植不同类型的作物，是土壤得到适当的覆盖；土壤培肥中禁止使用任何人工合成的化学肥料；病虫杂草的管理严禁使用合成的农药、生产调节剂，禁止使用基因工程生物或其产品；水土的保持；污染控制；野生产品的采集。

②动物有机饲养标准：动物有机饲养的标准中包括动物饲养方式、转换期、养殖动物来源、动物品种和育种、动物营养、动物健康、运输和屠宰。

③有机食品加工和贸易：要求优化有机食品的加工和处理工艺，以保持产品质量和完整性，并尽量减少害虫的发生。有机产品的加工和处理应在时间或地点上与非有机产品的加工和处理分开，避免有机产品和非有机产品混杂。确定污染源，避免受污染。应该用物理方法从食品中提取调味品。有机产品的贮藏不能采用辐照技术。除了在常温下贮藏外，允许采用以下贮藏条件：空气调节、温度控制和湿度调节。其内容包含了害虫控制、配料、调节剂和加工助剂、加工方法和社会公正性。

目前经认证的有机食品主要包括一般的有机农作物产品（如粮食、水果、蔬菜等)、有机茶产品、有机食用菌产品、有机畜禽产品、有机水产品、有机蜂产品、采集的野生产品以及用上述产品为原料的加工产品。国内市场销售的有机食品主要是蔬菜、大米、茶叶、蜂蜜等。

（5）有机食品与普通食品、绿色食品的区别　安全食品主要包括普通农产品、绿色食品、有机食品。这三类食品像一个“金字塔”，塔基是普通农产品，中间是绿色食品，塔尖是有机食品，越往上要求越严格。

有机食品与普通食品、绿色食品的区别主要有三个方面。第一，有机食品在生产加工过程中绝对禁止使用农药、化肥、激素等人工合成物质，并且不允许使用基因工程技术。其他食品则允许有限使用，并且不禁止使用基因工程技术。第二，有机食品在土地生产转型方面有严格规定。考虑到某物质在环境中会残留相当一段时间，土地从生产其他食品到生产有机食品需要两到三年的转换期，而生产绿色食品和普通食品则没有转换期的要求。第三，有机食品在数量上进行严格控制，要求定地块、定产量，生产其他食品则没有如此严格的要求。

二、食品加工过程的安全质量保证

食品企业为了生产出满足规定和潜在要求的产品和提供满意的服务，实现企业的质量目标，必须通过建立、健全和实施食品生产质量管理体系（简称质量体系）来实现。当前在许多国家推广应用和在国际上取得广泛认可的食品质量管理体系主要有良好操作规范体系、危害分析与关键控制体系、ISO22000 食品安全管理体系和 ISO9000 质量管理体系。

（一）良好操作规范（GMP）

1. GMP 概述

（1）GMP 概念　GMP 是 Good Manufacturing Practice 的缩写，译为良好操作（生产）规范，是一种注重制造过程中产品质量和安全卫生的自主性管理制度，是通过对生产过程中的各个环节、各个方面提出一系列措施、方法、具体的技术要求和质量监控措施而形成的质量保证体系。GMP 的特点是将保证产品质量的重点放在成品出厂前整个生产过程的各个环节上，而不仅仅是着眼于最终产品，其目的是从全过程入手，从根本上保证食品质量。GMP 的中心指导思想是任何产品的质量是设计和生产出来的，而不是检验出来的。因此，必须以预防为主，实行全面质量管理。

GMP 是保证食品具有高度安全性的良好生产管理体系。国际标准对其定义是：生产（加工）符合食品标准或食品法规的食品所必须遵循的、经食品卫生监督与管理机构认可的强制性作业规范。GMP 的核心内容包括：良好的生产设备和卫生设施，合理的生产工艺，完善的质量管理和控制体系。GMP 的重点内容是：确认食品生产过程安全性；防止异物、毒物、微生物污染食品；有双重检验制度，防止出现人为的损失；标签的管理、生产记录、报告的存档以及建立完善的管理制度。GMP 可以被形象地看作是一把伞的伞柄，从糕点、低酸性罐头开始，到瓶装、软包装食品，各类食品加工厂的卫生规范被不断地制订出来，并应用于实际，收到良好的效果。因此，食品良好操作规范是食品工业现代化、科学化的必要条件，是食品质量安全和卫生安全的保证体系。

良好生产规范在食品中的应用，即食品 GMP，主要解决食品生产中的卫生质量问题。它要求食品生产企业应具有良好的生产设备、合理的生产过程、完善的卫生与质量管理制度和严格的检测系统，以确保食品的安全性和质量符合标准。

（2）GMP 的分类　按照制定者和使用范围，GMP 可分为三种类型：

①由国家政府机构颁布的 GMP：如美国 FDA 公布的《瓶装饮用水的加工与灌装良好操作规范》、我国原卫生部发布的《膨化食品良好生产规范》；

②行业组织制定的 GMP：这类 GMP 可以作为同类食品企业共同参照、自愿遵守的管理规范；

③食品企业自定的 GMP：作为企业内部管理的规范。

根据 GMP 的权威性和法律效力，又可分为强制性 GMP 和指导性（或推荐性）GMP。强制性 GMP 是食品生产企业一定要遵守的法律规定，由有关政府部门颁布并监督实施。我国原卫生部已发布食品企业的 20 个 GMP 属强制性 GMP。指导性（或推荐性）GMP 由国家政府部门、行业组织或协会等制定并推荐给相关食品企业参照执行。

（3）国内外良好操作规范介绍

①中国 GMP：

a. 针对不同食品的生产，已经有各类国家标准、行业标准、团体标准和企业标准等，并还在逐渐新增中。

GB 14881—2013《食品安全国家标准　食品生产通用卫生规范》规定了食品

生产过程中原料采购、加工、包装、贮存和运输等环节的场所、设施、人员的基本要求和管理准则，并明确该标准适用于各类食品的生产，如确有必要制定某类食品生产的专项卫生规范，应当以该标准作为基础。

b. 原国家商检局颁布的 GMP（“出口食品 GMP”）。1984 年由原国家商检局制定了类似 GMP 的卫生法规《出口食品厂、库最低卫生要求》，对出口食品生产企业提出了强制性的卫生要求。后经过修改，于 1994 年 11 月由原国家进出口商品检验局发布了《出口食品厂、库卫生要求》。在此基础上，又陆续发布了 9 个专业卫生规范。共同构成了我国出口食品 GMP 体系。

c. 国务院生态环境行政主管部门发布的有机食品 GMP。原国家环保局颁布的《有机（天然）食品生产和加工技术规范》共有 8 个部分：有机农业生产的环境；有机（天然）农产品生产技术规范；有机（天然）食品加工技术规范；有机（天然）食品贮藏技术规范；有机（天然）食品运输技术规范；有机（天然）食品销售技术规范；有机（天然）食品检测技术规范；有机农业转变技术规范。

d. 国务院农业农村行政主管部门发布的 GMP。到目前为止，颁布的 GMP 有《水产品加工质量管理规范》（SC/T 3009—1999，1999 年颁布，2001 年 1 月生效）；绿色食品生产技术规程；无公害食品生产规程；一些大宗农产品（粮油、果蔬、畜产品）生产技术规程（正在由财政部与农业农村部共同制定的“农业行业标准制订计划”推行）等。

e. 1985 年台湾“行政院农业委员会”建议“经济部工业局”试行研究《婴儿配方食品良好作业规范》，拉开 GMP 推行的序幕；1989 年全面推行食品 GMP 标准，分为通则和专则规范及 GMP 认证制度，如《食品 GMP 推行方案》及《食品 GMP 认证制度实施方法》，由“经济部工业局”接受企业申请食品 GMP 认证。到 1994 年，通过 GMP 认证的企业有 196 家，1823 种产品。饮料、酱油、乳品、食用油、婴儿配方食品、烧烤食品 6 类食品的 GMP 认证产品在台湾省内市场占有率达 50%以上。

②CAC 有关 GMP：包括食品产品标准、卫生或技术规范、评价农药、农药残留限量、污染物准则、食品添加剂、兽药。

③美国 GMP：1963 年美国食品与药物管理局制定了药品 GMP，并于第 2 年开始实施。1969 年美国公布了《食品制造、加工、包装与贮藏的现行良好操作规范》，简称现行 GMP（CGMP）或食品 GMP（FGMP）。其主要内容包括 5 章，具体内容为定义、现行的良好操作规范、人员、厂房和场地、卫生操作、设施卫生和控制、设备和工器具、加工和控制、仓储与分销、食品中对人体健康无害的天然的或不可避免的缺陷等。

另外，美国 FDA 制定的 GMP 还有适用于婴儿食品的营养品质控制规范（法规部号 106），熏鱼的良好操作规范（法规部号 112），低酸性罐头食品良好操作规范（法规部号 113），酸性食品良好操作规范（法规部号 114），冻结原虾（处理过）

良好操作规范（法规部号123），瓶装饮用水的加工与灌装良好操作规范（法规部号129），辐射在食品生产、加工、管理中的良好操作规范（法规部号179）等。

④加拿大GMP：加拿大卫生部（HPB）制订了有关食品生产的基础计划，其定义为一个食品加工企业为在良好的环境条件下加工生产安全、卫生的食品所采取的基本控制步骤或程序。其内容包括厂房、运输和贮藏、设备、人员、卫生和虫害的控制、回收等。

加拿大农业部以HACCP原理为基础建立了《食品安全促进计划（FSEP）》，作为食品安全控制的预防体系，其主要内容包括FSEP介绍、FSEP的意义、联邦政府和食品安全、原加拿大农业部和食品安全、食品安全的公共概念、HACCP的起源和在世界范围被认可、FSEP与市场、计划描述、计划纲要、FSEP的应用步骤、宗旨和方法、主要的步骤、项目的实施范围等。

⑤欧盟GMP：欧共体理事会、欧盟委员会发布了一系列食品生产、进口和投放市场的卫生规范和要求。从内容上分为六类：对疾病实施控制的规定（4条）；对农、兽药残留实施控制的规定（3条）；对食品生产、投放市场的卫生规定（14条）；对检验实施控制的规定（6条）；对第三国食品准入的控制规定（10条）；对出口国当局卫生证书的规定（2条）。

（4）实施GMP的意义　GMP能有效地提高食品行业的整体素质，确保食品的卫生质量，保障消费者的利益。GMP要求食品企业必须具备优质的生产设备，科学合理的生产工艺，完善先进的检测手段，高水平的工作人员素质，严格的管理体系和制度。因此食品企业在推广和实施GMP的过程中必然要对原有的落后的生产工艺、设备进行改造，对操作人员、管理人员和领导干部进行重新培训，因此对食品企业整体素质的提高有极大的推动作用。食品良好操作规范充分体现了保障消费者权利的观念，保证食品安全也就是保障消费者的安全权利。实施GMP也有利于政府和行业对食品企业的监管，强制性和指导性GMP中确定的操作规程和要求可以作为评价、考核食品企业的科学标准。另外，由于推广和实施GMP在国际食品贸易中是必备条件，因此实施GMP能提高食品产品在全球贸易的竞争力。

2. 食品GMP

（1）食品GMP的原理和内容　GMP实际上是一种包括4M管理要素的质量保证制度，即选用规定要求的原料（Material），以合乎标准的厂房设备（Machines），由胜任的人员（Man），按照既定的方法（Methods），制造出品质既稳定又安全卫生的产品的一种质量保证制度。因此，食品GMP也是从这四个方面提出具体要求，其内容包括硬件和软件两部分。硬件是食品企业的环境、厂房、设备、卫生设施等方面的要求，软件是指食品生产工艺、生产行为、人员要求以及管理制度等。具体有以下几方面：

①先决条件包括适合的加工环境、工厂建筑、道路、地表供水系统、废物处

理等。

②设施包括制作空间、贮藏空间、冷藏空间的设置；排风、供水、排水、排污、照明等设施条件；适宜的人员组成等。

③加工、储藏、操作包括物料购买和储藏；机器、机器配件、配料、包装材料、添加剂、加工辅助品的使用及合理性；成品外观、包装、标签和成品保存；成品仓库、运输和分配；成品的再加工；成品抽样、检验和良好的实验室操作等。

④食品安全措施包括特殊工艺条件如热处理、冷藏、冷冻、脱水和化学保藏等的卫生措施；清洗计划、清洗操作、污水管理、虫害控制；个人卫生的保障；外来物的控制、残存金属检测、碎玻璃检测以及化学物质检测等。

⑤管理职责包括管理程序、管理标准、质量保证体系；技术人员能力建设、人员培训周期及预期目标。

（2）食品 GMP 的原则　实施食品 GMP 的目的主要是降低食品制造过程中人为的错误、防止食品在制造过程中遭受污染或品质劣变。因此，食品 GMP 基本上涉及的是与食品卫生质量有关的硬件设施的维护和人员卫生管理，是控制食品安全的第一步，着重强调食品在生产和贮运过程中对微生物、化学性和物理性污染的控制。

①食品生产企业必须有足够的资历，有合格的生产食品相适应的技术人员承担食品生产和质量管理，并清楚地了解自己的职责。

②确保生产厂房、环境、生产设备符合卫生要求，并保持良好的生产状态。

③具备合适的储存、运输等设备条件。

④按照科学和规范化的工艺规程进行生产。

⑤操作者应进行培训，以便正确地按照规程操作。

⑥有符合规定的物料、包装容器和标签。

⑦全生产过程严密并有有效的质检和管理。

⑧有合格的质量检验人员、设备和实验室。

⑨应对生产加工的关键步骤和加工中发生的重要变化进行验证。

⑩生产中使用手工或记录仪进行生产记录，以证明所有生产步骤是按确定的规程和指令要求进行的，产品达到预期的数量和质量要求，出现的任何偏差都应记录并做好检查。

⑪保存生产记录及销售记录，以便根据这些记录追溯各批产品的全部历史。

⑫将产品储存和销售中影响质量的危险性降至最低限度。

⑬建立由销售和供应渠道收回任何一批产品的有效系统。

⑭了解市售产品的用户意见，调查出现质量问题的原因，提出处理意见。

GMP 的重点：确认食品生产过程安全性；防止物理、化学、生物性危害污染食品；实施双重检验制度；针对标签的管理、生产记录、报告的存档建立和实施完整的管理制度。

（二）危害分析与关键控制点与 ISO22000

1. HACCP 的概念和特点

（1）HACCP 的概念　危险分析与关键控制点（HACCP），是一个以预防食品安全为基础的食品安全生产、质量控制的保证体系。FAO/WHO 食品法典委员会对 HACCP 的定义是一个确定、评估和控制那些重要的食品安全危害的系统。它由食品的危害分析（HA）和关键控制点（CCPs）两个部分组成，首先运用食品工艺学、食品微生物学、质量管理和危险性评价等有关原理和方法，对食品原料、加工以至最终食用产品等过程实际存在和潜在性的危害进行分析判定，找出与最终产品质量有影响的关键控制环节，然后针对每一关键控制点采取相应预防、控制以及纠正措施，使食品的危险性减少到最低限度，达到最终产品具备较高安全性的目的。

HACCP 体系是一种建立在良好操作规范（GMP）和卫生标准操作规程（SSOP）基础之上的控制危害的预防性体系，它比 GMP 更进一步，包括从原材料到餐桌整个过程的危害控制。另外，与其他的质量管理体系相比，HACCP 可以将主要精力放在影响食品安全的关键加工点上，而不是在每一个环节都花费大量人力，这样在实施中更为有针对性。目前，HACCP 被国际权威机构认可为控制食源性疾病、确保食品安全最有效的方法，被世界上越来越多的国家所采用。

（2）HACCP 的特点　HACCP 是一个逻辑性控制和评价系统，与其他质量体系相比，具有简便易行、合理高效的特点。

①HACCP 具有全面性：HACCP 是一种系统化方法，涉及食品安全的所有方面（从原材料要求到最终产品的使用），能够鉴别出目前能够预见到的危害。

②以预防为重点使用 HACCP 防止危害进入最终食品，变追溯性最终产品检验方法为预防性质量保证方法。

③提高产品质量：HACCP 体系能有效控制食品质量，并使产品更具竞争性。

④使企业产生良好的经济效益通过预防措施减少损失，降低成本，减轻一线员工的劳动强度，提高劳动效率。

⑤提高政府监督管理工作效率食品监管职能部门和机构可将精力集中到最容易发生危害的环节上，通过检查 HACCP 监控记录和纠偏记录可了解工厂的所有情况。

2. HACCP 的基本原理

HACCP 体系是鉴别特定的危害并规定控制危害措施的体系，它提倡对质量的控制不是在最终检验，而是在生产过程各环节。HACCP 体系经过实际应用与不断提升，已被 FAO/WHO 食品法典委员会所认可，由以下七个基本原理组成。

（1）危害分析　危害分析（HA）是确定与食品生产各阶段（从原料生产到消费）有关的潜在危害性及其程度，并制定具体有效的控制措施。危害分析是建立

HACCP 的基础。

（2）确定关键控制点　关键控制点是指能对一个或多个危害因素实施控制措施的点、步骤或工序，它们可能是食品生产加工过程中的某一操作方法或流程，也可能是食品生产加工的某一场所或设备。通过危害分析确定的每一个危害，必然有一个或多个关键控制点来控制，使潜在的食品危害被预防、消除或减少到几乎可以忽略的水平。

（3）建立关键限值

①关键限值（CL）是与一个 CCP 相联系的每个预防措施所必须满足的标准，是确保食品安全的界限。每个 CCP 必须有一个或多个关键限值用于显著危害，一旦操作中偏离了关键限值，可能导致产品的不安全，因此必须采取相应的纠正措施使之达到极限要求。

②操作限值（OL）是操作人员用以降低偏离风险的标准，是比关键限值更严格的限值。

（4）关键控制点的监控　监控是指实施一系列有计划的测量或观察措施，用以评估 CCP 是否处于控制之下，并为将来验证程序时的应用作好精确记录。监控计划包括监控对象、监控方法、监控频率、监控记录和负责人等内容。

（5）建立纠偏措施　当控制过程发现某一特定 CCP 正超出控制范围时应采取纠偏措施。在制订 HACCP 计划时，就要有预见性地制定纠偏措施，便于现场纠正偏离，以确保 CCP 处于控制之下。

（6）记录保持程序　建立有效的记录程序对 HACCP 体系加以记录。

（7）验证程序　验证是除监控方法外，用来确定 HACCP 体系是否按计划运作或计划是否需要修改所使用的方法、程序或检测手段。验证程序的正确制定和执行是 HACCP 计划成功实施的基础，验证的目的是提高置信水平。

3. 实施 HACCP 体系的必备条件

（1）必备程序　实施 HACCP 体系的目的是预防和控制所有与食品相关的危害，它不是一个独立的程序，而是全面质量管理体系的一部分。它要求食品企业应首先具备在卫生环境下对食品进行加工的生产条件以及为符合国家现有法律法规规定而建立的食品质量管理基础，包括良好操作规范（GMP）、良好卫生操作（GHP）或卫生标准操作程序（SSOP）以及完善的设备维护保养计划、员工教育培训计划等。其中 GMP 和 SSOP 是 HACCP 的必备程序，是实施 HACCP 的基础，离开了 GMP 和 SSOP 的 HACCP 将起不到预防和控制食品安全的作用。

（2）人员的素质要求　人员是 HACCP 体系成功实施的重要条件。HACCP 对人员的要求主要体现如下。

①HACCP 计划的制定需要各类人员的通力合作。负责制订 HACCP 计划以及实施和验证 HACCP 体系的 HACCP 小组其人员构成应包括企业具体管理 HACCP 计划实施的领导、生产技术人员、工程技术人员、质量管理人员以及其他必要人员。

②人员应具备所需的相关专业知识和经验，必须经过 HACCP 原理、食品生产原理与技术、GMP、SSOP 等相关知识的全面培训，以胜任各自的工作。

③所有人员应具有较强的责任心和认真的、实事求是的工作态度，在操作中严格执行 HACCP 计划中的操作程序，如实记录工作中出现的差错。

（3）产品的标志和可追溯性　产品必须有标志，这样不仅能使消费者了解有关产品的信息，还能减少错误或不正确发运和使用产品的可能性。

可追溯性是保障食品安全的关键要素之一。在可能发生某种危险时，风险管理人员应当能够认定有关食品、迅速准确地禁售禁用危险产品、通知消费者或负责监测食品的单位和个人、必要时沿整个食物链追溯问题的起源，并加以纠正。就此而言，通过可追溯性研究，风险管理人员可以明确认定具有潜在危险的产品，以此限制风险对消费者的影响范围，从而限制有关措施的经济影响。

产品的可追溯性包括 2 个基本要素：一是能够确定生产过程的输入（原料、包装、设备等）以及这些输入的来源；二是能够确定产品已发往的位置。

（4）建立产品回收程序　建立产品回收程序的目的是保证产品在任何时候都能在市场上进行回收，能有效、快速和完全地进入调查程序。因此，企业建立产品回收程序后，还要定期对回收程序的有效性进行验证。

4. HACCP 计划的制定和实施

（1）组建 HACCP 工作小组　HACCP 工作小组应包括产品质量控制、生产管理、卫生管理、检验、产品研制、采购、仓储和设备维修等各方面的专业人员。

HACCP 工作小组的成员应具备该产品相关专业知识和技能，必须经过 GMP、SSOP、HACCP 原则、制订 HACCP 计划工作步骤、危害分析及预防措施、相关企业 HACCP 计划等内容的培训，并经考核合格。

HACCP 工作小组的主要职责有制订、修改、确认、监督实施及验证 HACCP 计划；对企业员工进行 HACCP 培训；编制 HACCP 管理体系的各种文件等。

（2）确定 HACCP 体系的目的与范围　HACCP 是控制食品安全质量的管理体系，在建立该体系之前应首先确定实施的目的和范围，例如整个体系中要控制所有危害，还是某方面的危害；是只针对企业的所有产品还是某一类产品；是只针对生产过程还是包括流通、消费环节等。只有明确 HACCP 的重点部分，在编制计划时才能正确识别危害，确定关键控制点。

（3）产品描述　HACCP 计划编制工作的首要任务是对实施 HACCP 系统管理的产品进行描述。描述的内容包括：产品名称（说明生产过程类型）；原辅材料的商品名称、学名和特点；成分（如蛋白质、氨基酸等）；理化性质（包括水分活度、pH、硬度、流变性等）；加工方式（如产品加热及冷冻、干燥、盐渍、杀菌到什么程度等）；包装系统（密封、真空、气调等）；储运（冻藏、冷藏、常温贮藏等）；销售条件（如干湿与温度要求等）、销售方式和销售区域；所要求的储存期限（保质期、保存期、货架期等）；有关食品安全的流行病学资料；产品的预期用途、消费人群和食用方式等。

(4) 绘制和验证产品工艺流程图　产品工艺流程图可对加工过程进行全面和简明的说明，对危害分析和关键控制点的确定可起到积极的促进作用。产品工艺流程图应在全面了解加工全过程的基础上绘制，应详细反映产品加工过程的每一步骤。流程图应包括的主要内容：原料和辅料和包装材料的详细资料；加工、运输、储存等环节所有影响食品安全的工序与食品安全有关的信息（如设备、温度、pH 等)；工厂人流物流图；流通、消费者意见等。

流程图的准确性对危害分析的影响比较突出，如果某一生产步骤被疏忽，就可能使显著的安全问题不被记录。因此应将绘制的工艺流程图与实际操作过程进行认真比对（现场验证)，以确保与实际加工过程一致。

(5) 危害分析　危害分析是 HACCP 系统最重要的一环，HACCP 小组对照工艺流程图以自由讨论的方式对加工过程的每一步骤进行危害识别，对每一种危害的危险性（危害可能发生的概率或可能性）进行分析评价，确定危害的种类和严重性，进而找出危害的来源，并提出预防和控制危害的措施。

由食品对人体健康产生危害的因素有生物（致病性或产毒的微生物、寄生虫、有毒动植物等)、化学（杀虫剂、杀菌剂、清洁剂、抗生素、重金属、添加剂等）或物理（各类固体杂质）污染物。

危害的严重性指危害因素存在的多少或所致后果程度的大小。危害程度可分为高、中、低和忽略不计。如一般引起疾病的危害可分为威胁生命（严重食物中毒、恶性传染病等)、后果严重或慢性病（一般食物中毒或慢性中毒)、中等或轻微疾病（病程短、病症轻微)。

危害识别的方法有对既往资料进行分析、现场实地观测、实验采样检测等。

(6) 确定关键控制点

①CCP 的特征：食品加工过程中有许多可能引起危害的环节，但并不是每一个都进行关键控制点确认，只有这些点作为显著的危害而且能够被控制时才被认为是关键控制点。对危害的控制有以下几种情况。

a. 危害能被预防。如通过控制原料接收步骤（要求供应商提供产地证明、检验报告等）预防原料中的农药残留量超标。

b. 危害能被消除。如杀菌步骤能杀灭病原菌，金属探测装置能将所有金属碎片检出、分离。

c. 危害能被降低到可接受的水平。如通过对贝类暂养或净化使某些微生物危害降低到可接受水平。

原则上关键控制点所确定的危害是在后面的步骤不能消除或控制的危害。

②CCP 的确定方法：确定 CCP 的方法很多，如用“CCP 判断树表”来确定或用危害发生的可能性和严重性来确定。

判断树（图 6-6）是能有效确定关键控制点的分析程序，其方法是依次回答针对每一个危害的一系列逻辑问题，最后就能决定某一步骤是否 CCP。

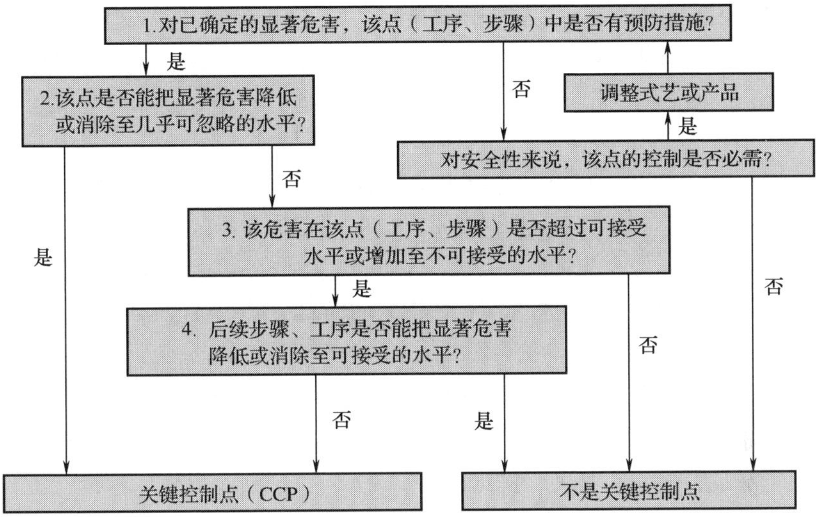

图 6-6　CCP 判断树

关键控制点应根据不同产品的特点、配方、加工工艺、设备、GMP 和 SSOP 等条件具体确定。一个危害可由一个或多个关键控制点控制到可接受水平；同样，一个关键控制点可以控制一个或多个危害。一个 HACCP 体系的关键控制点数量一般应控制在 6 个以内。

(7) 建立关键限值　在掌握了每一个 CCP 潜在危害的详细知识，搞清楚与 CCP 相关的所有因素，充分了解各项预防措施的影响因素后，就可以确定每一个因素中安全与不安全的标准，即设定 CCP 的关键限值。通常用物理参数和可以快速测定的化学参数表示关键限值，其指标包括温度、时间、湿度、pH、水分活度、含盐量、含糖量、物理参数、可滴定酸度、有效氯、添加剂含量以及感官指标，如外观和气味等。

关键限值的确定应以科学为依据，可来源于科学刊物、法规性指南、专家建议、试验研究等。关键限值应能确实表明 CCP 是可控制的，并满足相应国家标准的要求。确定关键限值的依据和参考资料应作为 HACCP 方案支持文件的一部分，必须以文件的形式保存以便于再次确认。这些文件应包括相关的法律、法规要求，国家或国际标准、实验数据、专家意见、参考文献等。

建立关键限值应做到合理、适宜、适用和可操作性强，限值设定过严会造成即使没有发生影响到食品安全的危害，也采取纠正措施，否则又会产生不安全产品。

有效的关键限值应是直观、易于监测、能使只出现少量不合格产品就可通过纠正措施控制，并且不是 GMP 或 SSOP 程序中的措施。

在实际生产中为对 CCP 进行有效控制，可以在关键限值内设定操作限值和操作标准。操作限值可作为辅助措施用于指示加工过程的偏差，这样在 CCP 超过关键限值以前就进行调节以维持控制。确定操作限值时，应考虑正常的误差，例如油炸锅温度最小偏差为 2℃，操作限值确定比关键限值相差至少大于 2℃，否则无法操作。

（8）建立监控程序　对每一个关键控制点进行分析后建立监控程序，以确保达到关键限值的要求，是 HACCP 的重点之一，是保证质量安全的关键措施。监控程序包括以下几项。

a. 监控内容（对象）。指针对 CCP 而确定的加工过程或可以测量的特性，如温度、时间、水分活度等。

b. 监控方法。有在线检测和终端检测两类方法。要求使用快速检测方法，因为关键限值的偏差必须要快速判定，确保及时采取纠偏行动以降低损失。一般采用视觉观察、仪表测量等方法。例如：

时间——观察法；

温度——温度计法；

水分活度——水分活度仪法；

pH——pH 计法。

c. 监控设备。例如温湿度计、钟表、天平、pH 计、水分活度计、化学分析设备等。

d. 监控频率。如每批、每小时、连续等。如有可能，应采取连续监控。连续监控对许多物理或化学参数都是可行的。如果监测不是连续进行的，那么监测的数量或频率应确保关键控制点是在控制之下。

e. 监控人员。指授权的检查人员，如流水线上的员工、设备操作者、监督员、维修人员、质量保证人员等。负责监控 CCP 的人员必须接受有关 CCP 监控技术的培训，完全理解 CCP 监控的重要性，能及时进行监控活动，准确报告每次监控工作，随时报告违反关键限值的情况以便及时采取纠偏工作。

监控程序必须能及时发现关键控制点可能偏离关键限值的趋势，并及时提供信息，以防止事故恶化。一般提倡在发现有偏差趋势时就及时采取纠偏措施，以防止事故发生。监测数据应有专业人员评价以保证执行正确的纠偏措施。所有监测记录必须有监测人员和审核人员的签字。

（9）建立纠偏措施　食品生产过程中，HACCP 计划的每一个 CCP 都可能发生偏离其关键限值的情况，这时候就要立即采取纠正措施，迅速调整以维持控制。因此，对每一个关键控制点都应预先建立相应的纠偏措施，以便在出现偏离时实施及时。

纠偏措施包括两方面的内容：①制定使工艺重新处于控制之中的措施；②拟

定 CCP 失控时期生产的食品的处理办法，包括将失控的产品进行隔离、扣留、评估其安全性、退回原料、原辅材料及半成品等移做他用、重新加工（杀菌）和销毁产品等。纠偏措施要经有关权威部门认可。

当出现偏差时操作者应及时停止生产，保留所有不合格品并通知工厂质量控制人员。当 CCP 失去控制时，立即使用经批准的可替代原工艺的备用工艺。在执行纠偏措施时，对不合格产品要及时处理。纠偏措施实施后，CCP 一旦恢复控制，要对这一系统进行审核，防止再出现偏差。

整个纠偏行动过程应作详细的记录，内容包括：产品描述、隔离或扣留产品数量；偏离描述；所采取的纠偏行动（包括失控产品的处理）；纠偏行动的负责人姓名；必要时提供评估的结果。

（10）建立验证程序　验证的目的是通过一定的方法确认制订的 HACCP 计划是否有效、是否被正确执行。验证程序包括对 CCP 的验证和对 HACCP 体系的验证。

①CCP 的验证必须对 CCP 制定相应的验证程序，以保证其控制措施的有效性和 HACCP 实施与计划的一致性。CCP 验证包括对 CCP 的校准、监控和纠正记录的监督复查，以及针对性的取样和检测。

对监控设备进行校准是保证监控测量准确度的基础。对监控设备的校准要有详细记录，并定期对校准记录进行复查，复查内容包括校准日期、校准方法和校准结果。

确定专人对每一个 CCP 的记录（包括监控记录和纠正记录）进行定期复查，以验证 HACCP 计划是否被有效实施。

对原料、半成品和产品要进行针对性的抽样检测，例如对原料的检测是对原料供应商提供的质量保证进行验证。

②HACCP 体系的验证：HACCP 体系的验证就是检查 HACCP 计划是否有效以及所规定的各种措施是否被有效实施。验证活动分为两类，一类是内部验证，由企业自己组织进行；另一类是外部验证，由被认可的认证机构进行，即认证。

验证的频率应足以确认 HACCP 体系在有效运行，每年至少进行 1 次或在系统发生故障时、产品原材料或加工过程发生显著改变时或发现了新的危害时进行。

体系的验证活动内容包括：

检查产品说明和生产流程图的准确性；

检查 CCP 是否按 HACCP 的要求被监控；

监控活动是否在 HACCP 计划中规定的场所执行；

监控活动是否按照 HACCP 计划中规定的频率执行；

当监控表明发生了偏离关键限制的情况时，是否执行了纠偏行动；

设备是否按照 HACCP 计划中规定的频率进行了校准；

工艺过程是否在既定的关键限值内操作；

检查记录是否准确和是否按照要求的时间来完成等。

(11) 建立 HACCP 文件和记录管理系统　必须建立有效的文件和记录管理系统，以证明 HACCP 体系有效运行、产品安全及符合现行法律法规的要求。制订 HACCP 计划和执行过程应有文件记录。必须保存的记录包括如下几项。

①危害分析小结：包括书面的危害分析工作单和用于进行危害分析和建立关键限值的任何信息的记录。支持文件包括制定抑制细菌性病原体生长的方法时所使用的充足的资料，建立产品安全货架寿命所使用的资料，以及在确定杀死细菌性病原体加热强度时所使用的资料。除了数据以外，支持文件也可以包含向有关顾问和专家进行咨询的信件。

②HACCP 计划：包括 HACCP 工作小组名单及相关的责任、产品描述、经确认的生产工艺流程和 HACCP 小结。HACCP 小结应包括产品名称、CCP 所处的步骤和危害的名称、关键限值、监控措施、纠偏措施、验证程序和保持记录的程序。

③HACCP 计划实施过程中发生的所有记录：包括关键控制点监控记录、纠偏措施记录、验证记录等。

④其他支持性文件：如验证记录，包括 HACCP 计划的修订等。

HACCP 计划和实施记录必须含有特定的信息，要求记录完整，必须包括监控过程中获得的实际数据和记录结果。在现场观察到的加工和其他信息必须及时记录，写明记录时间，有操作者和审核者的签名。记录应由专人保管，保存到规定的时间，随时可供审核。

5. ISO22000

(1) ISO22000 简介　随着消费者对食品安全的要求不断提高，各国纷纷制定了食品安全法规和标准。但是，各国的法规特别是标准繁多且不统一，使食品生产加工企业难以应付，妨碍了食品国际贸易的顺利进行。为了满足各方面的要求，在丹麦标准协会的倡导下，通过国际标准化组织（ISO）协调，将相关的国家标准在国际范围内进行整合，国际标准化组织于 2005 年 9 月 1 日发布最新国际标准：ISO22000:2005《食品安全管理体系》——对食物链中任何组织的要求。

ISO22000《食品安全管理体系要求》标准包括八个方面的内容，即范围、规范性引用文件、术语和定义、政策和原理、食品安全管理体系的设计、实施食品安全管理体系、食品安全管理体系的保持和管理评审。ISO22000 的目的是让食物链中的各类组织执行食品安全管理体系，其范围从饲料生产者、初级生产者、食品制造商、运输和仓储工作者、转包商到零售商和食品服务环节以及相关的组织，如设备、包装材料生产者、清洗行、添加剂和配料生产者。

由于在发达国家和发展中国家因被感染食品而引起疾病的严重增长，标准变得必不可少了，除了健康危害外，食源性疾病还可能造成巨大的经济损失，这些损失包括医疗费用、误工、保险费的支付和法定赔偿。ISO22000 是受到国际多数意见支持的，它协调了系统地控制食物供应链中的安全问题的各项要求，提供了一个在世界范围内唯一的解决方案。此外，ISO22000可以认证，它响应了在食品部门供应商日益增长认证需求，该标准在没有符合性认证的情况下也可以贯彻。

ISO22000是在食品部门专家的参与下开发的，它在一个单一的文件中融合了危害分析与关键控制点的原则，包含了全球各类食品零售商关键标准的要求。ISO秘书长艾伦认为，公共部门参与ISO22000族的开发也具有重要意义，尤其是联合国粮农组织与世界卫生组织联合成立的食品规范委员会的参与，它负责众所周知的关于食品卫生的危害分析与关键控制点系统，由于ISO与食品规范委员会之间坚固的伙伴关系，ISO22000使食品规范委员会在这个领域开发的危害分析与关键控制点和食品卫生原则的执行更加便利。

ISO22000的另一个好处是它延伸了在全世界广泛采用的但其本身并不特别针对食品安全的ISO9001:2000质量管理体系标准成功的管理体系方法，ISO22000的开发是以假设大多数有效的食品安全体系在已构造的管理体系框架内被设计、运作和不断改进并已融入了组织的全部管理活动中为基础的。当ISO22000运行时，它将被设计成完全与ISO9001:2000兼容，那些已经获得ISO9001:2000认证的公司将发现很容易延伸到ISO22000的认证。为了帮助使用者做到这一点，ISO22000包含了一个与显示其要求与ISO9001:2000的要求相适应的平台。

ISO22000是该标准族中的第一个文件，该标准族将包括下列文件。

①ISO/TC22004，食品安全管理体系——ISO22000:2005应用指南，于2005年11月发布。

②ISO/TC22004，食品安全管理体系——对提供食品安全管理体系审核和认证机构的要求，将对ISO22000认证机构的合格评定提供协调一致的指南，并详细说明审核食品安全管理体系符合标准的规则，于2006年第一季度发布。

③ISO22005，饲料和食品链的可追溯性——体系设计和发展的一般原则和指导方针，他将立刻作为一个国际标准草案运行。ISO22000和ISO/TS22004是ISO技术委员会ISO/TC34（食品）的工作小组的WG8（食品安全管理体系）开发的，来自23个国家的专家参加了工作小组，还有一些国际组织以联络员身份参加。除了食品规范委员会外，还包括欧盟食品和饮料行业联合会和世界食品安全组织等，他们参加了ISO/TS22003的开发。

（2）ISO22000与HACCP的关系　ISO22000标准和HACCP体系都是一种风险管理工具，能使实施者合理地识别将要发生的危害，并制定一套全面有效的计划，来防止和控制危害的发生。但HACCP体系是源于企业内部对某一产品安全性的控制体系，以生产全过程的监控为主；而ISO22000标准适用于整个食品链工业的食品安全管理，不仅包含了HACCP体系的全部内容，并融入企业的整个管理活动中，体系完整，逻辑性强，属食品企业安全保证体系（表6-2）。

表 6-2 ISO22000 与 HACCP 内容对比

标准	HACCP	ISO22000
内容	HACCP 小组的组成	5.3 食品安全小组
	产品描述	7.1.4 原料和辅料 最终产品成分
	识别预期用途	7.1.5 预期用途
	确立流程图	7.1.2 流程图
	现有控制措施	7.1.6 描述产品步骤和其他适宜的控制
	生产过程中的现场控制	7.1.2 流程图的现场确认
	原理 1 实施危害分析	7.2.2 危害识别和描述
		7.2.3 危害确认
	原理 2 确定 CCP 点	7.2.4 识别和评估控制手段
	原理 3 建立关键限值	7.3.2 确定 CCP 的关键限值
	原理 4 建立监控体系	7.3.3 建立监控体系
	原理 5 建立纠正措施	7.3.4 偏离关键限值
	原理 6 建立验证程序	8.2 验证
		8.3 FSM 体系确认
	原理 7 建立文件和记录保持程序	4.2 文件要求
	前提要求	7.4 设计 SSM 程序

ISO22000 标准是一个适用于整个食品链工业的食品安全管理体系框架。它将食品安全管理体系从侧重对 HACCP 7 项原理、良好生产规范、卫生标准规范等技术方面的要求，扩展到整个食品链，并作为 1 个体系对食品安全进行管理，增加了运用的灵活性。同时，ISO22000 标准的条款编排形式与 ISO9001:2000 一样，它可以与企业其他管理体系如质量管理体系和环境管理体系相结合，更有助于企业建立整合的管理体系。

案例

HACCP 在酸乳生产中的应用

通过对凝固型酸乳的原料和加工过程的危害分析，确定的关键控制点为原料验收、前处理系统就地清洗、巴氏杀菌、发酵剂、包材灭菌、发酵，针对确定的关键控制点，制定凝固型酸乳的 HACCP 计划表，见表 6-3。同时，建立对每个关键控制点进行监测的系统，包括监测内容、方法、频率、人员等。并健全纠偏措施和做好记录和验证程序。如巴氏杀菌的关键限值为杀菌温度 90~95℃、杀菌时间 30min。其监控方法为观察温度、流量记录；纠偏措施为根据偏离情况重新加工、报废和另作他用。

表 6-3　　凝固型酸乳的 HACCP 计划表

控制点（CCP）	危害	关键限值	监控					纠偏措施	HACCP 记录	验证
			对象	内容	方法	频率	人员			
原料验收	生物性 化学性	微生物指标符合标准 抗生素反应阴性 重金属、农药、硝酸盐等残留符合国家标准 酒精试验、掺伪试验达到标准	牛乳	微生物、抗生素、重金属、农药、硝酸盐残留、掺伪、酸度、滋味、气味等	微生物检验、化学检验、感官检验、索证	每批	检验员	1. 报废 2. 重新加工 3. 拒收	商家证明、检验记录、纠偏记录	品控部门定期供应商提供的相关证明；定期审查原料乳接受检验记录、检查纠偏处理结果记录
前处理系统 CIP 清洗	生物性 化学性	清水清洗、碱液清洗（2%～5% 90℃以上 10min）、清水清洗、酸液清洗（1.5%～2% 90℃以上 10min）、清水清洗	接触乳的生产设备及管道	清洗时间、酸碱液浓度、温度、流量、压力	电导率测定记录、时间记录、温度记录、pH	每次	操作工	重新清洗	清洗记录 仪器校正记录	检测清洗液微生物指标、检测清洗液 pH、抽样检测产品微生物指标
巴式杀菌	生物性	杀菌温度：90～95℃ 杀菌时间：30min	牛乳	时间、温度	观察温度流量记录	连续	操作工	1. 重新加工 2. 报废 3. 另作他用	杀菌记录、纠偏记录	抽样检测产品微生物指标、质量部定期审查灭菌记录
发酵剂	生物性	保加利亚乳杆菌：嗜热链球菌＝1∶1 发酵温度 42℃、时间 3～4h	发酵剂	菌种活力、发酵温度、时间	镜检、发酵温度、时间记录和 pH	每批	检验员	1. 重新制备 2. 报废	灭菌记录、纠偏记录	质量部定期检查记录
包材灭菌	生物性 化学性	过氧化氢浓度、温度及用量符合要求	过氧化氢			连续	操作工	1. 重新杀菌 2. 报废 3. 调整设备到最佳状态	过氧化氢使用记录、灭菌记录、纠偏记录	质量部定期检查记录
发酵	生物性 化学性	发酵时间 2～3h 发酵温度 42℃ pH4.5～4.6	发酵乳	乳凝固时间、pH	感官检验时间、pH 记录	每批	检验员	1. 报废 2. 另作他用	核查记录、纠偏记录	质量部定期检查记录

HACCP 在无菌包装果汁生产中的应用

（1）无菌包装果汁生产工艺流程

原料验收→清洗挑选→破碎打浆→榨汁→筛滤→杀菌酶解→超滤→调配→杀菌→无菌包装→贮运→消费者

（2）危害分析

①微生物污染是果汁加工中的主要污染，不同的水果产地有不同的微生物菌群，原料最初微生物污染主要有酵母菌、乳酸菌、白霉、黑霉及耐热菌如嗜热脂环芽孢杆菌，腐烂的水果还能引起霉菌大量繁殖；如果在加工过程中清洗不够或杀菌效果不好会直接造成产品的微生物污染；如果灌装时无菌环境破坏或者包装物杀菌不好，就有可能造成二次污染，这两种污染都会导致产气胀包，腐败变质。

②果汁生产中化学性危害主要有农药残留（有机磷类）、重金属超标（铜、铅、砷）及添加剂使用过量，果实清洗用清洁剂、CIP 清洗剂（硫酸、氢氧化钠）、包装材料灭菌用消毒剂的残留也是造成化学危害的因素。

③果汁生产中的物理危害主要指异物（如沙粒），一般可以通过水槽的沉降池过滤除去。

（3）确定关键控制点

①原料验收：由于水果原料来自田间，且目前国内加工品种的采收质量普遍不高，再加上积压等原因，微生物易大量繁殖，所以原料是产生危害的主要环节之一；主要控制指标有腐烂率不高于3%，微生物中的酵母菌不高于20000 个/g、霉菌 2000 个/g。

②加强清洗：在清洗水中加入浓度为 0.02%的柠檬酸可除去大部分的铜离子，良好的清洗可使微生物数减少至 2%～25%，在清洗液中加入表面活性剂可提高清洗效果，减少农药残留。

③超滤：超滤可以除去大分子物质及微生物，避免产品的后混浊及达到冷杀菌的目的。

④调配：调配用水的水质、果汁酸度或 pH 的调整会影响到对微生物的杀灭效果，所以这也是主要环节之一。

⑤杀菌：杀菌温度应根据果汁的 pH 及混浊程度来设定，对澄清型果汁 95℃经 38s 可使绝大多数微生物都被杀死，但如果指示仪表失真，则造成不可估量的损失。

⑥灌装：是产生危害的又一重要环节，无菌罐装环境的破坏及消毒不彻底的包装材料均可导致二次污染；包装材料消毒剂的残留将会直接产生危害。

（4）确立控制标准与监控措施　控制标准与监控措施见表 6-4。

表 6-4 无菌包装果汁控制标准与监控措施

关键控制点	关键限值	监控频率	方法	纠偏措施
原料验收	符合原辅材料技术标准	每批次	质检员按检验规程检验	拒收
超滤	压力：根据具体设备定 时间：48h 清洗 1 次	连续	随时观察压力表	重新加工
调配	糖度与酸度达到标准要求	每次	用折光仪测糖度、滴定法测酸度	重新调整
杀菌	HTST（85℃、38s）或 UHT（121℃、3s）	连续	温度记录、时间记录、流量	重新加工
无菌罐装	过氧化氢喷洒量、干燥区温度，无菌风压力、蒸汽压力等达到规定指标；定时检查封合及过氧化氢残留	每次连续	温度记录、灭菌时间	质量不定期检查记录
就地清洗	硫酸、氢氧化钠溶液浓度 2%~3%，温度 65~70℃	连续	时间记录、温度记录、pH	重新清洗

（5）HACCP 系统的验证和记录　每 3 个月由 HACCP 计划小组对原辅料、监控记录、配方、纠偏措施及监控计量仪器精度记录、成品检验记录、一般卫生管理记录等进行核查以确认系统处于正常运转中。若一段时间出现相类似的失控事故，则 HACCP 小组需要重新审查制定控制标准与措施是否得当，并责成相关部门予以修正。

（三）ISO9000 质量管理体系

ISO9000 系列标准是国际标准化组织（ISO）所制定的关于质量管理和质量保证的一系列国际标准。ISO9000 族标并不规定产品的技术标准，而是针对企业的组织管理结构、人员和技术能力、各项规章制度和技术文件、内部监督机制等一系列体现企业保证产品及服务质量的管理措施的标准。因此，ISO9000 族中规定的要求是通用的，适用于所有行业或经济领域，无论其提供何种产品。

1. ISO9000 系列标准的由来和发展

ISO9000 是在总结各个国家质量管理与质量保证成功经验的基础上产生的，经历了由军用到民用，由行业标准到国家标准，进而到国际标准的发展过程。

为了不断改进管理方法，ISO/TC176 在 1990 年第九届年会上提出了《90 年代国际质量标准的实施策略》，确定了一个宏伟的目标：“要让全世界都接受和使用 ISO9000 族标准，为提高组织的运作能力提供有效的方法”，为增进国际贸易，促进全球的繁荣和发展“使任何机构和个人，可以有信心从世界各地得到任何期望的产品，以及将自己的产品顺利销往世界各地”。为此，ISO/TC176决定对1987版的ISO9000族标准进行修改，并于1994年组织专家在保留总体结构和内容的基础上，对1987年版ISO9000作了补充，对局部技术内容进行了一些修订，提出了一些新的管理概念和术语，并将其正式定义为“ISO9000族”。2000年12月15日，ISO/TC176正式发布了新版本的ISO9000族标准，统称为2000版ISO9000族标准。该版本从结构、逻辑到内容实施重大修订。总体上，增强了ISO系列标准使用的广泛性和实用性。

2000版标准颁布以后，国际标准化组织鼓励各行各业的组织采用新标准来规范组织的质量管理，并通过外部认证来达到增强客户信心和减少贸易壁垒的作用。世界各国纷纷进行等同采用或等效采用以作为认证的标准。

2. ISO9000族标准的原理

ISO9000是应用全面质量管理理论对具体组织制定的一系列质量管理标准，全面质量管理“以顾客为中心、领导的作用、全员参与、过程的方法、系统管理、持续改进、基于事实决策”的八项质量管理原则是其理论基础。ISO9000体系建立和实施的过程就是把组织的质量管理进行标准化的过程，组织通过实施标准化管理，使质量管理原则在组织运行的各个方面得到全面体现，就能使组织生产的产品及其服务质量得到保证，消费者就能够充分信赖。ISO9000族标准主要从以下四个方面对质量进行规范管理。

（1）机构　标准明确规定了为保证产品质量而必须建立的管理机构及其职责权限。

（2）程序　企业组织产品生产必须制定规章制度、技术标准、质量手册、质量体系操作检查程序，并使之文件化、档案化。

（3）过程　质量控制是对生产的全部过程加以控制，是面的控制，不是点的控制。从根据市场调研确定产品、设计产品、采购原料，到生产检验、包装、储运，其全过程按程序要求控制质量。并要求过程具有标识性、监督性、可追溯性。控制过程的出发点是预防不合格。

（4）总结　不断地总结、评价质量体系，不断地改进质量体系，使质量管理呈螺旋式上升。

3. 企业推行ISO9000系列标准的意义

ISO9000系列标准是在总结世界经济发达国家的质量管理实践经验的基础上制定的通用性和指导性的国际标准，企业建立和实施ISO9000系列标准，具有重要的作用和意义。

（1）有利于提高产品质量，保护消费者利益　消费者在购买或使用产品时，一般都很难在技术上对产品加以鉴别。当产品技术规范本身不完善或组织质量管理体系不健全时，组织就无法保证持续提供满足要求的产品。如果组织按ISO9000系列标准建立质量管理体系，通过体系的有效应用，促进组织持续改进产品和过程，实现产品质量的稳定和提高，就是对消费者利益的一种非常有效的保护。

(2) 有利于增进国际贸易，消除技术壁垒 ISO9000系列标准为国际经济技术合作提供了国际通用的共同语言和准则，组织建立和实施ISO9000体系，取得质量管理体系认证，既能使企业参与国内和国际贸易又能增强企业竞争能力。另外，世界各国同时实施ISO9000系列标准，对消除技术壁垒、排除贸易障碍、促进国际经济贸易活动也起到十分积极的作用。

(3) 为提高组织的运作能力提供了有效的方法 ISO9000系列标准鼓励组织建立、实施和改进质量管理体系时采用过程方法，通过识别和管理众多相互关联的过程，以及对这些过程进行系统的管理和连续的监视与控制，以得到深受顾客喜爱的产品。此外，质量管理体系提供了持续改进的框架，增加顾客和其他相关方满意的机会。因此，ISO9000系列标准为有效提高组织的运作能力和增强市场竞争能力提供了有效的方法。

(4) 有利于组织的持续改进和持续满足顾客的需求和期望 顾客的需求、期望是不断变化的，这就促使组织要持续地改进产品和过程。ISO9000系列标准为组织持续改进其产品和过程提供了一条有效途径。标准将质量管理体系要求和产品要求区分开来，不是要用质量管理体系要求取代产品要求，而是把质量管理体系要求作为对产品要求的补充，有利于组织的持续改进和长期保持满足顾客的需求和期望。

(5) 有利于国际间的经济合作和技术交流 按照国际间经济合作和技术交流的惯例，合作双方必须在产品（包括服务）品质方面有相通的语言、统一的认知和共守的规范，方能进行合作与交流。ISO9000体系认证正好提供了这样的信任，有利于双方迅速达成协议。

4. ISO9000的实施

(1) ISO9000体系的建立

①领导决策：做好质量管理，关键在领导，组织领导层要作出推行ISO9000的决定。

②建立机构组织：需要成立一个ISO9000专门机构从事文件编写、组织实施等工作。

③制订计划：就是制订贯彻标准的计划，包括时间、内容、责任人、验证等，要求具体详细、一丝不苟。

④提供资源：包括人力、财力、物力、时间等资源。

⑤建立体系：

a. 选择国际标准。质量管理体系的国际标准有两个：一个是ISO9001，是质量管理体系的基本标准，一般用于认证目的；另一个是ISO9004，是质量管理体系较高的标准，一般不以认证为目的，而是以企业业绩改进为目标。组织如果仅仅希望获得质量管理体系认证，或希望快速地改变落后的管理现状，可选用 ISO9001，它比较简单易行。如果组织以提升管理水平和业绩为目标，则应选用 ISO9004。

b. 识别质量因素（又称体系诊断）。就是要找出影响产品或服务质量的决策、过程、环节、部门、人员、资源等因素。

⑥编写体系文件：对照 ISO9001 或 ISO9004 国际标准中的各个要素逐一地制定管理制度和管理程序。一般来说，凡是标准要求文件化的要素，都要文件化；标准没有要求的，可根据实际情况决定是否需要文件化。

ISO9001 或 ISO9004 国际标准要求必须编写如下文件。

a. 质量方针和质量目标。

b. 质量手册。质量手册是按组织规定的质量方针和适用的 ISO9000 族标准描述质量体系的文件，其内容包括组织的质量方针和目标；组织结构、职责和权限的说明；质量体系要素和涉及的形成文件的质量体系程序的描述；质量手册使用指南（如需要）等。

质量手册是最根本的文件，ISO10013《质量手册编制指南》规定了质量手册的内容和格式。

c. 质量体系程序文件。质量体系程序是为了控制每个过程质量，对如何进行各项质量活动规定有效的措施和方法，是有关职能部门使用的纯技术性文件。一般包括文件控制程序、记录控制程序、内部审核程序、不合格品控制程序、纠正措施程序、预防措施程序等。

d. 组织认为必要其他质量文件。包括作业指导书、报告、表格等，是工作者使用的更加详细的作业文件。

e. 运作过程中必要的记录（记录既是操作过程中所必需的，也是满足审核要求所必需的）。

（2）ISO9000 体系的运行

①发布文件：这是实施质量管理体系的第一步。一般要召开一个“质量手册发布大会”，把质量手册发到每一个员工的手中。

②全员培训：由 ISO9000 小组成员负责对全体员工进行培训，培训的内容是 ISO9000 族标准和本组织的质量方针、质量目标和质量手册，以及与各个部门有关的程序文件，与各个岗位有关的作业指导书，包括要使用的记录，以便让全体员工都懂得 ISO9000，增强质量意识，了解本组织的质量管理体系，理解质量方针和质量目标，尤其是让每个人都认识自己所从事的工作的相关性和重要性，确保为实现质量目标作出贡献。

③执行文件：要求一切按照程序办事，一切按照文件执行，使质量管理体系符合有效性的要求。

（3）检查和改进　质量管理体系究竟实施得怎么样，必须通过检查才知道。ISO9001 和 ISO9004 规定的检查方式：对产品的检验和试验；对过程的监视和测量；向顾客调查；测量顾客满意度；进行数据分析；内部审核等。2000 年版的 ISO9000 族标准特别重视顾客反馈和内部审核这两种检查手段。

①顾客反馈：顾客反馈就是通过调查法、问卷法、投诉法了解顾客对组织的意见，从中发现不符合项。

②内部审核：内部审核可以正规、系统、公正、定期地检查出不符合项。所有有关管理体系的国际标准都规定了内部审核的要求。ISO10011—1《质量体系审核指南审核》规定了内部审核的程序，必须按照该标准要求进行内部审核。

通过顾客反馈和内部审核，若发现不符合项，必须立即采取纠正和预防措施。所谓纠正措施就是针对不符合的原因采取的措施，其目的就是防止此不符合情况的再次发生。预防措施就是针对潜在的不符合的原因采取的措施，其目的是防止不符合的发生，两者都是经常性的改进。一般来说，分为在日常检查中发现的不符合，顾客反馈中发现的不符合，内部审核中发现的不符合。坚持对发现的不符合采取纠正和预防措施，长此以往，就可以达到不断改进质量管理体系的目的。

③管理评审：ISO9001 和 ISO9004 还规定了一个更重要的改进方式，就是定期的管理评审。管理评审通过由最高管理者定期召开专门评价质量管理体系评审会议来实施。管理评审时，要针对所有已经发现的不符合项进行认真的自我评价，并针对已经评价出的有关质量管理体系的适宜性、充分性和有效性方面的问题，分别对质量管理体系的文件进行修改，从而产生一个新的质量管理体系。

（4）保持和持续改进　继续运行新的质量管理体系，就是保持；然后在运行中经常检查新的质量管理体系的不符合项并改进之，最后通过这一个周期的管理评审评价新的质量管理体系的适宜性、充分性和有效性，经过改进得到一个更新的质量管理体系，在实施新的质量管理体系过程中，继续进行检查和改进，得到更新的质量管理体系。如此循环运行，不断地进行改进。

（四）GMP、HACCP/ISO22000 与 ISO9000 的关系

GMP 规定了食品加工企业为满足政府规定的食品卫生要求而必须达到的基本要求，包括环境要求、硬件设施要求、卫生管理要求等。在其管理要求中也对卫生管理文件、质量记录作了明确的规定，在这方面，GMP 与 ISO9000 的要求是一致的。

HACCP/ISO22000 是建立在 GMP 基础上的预防性的食品安全控制体系。HACCP/ISO22000 计划的目标是控制食品安全危害，它的特点是具有较高预防性，将安全方面的不合格因素消灭在过程之中。ISO9000 质量体系是强调最大限度满足顾客要求的、全面的质量管理和质量保证体系，它的特点是文件化，即所谓的“怎么做就怎么写、怎么写就怎么做”，什么都得按文件上规定的做，做了以后要留下证据。对不合格产品，它更加强调的是纠正。

从体系文件的编写上看，ISO9000 质量体系是从上到下的编写次序，即质量手

册、程序文件、其他质量文件；而 HACCP/ISO22000 的文件是从下而上，先有 GMP、SSOP、危害分析，最后形成一个核心产物，即 HACCP 计划。

事实上 HACCP/ISO22000 所控制的内容是 ISO9000 体系中的一部分，食品安全应该是食品加工企业 ISO9000 质量体系所控制的质量目标之一，但是由于 ISO9000 质量体系过于庞大，而且没有强调危害分析的过程，因此仅仅建立了 ISO9000 质量体系的企业往往会忽略食品安全方面的预防性控制。而 HACCP/ISO22000 则是抓住了重中之重，这充分体现出了 HACCP/ISO22000 体系的高效性。

三、食品流通和服务环节的安全质量保证

食品流通是整个食品链重要且不可或缺的环节之一。由于食品本身的特性、食品生产和加工环节的影响以及食品异地生产、加工或消费的趋势等诸多因素，导致食品在流通消费领域影响食品质量安全的因素增多。因此，严格控制与管理流通环节的食品质量安全，对于确保人类健康、社会稳定和经济发展具有重要的意义。

近年来，我国食品市场全面开放，并且日益繁荣。而由于食品流通渠道增多造成的食品安全隐患、经营秩序混乱以及各种假冒伪劣食品等问题时有发生，不仅严重扰乱了正常的市场竞争秩序，更威胁着广大消费者的身心健康。全面而深入分析我国流通消费领域食品安全的现状，借鉴发达国家的成功经验和做法，从系统、科学和合理的角度提出我国加强流通消费领域食品安全的新对策，已是我国政府相关部门当前一项迫在眉睫的任务。

项目小结

本项目主要介绍了 GAP、安全食品（无公害食品、绿色食品和有机食品）的概念、特点及操作规程；HACCP、ISO22000、GMP 和 ISO9000 几类质量保证体系的概念、特点、基本原理及其在食品工业中的应用。

项目思考

1. 名词解释：良好农业规范（GAP）、绿色食品、有机食品、良好操作规范（GMP）、危害分析与关键控制点（HACCP）、ISO9000 族、ISO22000。
2. 比较普通食品、绿色食品、有机食品的区别。
3. 简述实施食品 GMP 的意义。
4. 简述 ISO9000 系列标准的构成。
5. 在我国实施 HACCP 有何意义?

6. 简述 GMP、ISO22000、HACCP、ISO9000 这四者之间的相互关系。

7. 协助一个食品企业建立该企业的良好操作规范。

知识巩固与拓展学习（视频）

6.1. 良好操作规范　　6.2. 危害分析与关键控制点

参考文献

[1] 国际食品微生物标准委员会（ICMSF）．微生物检验与食品安全控制［M］．刘秀梅，陆苏彪，田静，主译．北京：中国轻工业出版社，2012.

[2] 何计国，甄润英．食品卫生学［M］．北京：中国农业大学出版社，2003.

[3] 钱和，于田，张添．食品卫生学：原理与实践［M］．北京：化学工业出版社，2010.

[4] 刘雄，陈宗道．食品质量与安全［M］．北京：化学工业出版社，2009.

[5] 钱和．食品卫生原理［M］．北京：中国轻工业出版社，2001.

[6] 王世平．食品标准与法规［M］．北京：科学出版社，2010.

[7] 魏益民，刘为军，潘家荣．中国食品安全控制研究［M］．北京：科学出版社，2008.

[8] 魏益民．食品安全学导论［M］．北京：科学出版社，2009.

[9] 吴晓彤，王尔茂．食品法律法规与标准［M］．北京：科学出版社，2011.

[10] 吴永宁．食品安全关键技术系列图书食品污染监测与控制技术：理论与实践［M］．北京：化学工业出版社，2011.

[11] 杨玉红，魏晓华．食品标准与法规［M］.2 版．北京：中国轻工业出版社，2021.

[12] 张建新．食品市场监管概论［M］．北京：中国轻工业出版社，2020.

[13] 张伟．食品标准与法规［M］．北京：中国农业出版社，2012.

[14] 周才琼，张平平．食品标准与法规［M］.2 版．北京：中国轻工业出版社，2017.